星の文化史

世界 13 地域における
星の知識・伝承・信仰

後藤 明 編

丸善出版

まえがき

　誰でも夜空の星を見上げたことがあるだろう．天体は古来，人類共通の関心事であり，しばしば人類最古の科学は天文学であるといわれる．文献で確認できるのはメソポタミアやエジプト，あるいはギリシャ，インド，中国などの古代文明であるが，ヨーロッパの後期旧石器の洞窟壁画や遺物の意匠などに天文現象を意味していたと思われる資料がある（本書コラム「旧石器時代の天文学」参照）．

　文字のない社会の民族においても，太陽や月のような天体を意識しなかった人類集団はいない．ただし小さな星の明かりは森林や雲のような気象条件によって見えづらかったためか，あまり関心が持たれなかった場合もあったようだ．例えばアフリカの熱帯雨林ではホタルと星座が同じ名称で呼ばれ，星座名などは発達していなかった（本書コラム「バカ・ピグミーの星はホタル？」参照）．さらに現在では町の明かり（光害）によって頭上に星があることすら気がつかないが，市内のネオンを消せば満天の星が輝いていたことは東日本大震災の夜，仙台での経験を聞いた．

　さて，本書は最新の天文学やその研究史をたどる天文学史ではなく，肉眼天文学（naked eye astronomy）の本である．つまり人類が生活の中で星を見上げ，天文現象をどのように捉え，説明しようとしてきたのか．また天文現象をどのように意味づけ，物語をつくり，そして暦や方位観，あるいは儀礼の中に取り込んできたかを考えることである．

　天文現象を文化として，あるいは歴史的に研究する分野にはさまざまな呼び名がある．例えば古文献に見られる天文現象を特定する研究は古天文学と呼ばれ，天文学史の一部としても理解されている．日本では斉藤国治などが先駆者で『日本書紀』や『明月記』などの記述の検証がなされている．

　また古代天文学に関する今日の学術的な研究の嚆矢はイギリスの考古学者R.アトキンソンが行ったストーンヘンジや物理学者 J. N. ロッキャーが行ったエジプト研究である．その後アメリカの G. ホーキンスがコンピュータによる計算に基づき『ストーンヘンジの謎は解かれた』と題した著作を出版し，日本でも翻訳されて話題になった（1983）．このような動きは，1970 年代前半にはアメリカ

を中心とした新大陸の研究者にも遺跡と天文現象への興味を呼び起こした.

人類学の盛んだったアメリカでは,北米先住民の民族誌や宣教師の記録の中に天文学に関する記述があったため関心が高かった. 一方,民族学の中心地の1つであったドイツでは,西暦19世紀末～20世紀初頭に民族学の報告書の中で「空の学」(Himmelskunde)として天文学や暦や航海術について論じられた.

考古学分野では天文考古学という名称がすでに日本では使われているが(桜井邦朋『天文考古学入門』1982),海外では考古天文学(archaeoastronomy)という用語が最も広く使われる. 日本では北尾浩一によって天文民俗学という用語が使われてきた(北尾浩一『天文民俗学序説―星・人・暮らし』2006). この名称は何々天文学と称して,天文学がほかの知識からあたかも独立であるかのようには扱わず,広く天文現象に関する文化を研究するという意味でむしろ望ましいともいえる. また天文文化学という分野を唱える研究者もいる[1].

一方,考古学,民族学,歴史学,天文史学など関連分野は切り離すべきではないとして「文化天文学」(cultural astronomy)あるいは「文化の中の天文学」(astronomy in culture)という用語が使用され,学会の名称ともなっている. 例えばSEAC(The European Soceity for Astronomy in Culture)あるいはISAAC(International Society for Archaeoastronomy and Astronomy in Culture;通称オックスフォード会議)などである. また「景観論」が人文科学で近年,重視されてきた. その考察の対象のほとんどが陸上景観であったが,空の景観(天体,雲,虹,鳥などを要素に含む)という概念も唱えられ,『*Journal of Skyscape Archaeology*(空景観の考古学)』という専門誌も発刊されている[2].

このように諸外国では天文文化の研究が盛んになっており,国際会議にはアジアからの参加者も増えているが,日本ではまだ国際発信の機運は薄い. 筆者らは「アジアの星」などの共同プロジェクトにおいて学際的なシンポジウムや書物の刊行を試みており[3],本書の執筆者の幾人かもそのプロジェクトのメンバーである. また科研費関連の「考古天文学」のプロジェクト(北條芳隆代表)でご一緒している方々も含まれている.

さて星座の起源はギリシャにあると考えられがちだが,その多くはメソポタミアやアラビアにたどることができる(本書「古代メソポタミア」「アラビア」参照). その後,メソポタミア由来の星座観はギリシャにおいて,ときには神話と「強引に」結びつけられ(本書「ギリシャの天文学」参照),あるいは脚色され,できあがったのである(近藤二郎『星の名前のはじまり―アラビアで生まれた星

の名称と歴史』2012）．

　そして我々が現在使っている星座名は1920年代にIAU（国際天文学連合）の会議を経てプトレマイオス（トレミー）の48星座とそのあいだを補完する星座を加えて国際標準の88星座となった．つまり星座名あるいは星座の認識も生物学の学名などと同様に西欧科学を中心にしてできあがった．しかし本書で示すように，世界各地の星の名称，星座の選択と結びつけ方に標準はなかった．星座観やその背景にある神話・伝承は，伝播もありうるが，それぞれの地域で生活に密接に根ざして発達してきたのである[2]．

　いままではギリシャを中心に旧大陸の古代文明圏に関する文献はあったが，それ以外の地域についての日本語文献はきわめて少なく[4]，そのためギリシャが星文化の起源地であると理解される傾向があった．しかし人類史的な視点からはこのような理解は改められるべきであり，本書はそのための第一歩である．

　本書は星文化の世界一周を目指し，日本の南に展開するオセアニアから東回りに北米，中南米，さらに大西洋を渡ってアフリカ，ヨーロッパ・北ユーラシア，そして南下して再び東回りに西アジア・中央アジア，最後に南アジア・東南アジアと巡って東アジアと日本列島へ戻って来る構成にした．

　なお，この本を編むに際して時代の設定には苦心した．古代から長い歴史を持つ地域，また大航海時代以降，伝統的文化を維持しつつも西欧やキリスト教の影響が大きい地域をどのように取り扱うか．さらに日本列島は北のアイヌ文化，南の琉球文化に加え，星の和名の情報や星の民俗学なども入れたい所であったが，すでに書かれている他書を手掛かりに読み進めていただければと思う[5][6][7]．

　本書が，日本の読者が星文化の多様性と人類の持つ想像力の豊かさについて目を開くきっかけとなれば幸いである．

2024年12月

後藤　明

【参考文献】
- ［1］　松浦清・真貝寿明編『天文文化学の視点―星を軸に文化を語る』勉誠社，2024
- ［2］　後藤明『ものが語る歴史35　天文の考古学』同成社，2017
- ［3］　「アジアの星」国際編集委員会編『アジアの星物語―東アジア・太平洋地域の星と宇宙の神話・伝説』万葉舎，2014
- ［4］　出雲晶子編著『星の文化史事典』白水社，2019
- ［5］　野尻抱影『日本星名辞典』東京堂出版，1973
- ［6］　北尾浩一『日本星名事典』原書房，2018
- ［7］　佐野賢治編『星の信仰―妙見・虚空蔵』渓水社，1994

執筆者一覧

■編著者

後　藤　　　明　（ごとう・あきら）　　　　南山大学人類学研究所特任研究員

■著　　者

青　山　和　夫　（あおやま・かずお）　　　茨城大学人文社会科学部教授

諫　早　庸　一　（いさはや・よういち）　　北海道大学スラブ・ユーラシア研究
　　　　　　　　　　　　　　　　　　　　センター特任准教授

市　川　　　彰　（いちかわ・あきら）　　　金沢大学古代文明・文化資源学研究所
　　　　　　　　　　　　　　　　　　　　准教授

大　村　敬　一　（おおむら・けいいち）　　放送大学教養学部教授

加　藤　隆　浩　（かとう・たかひろ）　　　リカルド・パルマ大学名誉教授

菊　地　照　夫　（きくち・てるお）　　　　法政大学兼任講師

木　村　武　史　（きむら・たけし）　　　　筑波大学人文社会系教授

近　藤　二　郎　（こんどう・じろう）　　　早稲田大学名誉教授

近　藤　　　宏　（こんどう・ひろし）　　　神奈川大学人間科学部准教授

坂　井　信　三　（さかい・しんぞう）　　　南山大学名誉教授

坂　井　正　人　（さかい・まさと）　　　　山形大学学術研究院教授

佐々木　憲　一　（ささき・けんいち）　　　明治大学文学部教授

佐々木　史　郎　（ささき・しろう）　　　　国立アイヌ民族博物館館長

杉　本　良　男　（すぎもと・よしお）　　　国立民族学博物館名誉教授

viii　　執筆者一覧

杉 山 三 郎 （すぎやま・さぶろう）　　アリゾナ州立大学人類進化文化変化学部
　　　　　　　　　　　　　　　　　　研究教授

鈴 木 孝 典 （すずき・たかのり）　　元東海大学教授

関 口 和 寛 （せきぐち・かずひろ）　　自然科学研究機構国立天文台名誉教授

田 中 禎 昭 （たなか・よしあき）　　専修大学文学部教授

鶴 岡 真 弓 （つるおか・まゆみ）　　多摩美術大学名誉教授

直 野 洋 子 （なおの・ようこ）　　国際基督教大学非常勤講師

中 野 真 備 （なかの・まきび）　　人間文化研究機構創発センター研究員・
　　　　　　　　　　　　　　　　　　東洋大学アジア文化研究所特別研究助手

林 　　 淳 （はやし・まこと）　　愛知学院大学客員教授

平 勢 隆 郎 （ひらせ・たかお）　　東京大学名誉教授

古 澤 拓 郎 （ふるさわ・たくろう）　　京都大学大学院アジア・アフリカ地域研究
　　　　　　　　　　　　　　　　　　研究科教授

古 屋 昌 美 （ふるや・まさみ）　　鳥取市さじアストロパーク指導員

北 條 芳 隆 （ほうじょう・よしたか）　　東海大学文学部教授

松 村 一 男 （まつむら・かずお）　　和光大学表現学部名誉教授

丸 井 雅 子 （まるい・まさこ）　　上智大学総合グローバル学部教授

水 谷 裕 佳 （みずたに・ゆか）　　上智大学グローバル教育センター教授

宮 地 竹 史 （みやじ・たけし）　　元石垣島天文台所長

矢 崎 春 菜 （やざき・はるな）　　元国立アイヌ民族博物館学芸員

安 岡 宏 和 （やすおか・ひろかず）　　京都大学大学院アジア・アフリカ地域研究
　　　　　　　　　　　　　　　　　　研究科准教授

（五十音順・2025 年 1 月現在）

目　次

序　章   1
　　コラム　彗星・流星   7

第1章　オセアニア

アボリジナルの人々の天空観と天文神話   10

ポリネシア   18

　　コラム　ソロモン諸島西部の「いびき星」・神話の星々   26

第2章　北米

北米先住民族の星の神話   28

天空の時計：イヌイトの民族天文学   36

　　コラム　先住民と天文学的知識   44

　　コラム　北アメリカ先史時代ホプウェル文化における天体と遺跡   45

第3章　中南米（ラテンアメリカ）

マヤ文明の星，暦と神々   48

アマゾン   56

帝国の天体観測   64

　　コラム　チムー王都の景観に刻まれた「王朝史」：星と山をめぐって   72

　　コラム　テオティワカン   77

　　コラム　メキシコ，オアハカ州にある古代の山上都市モンテ・アルバン   78

第4章　アフリカ

古代エジプト   80

ドゴン   88

サハラ以南のアフリカの星文化   96

　　コラム　バカ・ピグミーの星はホタル？   104

　　コラム　カナリア諸島の謎の遺跡   105

x　目　次

第5章　ヨーロッパ・北ユーラシア

ケルト文化　108

東欧スラブ　116

ギリシャの天文学　124

シベリア・極東ロシアの先住民族たちの星の世界　132

　　コラム　旧石器時代の天文学　140

　　コラム　サーミの天文観と天文神話　142

第6章　西アジア・中央アジア

古代メソポタミア　146

アラビア　154

モンゴル　162

　　コラム　オマーンの農業暦　170

第7章　南アジア・東南アジア

インド　174

インドネシア　182

　　コラム　フィリピンの山と海の星座　190

　　コラム　海の民バジャウの星　192

　　コラム　アンコール・ワット　193

第8章　東アジア

中国　196

日本列島の先史・古代における天文文化　204

アイヌ　216

　　コラム　てぃんがーら（天の川）で，ウナギ釣り　224

　　コラム　現代の七夕　226

　　コラム　考古学向け天体シミュレーションソフト arcAstro-VR　227

　　コラム　渋川春海と国産の暦　228

あとがき　229

事項索引　231

星座名索引　241

序　　章

星の文化とは

　人類は古来，触れることができない天文現象の不思議さに物語を紡ぎ出し，また規則性を認識し，暦や方位観などとして生活に利用してきた．そして地球上の観察地点における天体現象の類似や相違が比較研究を促し，さらに過去の天文現象を計算上再構成して古文書や考古学的遺跡との関係を探る研究も行われてきた．

　そもそも夜空の星のどれを選んで，どのように結んで星座をつくるかはまったくの自由である．さらに天の川などの暗い部分に「星座」を見る事例が世界各地にある（「アボリジナルの人々の天空観と天文神話」「帝国の天体観測」コラム「てぃんがーら（天の川）で，ウナギ釣り」参照）．

　一方，同じ星に似たような伝承が見出されることがある．それは伝播で説明される場合もあるが，天体はアフォーダンス（自然現象や道具の形などが人類の意味づけや行為を導く特徴を持っていること）を提供していることも考えなくてはならない．

　北極星のように動かない星，あるいは沈まない星には宇宙の中心や不死観念などが投影される．例えば古代エジプトの北斗七星である（本書「古代エジプト」参照）．あるいはオリオン座の三つ星は多くの文化で3人兄弟，3人の神（女神）などと呼ばれる．もともと4人の狩人だったが1人脱落した，という話はあるが（シベリアや北米），その趣旨はなぜ三つ星なのかという説明なのである．

　またプレアデス，オリオン，シリウスが昇る順序は一定しているが，これらのあいだに狩人と獲物の追い掛けっこ（コズミックハント），あるいは好色の男性が女性を追い掛けているという神話が世界に広く見られる．さらに宇宙でほぼ対極にあるプレアデスとアンタレスのあいだにも，かつて争いがあったので空では共存しないと語られる．また両者は夏至点と冬至点に近くから出現し，それが季節風，あるいは雨季と乾季の変わり目に出現するので独特の意味づけがなされ，暦や神話と関係づけられる（本書「ポリネシア」「アマゾン」等参照）．

　そして天体は人間が制御することができないからこそ，天文現象に規則性を見出した人間が，天体現象を予知することで宇宙を支配していると見せかけること

ができる．そのような天空の知識は宇宙創世神話（コスモゴニー）と政治やイデオロギーが連結され「コスモヴィジョン」を形成するようになる（E. C. クラップ，『天と王とシャーマン』1998 等参照）．

星空への問い

緯度が異なると見える天体が異なる．日本列島のように南北に長い地域では，これが地方差や星座方言の原因となる（北尾浩一『日本の星名事典』2018）．またポリネシア人のように南北両半球に広がった集団では天体認識の挑戦を経験した．例えば北半球で北の目印となった北極星は南半球の大部分では見えない一方，現在南半球の星空には北極星のように動かない都合の良い星はない．

また緯度によって星の軌道が異なる．北極点では北極星を中心に同じ星が鍋の蓋のように回転するだけで沈まない．つまり北極星を中心に沈まない星「周極星」（circumpolar star）ばかりとなる．一方，赤道付近では星は垂直に昇っては沈み，北極星は水平線に見え隠れする．極地と赤道の中間地帯では星は斜めに昇って沈み，緯度が高くなるほどその軌道は水平に近くなる．現在，北斗七星は，南東北以南では一部沈むが，北東北より北では天を回り続ける．

このような天文現象を理解するためには，どのような視点から天体を見れば良いだろうか．ヒントを与えてくれるのは，アメリカの神話学者 G. ランクフォードである．彼は考古天文学者のマニアックな議論（遺跡の線形構造と天体をひたすら数学的に関係づける分析）に辟易し，述べた，「我々の目的は，古代人が科学者であったと証明することではない．むしろ天文に関係する暦，方位観，あるいは神話や儀礼などの広がりや共有性，およびそれぞれの集団がどの天文現象を選択して意味や謎解きをしているかである」．彼は北米先住民の資料を読み解く視点あるいは問いとして次の 16 項目をあげた（文献[2]pp.8-9；一部筆者修正）．

（1）　天体は東西に動くのはなぜか．そして西と東に潜む謎は（東西と南北はまったく異なる意味がある）？　星は東で生まれ，西で死ぬように見える．それと生物学的な誕生および死と寓意的な関係はあるのか．

（2）　北の謎．北天には動かず，星の回転の中心になる星がある．またその星に近い星は一晩中沈まず回る．これらの星は何が特別なのか．それはなぜか．

（3）　太陽が昇るときに 2, 3 の例外は除いて星が消えるのはなぜか．

（4）　星の位置関係は変わらないように見えるのはなぜか．

（5）　月の謎．特にその不規則に見える出現と満ち欠けの謎．

（6）　太陽と月，惑星，および恒星はそれぞれ異なった規則で動くのはなぜか．

（7）　太陽は季節によって出現と没入の地点が変わるのはなぜか．

（8）　7つの不規則な光（惑星）は特定の道を通り極端に北や南に行かないように見えるのはなぜか．

（9）　放浪者の移動する経路に12個の特定の星の集団がある（黄道周辺にあるいわゆる12星座）．放浪者の位置はそれらの近接性で語られるが，この12個の星座の意味は何か．

（10）　星は皆同じ色ではないのはなぜか．

（11）　規則的な星座以外に1つだけ巨大な光の筋がある(天の川)がそれは何か．

（12）　1つだけ明るい光の固まりがある（昴星団）．それは何か．

（13）　太陽と月は時折赤暗くなったり黒くなったりする．しかし幸運にもそれは回復するが，それはなぜか．

（14）　時折星が空から降って来るがなぜか．

（15）　たまに尾を持った星が空を移動し，最後には消えてしまう．それはなぜか．

（16）　時折新しい星が誕生するのはなぜか．

天体の動き

◆**赤緯・赤経**　任意の観察地点から特定の天体が昇るのが見えるか否かは，観測者のいる場所の緯度と見ている方位，さらに観察地点から視線を向けている天体が山の背後などから出現するならその地点の高さ(傾斜角)，および天体の「赤緯（declination）」による．赤緯は地球を取り囲む宇宙を球と考え，その球の内側に天体が張りついていると仮定したとき天の赤道から見た緯度に相当する概念である．赤緯はその地で見える星の範囲についての理解につながる．例えば東京は北緯約36°なので90°－36°＝54°となり赤緯約54°より北にある星が周極星になる．

　また経度に相当する概念が赤経（right ascension）である．春分の日と秋分の日に，太陽は天の赤道を通るので赤緯は0°になる．春分の日，太陽の赤緯が0°になった瞬間の天球上での太陽の位置を赤経0°と定め，そこから天の赤道を24分割し，春分点を0時，以後，東回りに1時，2時と赤経を地球の経度のように定めていく．一般に，春分と秋分は昼と夜の長さが同じになる日，あるいは太陽が真東から昇り真西に沈む日といわれるが，実態はもっと複雑である（後藤明「春分・秋分は考古学的に意味ある概念か？」『貝塚』76，2020）．

◆**天頂・天底**　太陽や星が東天から出て移動し，南北を結ぶ子午線を通過する現

象を南中（culmination）という．また真上を天頂（zenith），そして実際は見えないが真下を天底（nadir）と呼ぶ．日本列島やヨーロッパ，北米では太陽の天頂通過は起こらないが，南北回帰線の内側の熱帯地域では天頂通過は年に2度起こり，マヤやアステカ文明ではきわめて重視される（マヤでは見えない天底が意識されていたようだ）．

　また天頂と関連して，天頂星（zenith star）の概念がある．自分のいる場所の緯度と赤緯がほぼ一致する星は天頂星となる．例えば北極点では北極星，八重山地方ではプレアデス（これに伴いムリカブシユンタの物語あり），ハワイではアルクトゥールス，フィジーではシリウスが天頂星となる．これらの島を目指す航海士は島の天頂星がしだいに高くなるのを観察し，そして天頂に来たら島と同じ緯度にあるので，星の高さを保って後は西か東に行けば島にたどり着ける．

◆歳差運動　古代の遺跡を考えるときに無視できないのが歳差運動（precession）である．地球の自転軸が独楽のようにぶれ，約2万5800年単位で1回転する現象である．自転軸がぶれると宇宙の中心や天体の出没位置が変わり，夏至や冬至の季節も変わってくる．有名な事例としてエジプト古王朝でピラミッドが建造しはじめる前3000年頃，歳差運動の関係で天の北極は現在の北極星ではなくりゅう座の α（トゥバーン）あたりにあった．春秋時代の魯で生まれた儒教の始祖・孔子が使っている「天の極北」という表現が歳差運動を考慮するといまの北極星ではあり得ないことが指摘されている（福島久夫『孔子の見た星空』1997）．

　日本列島でも縄文時代の後期から弥生時代にかけて，歳差運動のためにみなみじゅうじ座やケンタウルス座が見えていた可能性がある．一方，約5000年前は天の南極の上にエリダヌス座の α 星アケルナルが位置し，それ以来，南北の極に近い星でこれほど明るい星は存在しない．筆者は5000年前の台湾からのオーストロネシア語族の南下と関係しないのだろうかと想像してみたくなる．

◆旦出・旦入　星が明け方東の空に昇るように見える現象を近太陽上昇（heliacal rise），伴日出あるいは旦出と呼び，その星がやがて明け方に西の空に沈むように見える現象を acronical set（ないし cosmical set）と呼ぶ．また次に夕方の日暮れに東の空に星が見える現象を acronical rise と呼ぶ．星がその日からだんだん夜間に東から西に移動し（早い時間に昇る），最後は日暮れの短い時間に西の空に沈むように見える．この現象は旦入（heliacal set）と呼ばれる．

　天体は動いているのは理解できるが，流星などを除くと瞬間的には止まって見える．星の場合，昇る（rise），沈む（set）というが，実際に星が昇ったり沈ん

だりするのが認識できるわけではない．正確には「見えはじめる」と「見えなく
なる」ということである．「見えはじめる」は文字通り最初に見えたときである
が，「見えなくなる」はしばしば事後的な表現となる．

◆**太陽の動き**　太陽は地球の公転軸と自転軸の関係で夏至と冬至を極限として出
現・没入する位置が往復する．冬至は太陽が最も「弱る」ときであるので，多く
の民族で生命の再生や祖先の復活儀礼が行われる．アイルランドのニューグレン
ジ遺跡は冬至の陽光が石室の奥まで差し，祖先の霊を再生させると信じられてい
たようだ（本書「ケルト文化」参照）．J. フレイザーの『金枝篇』（2003）を見る
と，夏至の意味づけは最もパワーのある太陽から霊力をもらうときと理解される
が，逆にメソポタミア神話の「イナンナの冥界下り」と関連させ，熱すぎる太陽
に涼しくなることを祈るためにつくったと推測される遺跡もある．

　南半球では北半球の夏至の日が冬至，冬至が夏至と逆の関係となる．そのため
南半球の夏至（12 月）ないし冬至（6 月）という回りくどい表現が必要となる．
このように夏至（summer solstice），冬至（winter solstice）という用語は混乱
をきたすので 6 月至（June solstice）および 12 月至（December solstice）と呼
ぶべきとの提案がなされている．

◆**月の動き**　月には定期的な満ち欠けがあり，それが 29.5 日で一回りし（朔望月：
synodic month），潮汐が関係する．多くの文化で月相に対する呼び名があり，それ
に従って生業戦略が計画され，また儀礼が行われる．ハワイでは月相すべてに神々
の名称がつけられ，タブーの期間が定められる．日本でも十三，十五，十九，
二十二，二十三夜などの夜に集まって講を行い，月待ち塔が建てられている．

　さらに月と恒星との関係は 27.33 日で，これは月が地球の周りを一回りするこ
とに相当する．この周期が恒星月（sidereal month）であり，インドや中国の占
星学における二十七ないし二十八宿の基礎となる．太陰暦を基礎とするイスラー
ム暦では 9 月に 1 ヶ月間の断食月（ラマダン）が設けられるが，この時期は毎年
11 日ずつずれていくのである．しかし朔望月と恒星月のあいだのずれを調整す
るために多くの文化では閏月が設けられる．

　さらに月は地球の自転，公転に加え，月自身の公転（地球の周りを回る）軸とい
う要素が加わる．太陽の黄道（見かけ上の太陽の軌道）と，月の公転から生まれる
月の道である白道は交差するが，そのポイントが少しずつずれていく．このため
月は 18.61 年単位で出現位置の極大・極小点の幅の最大化（lunar major standstill）
と最小化（lunar minor standstill）をくり返す．南北の極大点と極小点はそれぞ

6　序　章

れ，北は6月至，南は12月至の太陽の出現地点を挟むような形になる．月と関係する可能性が指摘されているのは，メソポタミア・ウルのジグラート神殿（日干し煉瓦でつくった階段状神殿ないし聖塔）である．この神殿は月の神とその妻が奉納されている．遺跡の主階段と頂上の神殿の入り口は北極大点の月の出現方向を向いていると推測される．日本の弥生時代の暦でも月が意識されている可能性が指摘されている（本書「日本列島の先史・古代における天文文化」参照）．

◆異常な天体現象　空には時折不規則（に見える）現象に人類は注意を払ってきた．日食・月食をどの程度予測していたかは議論が分かれるが，しばしば王が死ぬなどの不吉な出来事，あるいは悪魔が太陽を食っている，太陽と月が性交をしているなどとして，その回復を願うための儀礼が行われた．踊りや供物，あるいは大きな音を立てるなどの風習が世界中で知られている．『日本書紀』や『続日本記』では彗星や流星と並んで，日食，月食，あるいは星食（月が惑星や恒星を隠す現象）が怪奇現象として記されている．また江戸時代に奥多摩では日食が起こって不吉なことにつながらないようにと日食供養塔がつくられた．

　動きが不規則なので「惑う星」と呼ばれる惑星には地球より太陽に近い内惑星と外側を回る外惑星の2種類がある．内惑星の水星と金星は夜中に見えないが，日の出前と日没直後に見える金星は太陽や月の妻または愛人であるとの神話はホモ・サピエンスの古層神話ではないかといわれる．また公転周期584日の金星を地球の公転周期と掛け合わせると8年で1周期となる．マヤが金星の複雑な周期を暦にしていたのは有名である（本書「マヤ文明の星，暦と神々」参照）．外惑星は星と同じような出現・没入をするが，地球の公転が惑星の公転を追い抜く現象により，後戻りする逆行現象が起こる．北米のポーニー族は戦いの星・火星が空を逡巡するのは戦いをしているからだと解釈する．

　さらに異常な現象として超新星の爆発（supernova）が岩絵に描かれている可能性も指摘される（北米南西部の「かに座超新星の爆発」を描いたとされる岩絵，等）．またオーストラリアでは実際の隕石落下現象やそれが残したクレーターに関する伝承の研究もなされている（本書コラム「彗星・流星」参照）．

［後藤　明］

【主要参考文献】
　[1]　後藤明『ものが語る歴史35 天文の考古学』同成社，2017
　[2]　Lankford, C.E. *Reachable Stars : Patterns in the Ethnoastronomy of Eastern North America*, University of Alabama Press, 2007

コラム　彗星・流星

　地球の自転軸の傾きに由来する歳差運動が無視できる時間幅であれば，最も規則的な天文現象は恒星の動きであり，次いで太陽の季節の動き，そして日々の満ち欠けと年周期，さらには約 18.61 年単位の極大点と極小点が把握できれば月の動きと続くであろう．そして人類は日食や月食のタイミングも理解するようになったが，それでも予測が難しかったのは彗星，流星そして超新星などの現象であった．彗星や流星群の観望は今日では予測できるが，しかしそれでも流星の個数や飛ぶ方向は予測できない．

　したがって天体と人類社会が関係しているとされていた時代は彗星，流星そして超新星の出現は何か異常なことが起こる前兆として注目された．さらに実際に隕石が落下した場合は地球環境に何らかの影響を直接及ぼし，アボリジナルなどでは神話が残されている．

　彗星の最古の記録はバビロニアにあるといわれ，中世ヨーロッパでも観察は頻繁に行われていたが（図1），1500 年頃より前の彗星の記録で最も詳細なものは中国にあるという．さらに中国には流星（あるいは彗星）や流星群，そして隕石や超新星に関する記録も見出せる．

　アボリジナルのあいだでは，西の果てに住む悪霊族は煌めく星のような輝く目を 1 つだけ持ち，死人の

図1　1577 年の大彗星絵 [Public domain via Wikimedia Commons]

肉を好んで食べ，病人の血を飲んで元気をつける．流星は彼らが松明を持って犠牲にする人間を探しているからだとして恐れられている．アフリカのカラハリ・サンの社会でも流星はシャーマンが空を飛んで，タブーを犯した人間を探している姿と恐れられた．流れ星を見てはいけない，という言い伝えも各地にある．アフリカのズールーでは星を意味する言葉はホタルを意味する言葉と同じであるが，また空に住むウシの群れが，降雨時，餌場に移動する泥を足で掻いてできた傷が流れ星であり，汚泥がその傷を覆ってしまうためすぐ消えるとする．流星は死者の魂，誰かが死んだ兆候だとする信仰は北米先住民などのあいだでも広く見られる．ギリシャのスパルタでは 8 年ごとの徹夜の祈りの最中に流れ星を見ると王が神に対して罪を犯した証拠であるので，神託があるまで謹慎したという (J. G. フレーザー『金枝篇』2003)．

　新約聖書で東方の三博士を西にいざなった「ベツレヘムの星」については金星，惑星の合，彗星，あるいは超新星であった，など多くの考察がある．ハワイ

を統一したカメハメハ大王の誕生（西暦18世紀後半）の前夜，赤い大きな星が東から西に天頂近くを一晩通って移動したという伝承を，1758年のハレー彗星だと推測する天文学者もいる.

　『日本書紀』を最古の記録として，古代日本では彗星や流星は不吉な前兆とされる．これはアフリカの神話，あるいはヨーロッパの民俗でも同様であった．ヨーロッパでも流星は死者が出る兆候，あるいはA.ダンテの『神曲』などで描かれる煉獄の火で苛まれている霊魂だという考え方から，流星を見たら十字を切るべし．そして中欧では流れ星は神様が天の帳（とばり）をあけて地上を時々見下ろしているので，そのとき願いを唱えれば聞いてもらえる，という伝承があったようだ．日本の流れ星が自分のほうに来たなら開襟するとお金が儲かるという民間伝承が，ハワイの日系移民のあいだにも持ち込まれ記録されている.

　アボリジナルのあいだでは，隕石の落下を伝承として伝えている可能性がある．例えば彗星は，マゼラン星雲にいる神が，タブーを破る悪い人間を罰するために投げつける石であるとしている．それとは別に隕石に関すると思われる伝承を持っている．隕石は，生命の卵を天に運ぶために空の旅をしていた男が落ちてきたものである．宗教学者のM.エリアーデは『鍛冶師と錬金術師』の中で，鍛冶製鉄の技術がしばしば天から授かった秘技であるという考え方が広く見られることを指摘した．これは単に，鍛冶技術が限られた集団が行う高度な技術だっただけではなく，火や火花が流星や隕石を想起させるという連想も関係するであろう．金属技術を持たなかったアボリジナルの人々は，植民地時代，英国から来た鍛冶師にワラターという花を持っていったという．ワラターは天の火に由来する真っ赤な花である.

　日本各地に残る降星伝説，すなわち御神体が天から降りてきて星が割れたものであるという伝承である．仏教以降，このような伝承は空海や日蓮，あるいは妙見信仰と関連するものが多いようだが，このような伝承と金属集団，特に帰化人との関係が注目され，日本民族の金屋子神（かなやこがみ）との関連も注目すべきである.

　また世界各地で彗星，流星，超新星を表現したと思われる図像が存在する．それがつくられた年代と実際に起こったこれらの現象の合致を検討する論考が数多く書かれている．例えば中国やインドでは文字記録あるいは『明月記』に記されている西暦11世紀の超新星爆発について，アメリカの南西部ではそれらしき岩絵が多数発見されている．しかしこれらは考証の結果，多くは年代的に疑問であるとされている.

［後藤　明］

【主要参考文献】

[1]　Burke, J.G. *Cosmic Debris : Meteorites in History*, University of California Press, 1986

[2]　渡辺美和・長沢工『流れ星の文化誌』成山堂書店，2000

第1章

オセアニア

アボリジナルの人々の天空観と天文神話

オーストラリア先住民・アボリジナルの人々

　オーストラリアは，北のアーネムランドやヨーク半島は亜熱帯，東部から南部の海岸では温帯気候，一方内陸から西部にかけては砂漠気候と多様性に富んでいる．そこに住む先住民アボリジナルの人々は200〜300の言語集団，さらに600近い方言があった．アボリジナルの人々の起源は4〜6万年前に遡り，ニューギニアとの接触はあったが，その後比較的孤立した状態で独特の文化を育んできた．

　創世神話では，ドリーミングタイム（夢の時代）には大地は平らではなく，空は暗かった．祖先の精霊が地面あるいは空から，人間や動物，あるいは火や水になって現れ，旅をしながら地形や天体，生き物たちを創造していった，夢のとき，祖先の2人の精霊が槍を高く投げ上げ，星に突き刺し，その端にまた槍を突き刺してはしごをつくって天に昇った．

　始祖とされるジャンガウル（Jhankaul）の一家は女2人，男1人であったが，彼らは太陽を母に持つ兄妹であり，東北方面にある遠い土地から船でやって来た．船旅の途中で彼らは島に逗留したが，そこは原初の精霊の王国であり死者の住処であった．アーネムランドの東海岸に到着した彼らは東から西へと歩き回り，さまざまな人間集団の祖先を創造し，現代のように地形を整え植物を植えた．また特定の場所に篭のような聖物（チュリンガ）を投げ捨て，それをめぐって今日も儀礼が行われる．たくさんの人間を生んだ後，太陽の娘たちは聖物を男兄弟と息子たちに盗まれてしまったので，彼女らは陰核切除を受けねばならなくなり，それに伴って女から男に宗教的特権が移譲された．

　アーネムランド北に浮かぶ島に住むティウィ（Tiwi）族では，大地はカルワルトゥ（kaluwartu）と呼ばれるが，水で囲まれた平たい円盤であり，それを逆さにした水鉢のような堅い天空ジュウーク（juwuku）が覆っていた．その上には祝福された上界トゥニルナ（tuniruna）があって，適切な雨と多くの食料によって満たされている．そこは永遠に咲く花で覆われた世界で，死者の魂はそこに運ばれ覆いの穴から星として輝いている．上界には雨季と乾季2つの季節があ

り，乾期には天界に住むパカタリンガ（Pakataringa：雷男）とトミトゥカ（Tomituka：モンスーンの雨女）およびプマラリ（Pumaralli：稲光の女）が雨季には空に降りてきて嵐と雨を地上に送る．

　天空には祖先のヘビが住むという話もある．アデレード平原の人々は，天の川のラグーンの中に済むユーラ（Yura）ヘビは不品行な人々を飲み込んでしまうと信じていた．ヘビが住むのはユラカウエ（Yurakauwe）と呼ばれる暗い部分で，それはユーラの水と訳され，コールサックに相当する．

狩猟採集生活と星

　グロートアイランド島の住民は，さそり座のυとλが4月の終わり頃に夜空に現れると雨季が終わり乾いた南東風が吹きはじめると認識する．一方，近くの本土に住むイルカラ（Yirrkalla）族は，12月初旬にさそり座が明け方に見えるとインドネシアやマレー系の漁師が高瀬貝やナマコを求めにやって来る徴（しるし）だと推測した．

　冬場で最も顕著な星はアルクトゥールスとヴェガである．アルクトゥールスが明け方の東天に見えるとアーネムランドの住民はウケや籠をつくるイグサを刈り取る時期だと考える．ヴィクトリア州のブーロン（Boorong）族はアルクトゥールスをマルペアンクールク（Marpeankurrk）という老婆だと考える．彼女は8〜9月にかけての主食であるアリのさなぎを教えた存在として祝われる．冬場に見える最も赤い大きな星であるアルクトゥールスはサナギの心臓を表し，その周りの小さな星はアリの触角と後ろ足を表すとされる．

　ヴェガは4〜9月のあいだに空に現れるが，最も顕著なのは晩冬であり，こと座に伴う流星群も見える．流星群は雄のローアン（Loan）という虫がアリに卵を産ませるために巣を準備するときに飛び交う棒や砂を意味する．そして10月にこと座が見えなくなったときが卵を探すときであり，これに気づかないと卵を得ることができない．

　西部砂漠のピッジャンジャラ（Pitjantjatjara）族は，プレアデスが秋に夕暮れの空に現れたとき野生犬ディンゴの交尾期がはじまる時期を示すとする．このとき豊饒（ほうじょう）儀礼が行われ，数週間後に巣を襲って幼獣を選り分けて祝祭をする．

　トレス海峡の東部三島に住むメリアム（Meriam）の人々はタガイ（Tagai）という，男を意味する星座を認識していた．それはいて座，さそり座，みなみじゅうじ座，おおかみ座，からす座，およびうみへび座の一部を含む大きな星座であった．タガイはさそり座に位置するカヌーに立って，南十字をかたどった魚叉（やす）

図1 トレス海峡のタガイの星．上：ケンブリッジ大学の調査隊が現地人にスケッチさせたもの，下：それや伝承をもとにアーティストが図案化したもの [Chadwick, S.R. & Paviour-Smith, M., *The Great Canoes in the Sky: Starlore and Astronomy of the South Pacific*, Springer, 2017]

と，からす座の位置には果物を持っているとされる．タガイはプレアデスとオリオンの帯からなる12人の乗組員の神話の一部であり，タガイが空を移動するときそれは，メリアム族の季節の案内役となる．タガイの移動に沿って漁撈，採集および儀礼の時期が決まる（図1）．

アボリジナルの人々は狩猟だけではなく，交易や儀礼のため長期の旅をした．旅は昼間に地形を参照にして行われたという説と，昼は暑いので夜，星座を見て行われたという説があるが，ソングライン（songline）すなわち連続する歌の内容で次々と移動の目標としていく地形や星座に言及し，移動経路を示す記憶装置（memory devise）となっていた．

広く南十字はその指標の1つであった．北部の海浜集団はポインターを，エイを追い掛けるサメのひれと見る（図2）．また北部では2つのポインターは火のついた棒であり，そこから上がる煙が天の川をつくったとされる．昼間では太陽に正対，あるいは左手の肩越しに見るなどして方位を確かめ得た．中央部の砂漠ではとがった尾を持つワシの爪，コールサックはその巣でありポインターはブーメランである．

ニューサウスウェールズ北中部とクィーンズランド中南部に住んでいるエウアラウィ（Euahlayi）の人々は，エミューのクリンジ（Kuringii）は2匹のイヌ（ディンゴ）に追い掛けられ，ケープヨークから南オーストラリアまでの交易ルートを通って行ったとする．クリンジはフリンダース山脈の麓で殺され，彼の血が南オーストラリアのパラチルナ（Parachilna）産として珍重される赤い顔料となった．そしてこの物語の道をたどって顔料が交易される．そしてこのイヌがエミューを追い掛けた話が彼らの交易ルートをたどっているのである．

ソングラインはスターマップに対応する．それは星のパターンを，陸上の旅のルートを表象したものとして理解できる．スターマップは交易ルートやボラ場（集団儀礼の場）に行くための指標とされる．先達は晴れた夜旅の方向を指差し，星のパターンを使って説明する．道は川，水場，目立つ木，石の遺構などの地点で折れ

曲がることがあり、スターマップは行く方向を示すのである。スターマップは正確な地図ではなく、途中の大事な地点の記憶の手段であり、祖先のトーテムの道である。

星座はどのように見られていたか

西洋では、星座は点を結んでできる図形に神々や道具、あるいは動物をあてはめるが、アボリジナルの人々はそれぞれの星がそれぞれ動物や人間を表すと考える。また星を認知するときには明るさよりも並び、特に直線的な並びが重要なポイントである。彼らはあまり明るくなくても並んだ星を認識し、近くにあるもっと明るい星を無視したりする。またヴィクトリアのブーロング族は真っ直ぐな並びの星だけを認識し、三角や四角の並びには興味を示さない。色も重要であった。中央オーストラリアのアランダ（Aranda）族は赤い星とそれ以外の白、青ないし黄色い星を区別していた。赤い星の代表であるさそり座の α 星、すなわちアンタレスはタタカ・インドラ（tataka indora：とても赤い）とされ、またそれより明るさは劣るがV字型のヒアデス星団は2列の少女とされ、赤いアルデバランを含む1列は赤（tataka）、もう1列は白（tjilkera）と認識されていた。

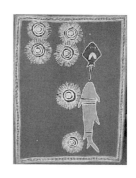

図2　サメ座とエイ座
［Chadwick, S.R. & Paviour-Smith, M., *The Great Canoes in the Sky: Starlore and Astronomy of the South Pacific*, Springer, 2017］

南十字は、東アーネムランドのカレドン（Caledon）湾周辺ではエイを表し、2つのポインター（α, β ケンタウリ）がそれを追うサメである。グロートアイランドでは魚を主食とするが、南十字の4つの星は2人の兄弟ワナモオウミッジャ（Wanamoumitja：十字星の α と β）とそのそれぞれのキャンプファイヤー（Δ と γ）である。ここでは彼らは天の川で捕らえた大きな黒い魚アラキッジャ（Alakitja；コールサック）を調理している。ポインターはちょうど狩りから帰って来た2人の友人メリンディンジャ（Merindilja）である。メリンディンジャの左側にある2つの星は彼らのブーメランで、真ん中の2つの星は調理用の火で、右の2つの星は魚を持ったワナモウミッジャ（Wanamoumitja）兄弟である。

トレス海峡の西部の島々の住民はサメ座のバイダム（Baidam：おおぐま座；アルクトゥールスおよびコロナ・ボレアリスの γ 星）、ホラガイ座のブー（Bu：いるか座）、脅かす女座のドガイ（Dogai：アルタイルとわし座；Aquilae の β, γ）、オリオン座のディデアル（Dideal）およびプレアデスのウサル（Usal）など

を認識していた.

天体の神話と伝承

◆**太陽**　アボリジナルの人々は太陽を女性，月を男性とする傾向がある．太陽の起源は2つの大きなグループに分かれる．南東部ではエミューのディネワンと友達のブラルガーが喧嘩をして後者が大きな卵を空に投げ上げた．すると卵は割れてそばにあった薪に火がつき燃え上がった．急に明るくなったので世界の人々は驚いたが，明るいことは良いことなので空に卵を置いておくことにした．毎晩空の精霊とその助手たちは薪を集め積み上げて，明けの明星を送ってもうすぐ火が灯されることを知らせる．しかし空の神はそれで満足しなかった．というのは寝ている人は星が見えないため，グールグールガーの鳥に命じて明けの明星が現れるやいなや大きな声で笑い，寝ている人を起こすように命じた．

　北東部中央のアルンタ族では太陽は女性で地面の中から現れ，松明を持って空に登り，夜のあいだは地上に降りて来てまた朝に現れる．南オーストラリアのナリニェリ（Narrinyeri）族でも太陽は女性であり毎晩死者の国を訪れる．太陽が近づくと男たちは二手に分かれ彼女を通す．男たちは彼女をとどまらせようとするが，彼女は翌朝また帰るためにほんの少しの時間しか滞在しない．帰るときに男たちから贈られた赤いカンガルーの皮を着ているので明け方の太陽は赤い．クィーンズランドでは太陽（女性）は月によってつくられ腕がたくさんあったので光が発散するとされた．（文献[1]pp.275-276）.

◆**月**　月は男性であり死と豊穣の象徴で，日食は男性の月が女性の太陽と交わっているとされる．月齢と月経のサイクルの対応から月は豊穣性と関係し，若い娘はあまり月を凝視すると妊娠する，あるいは死ぬといわれている．

　ティウイのあいだでは夢の時間，月男ジャパラ（Tjapara）がプルクパリ（Purukupali）と戦って顔に傷を負って空に上がった．プルクパリは1度死んだ者はそのまま死んだ状態であるべしと宣言したが，天のジャパラはその運命を逃れ，1ヶ月の中で3日だけ死に，また再生するようになった．月の周りにリングが見えるのは雨季のはじまりであり，それは月男が雨を降らせる前に自分を守るために自分の周りに小屋をつくっているからだ．

　中央のアルンタでは，フクロネズミ氏族の男が楯に隠して月を持ち歩き岩の割れ目に隠していた．別の氏族の男がある夜，光が男の楯から立ち上っているので，楯ごと月を持ち去ってしまった．フクロネズミの男は追い掛けたが，盗人を

捕まえることができなかったので，盗人に月に向かって空に登り，毎晩一差しの明かりを灯すようにいった．そこで月は空に昇りそのままとなった[1]．

◆**惑星**　明けの明星は狩りはじめを見守る重要な星であり，また夜に海を渡るとき進路を照らす星でもある．また金星は 2 人の老婆の持っている長い棒の先に支えられているが，老婆は明け方になると金星を引き下ろして昼間は籠の中に入れる．金星は紐で縛られているので空高く上がることはできず，地平線の近くにとどまる．死者の儀礼用のトーテム棒の先端には白い羽毛が結びつけられ，金星を表し，先端に羽毛の結ばれた長い紐は光線を表している．

　金星は一般に女性，木星は男性で天体間には親族関係があるとされる．オーストラリア・アルプス山脈西側地域において，木星は天を放浪する若者とされ，母親の太陽は息子を嫌悪し，刺客を遣わしたので西の空低くまで逃げて来た．もし太陽が木星を殺すと日照りになって草が枯れ，人々に病気が蔓延すると恐れられた．また，赤い火星は密通を行った男性とされる傾向がある．

◆**天の川**　天の川は木，虹蛇，カヌーあるいは川などさまざまに表象される．クィーンズランドでは天の川を，踊りと歌が上手であった英雄の話と関係づける．彼が踊るとそれに併せて人々が疲れ果てるまで踊り出すので，彼は星さえも踊らせることができると豪語した．ある早朝彼は木にオオコウモリの群れが止まっているのを見つけ，その親玉に槍を刺したが残りのコウモリが彼の体を空に運んで行ってしまった．彼がいないので，人々は踊りのときにリズムがとれず困っていた．すると空から歌が聞こえてきた．その歌とリズムがだんだんと大きくなってきて，それまでバラバラだった星が彼の歌に併せて並んで天の川になった．以来，地上の人々は天の川を見てかつての英雄を祝福する歌と踊りをする．

◆**星座**　ヴィクトリアのブーロング族では，南天で最も明るい星のカノープスを真ん中にしてマゼラン星雲などと一緒に，羽を下にのばした鳥として認識されている．カノープスは雄ウシのワール（War）でワシのワレピル（Warepil：シリウス）の兄弟である．りゅうこつ座の ε 星と思われる小さな赤い星は牝ウシである．ブーロング族は，ワールは人間に特に友好的な星で，兄弟のために武器を持ちプロメテウスのごとく最初の火をもたらしたとする．ワールはまたツィンガル（Tchingal）つまりエミュー座と結びつけられ，空を駆けめぐってずる賢いカラスを追い掛けるが決して捕まえることはできない．ワールは 1 年中見えるが，7〜9 月にかけてカラスが卵を生む季節には木の高さに降りてくる．

　プレアデスは 7 人の若い娘たちで，オリオン座である男から追い掛けられてい

るとされる．南西部に住むヤラタ（Yalata）とオールデア（Ooldea）では7人姉妹の話は女性の初潮と関連して語られる．それは姉妹たちを追うンジル（Njiru：オリオン）で，彼は娘たちを犯していく．娘が死ぬとさらに彼は女を追い掛け，その長いペニスは地上に届いて女性を犯す．女性がイヌを放つとイヌがペニスを食いちぎるが，そのペニスは生き返り女性を追った．同じような性的な話は西砂漠の北西端から中央オーストラリア，そして南部のオールデアまで伝わり，地形の起源にもなっている．

　ニューサウスウェールズ東部のカミラロイ（Kamilaroi）族に伝わる話では，プレアデスは7人娘で，長い髪と氷の体を持っていた．地上を離れ山の中を旅するとき，春をもたらし川を水で満たすので，水が豊富になる．若い猟師が恋に落ち，1人を奪って妻にした．姉妹たちは彼が彼女を手離すように冷たい冬を送り続けたが，つらくなり空に夏を探しに行って氷と雪を溶かしたので，プレアデスは夏に現れ暖かい気候をもたらす．その後プレアデスが西に旅すると冬が戻り，人々に女性を奪ってはならないという教訓を伝える．男は娘たちと一緒に空に昇りアルデバランとして永遠にプレアデスを追い掛ける．

　アーネムランドのイーカラ（Yirrkala）では，オリオンは漁師で満員になったカヌーであり，その妻のプレアデスはもう1隻のカヌーに乗っている．彼らは東からやって来て，帰りに男たちはカメを捕まえ，女たちは2匹の大きな魚を捕らえた．しかし岸の近くになったとき嵐に襲われ，カヌーは転覆し溺れてしまった．彼らやカヌーそしてカメや魚（天の川の中の星の固まり）はすべて雨季のあいだずっと見えている．この話は嵐が近づいたら漁に出るのは危険だという教訓あるいはトーテムの禁じられた魚を捕まえると罰が下るという教訓でもある．

星座とイニシエーション儀礼

　少年のイニシエーション（通過儀礼）をするためのボーラ（bora）場があったといわれている．ボーラの儀礼は真冬である8月に行われるという説が有力で，儀礼は天の川と関係し，儀礼場はそのときの天の川の方向と関係しているようだ．

　ボーラ場と思われる遺構は南西部，ニューサウスウェールズから南部や北クィーンズランドにかけて発見されている．大小ペアになった円形の石組み遺構が数十から数百mの通路で結ばれ，大きな輪は直径20〜30m，小さい輪は10〜15mである．大きな輪は皆のため，小さな輪はイニシエーションを受ける少年と儀礼を施す長老のためである．

ボーラの儀礼にとっては天の川の暗い部分が重要であり、それに伴う2種類の動物が精霊のヘビないし虹蛇とエミューである。エミューが少年のイニシエーションに重要なのは、雄のエミューは産卵に関与し自ら育てるからである。エミュー座はダチョウのように飛べない鳥であり、天の川の暗い部分（コールサック）がその頭とくちばし、南十字のポインターがその長い首、そして胴体は首とさそり座のあいだの暗い部分に位置する。さそり座は胴体の下にある一連の卵に比定される。エミューのつがいは交尾の後離れ、雄が卵をかえして育てる。ブーロンの人々はエミューの脚が胴体の下に折り曲げられているときは（4～5月）卵を暖めはじめ、巣に座っている雄の下にはたくさんの卵があることを知っている。もし脚が見えるように地平線に伸ばされていると雄は巣を離れもう卵はない（図3）。

図3　エミュー座
[Norris, B. & Norris, R., Emu Dreaming: An Introduction to Australian Aboriginal Astronomy. Sydney, 2009]

「全能の父」であるバイアーメやブンジルなどを象徴するアルタイルが夜空を支配するのが8月の前半、天の川は空を横切って北東から南西に伸びる。バイアーメの息子がダラマラン（Dharramalan）である。ボーラの儀礼のとき崇拝されるのがバイアーメで、息子が空からの道を通って地上に戻るといわれる。

ニューサウスウェールズにはボーラ場とは異なる、1列ないし2列になった石組みの直線的な遺構が見つかっている。32事例ほどの方位を分析した事例では、統計的に北ないし南に向く傾向が見られる。南半球のため北極星は見えないので、太陽の没入点を見ていて、その中間をとっておおよそで西を決めたのであろう。　　　　　　　　　　　　　　　　　　　　　　　　　　　　　　［後藤　明］

【主要参考文献】
[1]　Dixon, R.B. *The Mythology of All Races: Oceanic*, Marshall Jones, 1916
[2]　Hyness, R. "Astronomy and the Dreaming: The Astronomy of the Aboriginal Australians", Selin, H. ed. *Astronomy across Cultures*, Springer, 2000
[3]　パーカー, K. L.著/ブロックマン, H. D.編『アボリジニー神話』松田幸雄訳, 青土社, 1996

ポリネシア

ポリネシア人の生活と星

　広大な太平洋に散らばる太平洋諸島は，文化的に大きく３つの地域に分けられる．北はハワイ，南はニュージーランド（アオテアロア），東はイースター（ラパヌイ）島がつくる三角形がポリネシアで，中央にはタヒチ，サモア，トンガなどの島々も含まれる．ポリネシアの西に，北半球にミクロネシア，南半球がニューギニアを含むメラネシアである．そこで話される言語は大部分，台湾や東南アジア島嶼部と共通するオーストロネシア（南島）語である．彼らは無文字社会で，5000 年以上も前から航海を開始し，口頭で航海の技術や暦，宇宙観や神話を育んできた．

◆**ポリネシアの暦**　ポリネシア人は天空を３〜12 層の広大な空間を持つ同心半球であるとみなしていた．上方には天空領域が層をなして広がり，水平方向には同心円の大地が広がっている．人々は自分たちの島を宇宙の臍であり，島は広大無辺の同心円空間の中心に位置して，大地に乗ったドーム状の層で隔てられていると考えていた．このような多層的な宇宙は，太陽，月，惑星そして恒星は異なった層を動くと考えていた可能性もある．

　ポリネシアの１日は深夜にはじまり，日数の計算は夜の数で数えていた．また暦は太陰暦で，１年は 13 ヶ月が基本で，閏月も設けられた．その調整を行ったのが星座の観察であるが，最も重要なのはプレアデスである．ポリネシア語ではプレアデスはマタリキ（Matariki）ないしその同族語で呼ばれる（ハワイではマカリイ）．マタは「目」であるが，リキは小さい，あるいはアリキであれば首長を意味する可能性がある．プレアデスが最も共通した新年の基準となる．

　ハワイやタヒチでは，11 月の後半，プレアデスが夕方東天に現れた直後の新月を新年の指標とする．しかし同じポリネシアでも，６月頃，明け方の東天に現れる現象（旦出）を新年の指標とする例が南半球には多い．例えばニュージーランドのマオリ族やラパヌイ（イースター島）などである．

　ラパヌイでは１年 13 ヶ月は雨季と乾季２つの季節に分かれていた．５月６日

頃プレアデスが西の空に沈むと，豊かな季節が終わり，混乱と戦争の困難な季節 (tonga)が到来する．やがて冷たい強い風の季節がはじまるが，同時に貴重な雨が降り，5月21日頃にカノープスが旦出したらヤムイモやサツマイモの植えつけがはじまる．そして新年は6月12日頃，プレアデス旦出後の，最初の月の出の確認からはじまる．乾季は11月16日頃プレアデスの夕方東天への出現ではじまる．このとき大きな儀礼が行われ，豊かな季節（hora）のはじまりを祝う．この季節は収穫の時期であり，また外洋漁の禁止（rahui）も解除される．2月半ば頃のカノープスの東天への出現は，プレアデスの南中にも相当するが，死者の名誉を確認する儀礼が行われる．モアイ像は死んだ歴代首長の像といわれており，何らかの儀礼（例：モアイに目を入れる）が行われたのではないかと推測される．

このようにポリネシアでは星座を併用する太陰暦であったが，太陽暦もあった．マンガレヴァ島に付随するタラヴァイ（Taravai）島では，近隣の小島や山の頂から昇る太陽を観察して暦をつくっていた．6月至（南半球の冬至）と12月至（南半球の夏至）の太陽の両方が観察され，宣教師の記録によると6月至の日，ある山の山頂の影が聖なる石に到達するのが観察されたという．

また主食であるパンの実が成熟する2ヶ月前，12月至の頃に儀礼が行われたようである．パンの実の儀礼が明け方昇る太陽に向かって行われることは儀礼の4日目に唱えられる次のチャントから推測される．

「黎明がたくさん/神々の黎明が/音が聞こえる/神聖な黎明が/その穴から出てくる黎明が/登ってくる！」

◆**ミクロネシアの暦**　星座による航海術の発達したミクロネシアのカロリン諸島でも，星座と月齢を基本とした暦があった．13ヶ月が基本であったが，1年は10ヶ月であるという報告から16ヶ月になるという報告がある．毎月の名称にはそのときに昇る星座の名前がつけられる傾向があり，調査者が西洋式の月名に対応する語彙を質問したとき，話者によって月の前半に昇る星と後半に昇る星を答えるなどしたために1年は16ヶ月という報告になったのではないか．

キリバス諸島では，マネアバと呼ばれる集会場の屋根の骨組みが天体を認識するモデルとなっていた．家の棟木が子午線であり，3本の垂木が至点と分点の太陽の出没位置とそれに近いプレアデス，オリオンおよびアンタレスの出没位置を示していた．暦は，プレアデスとさそり座のアンタレスをこの屋根の上で観察することによって決められた．この両星は天球上で互いにほぼ反対の位置にある．プレアデスが日没の直後に東側の1本目の桁の位置に現れたときが，1年のはじ

まりで，テ・アウティの季節がはじまる．アンタレスが午後6時頃に同じ高さに現れると（6月の2週目頃）テ・リムウィマタの季節である．

　赤道の動きも観察された．太陽の北から南への動きは陸地の上方あるいは風上への移動とみなされ，南から北への動きは下方あるいは風下への移動とみなされた．風上という表現は，順風，操舵手の風（東から吹く貿易風）の季節を示すときに使われ，「風上へ」は「東へ」と同義であり，「風下へ」は「西へ」と同義であった．太陽はプレアデスが夜明け前に東側の1本目の母屋桁の上に現れたとき，最も北寄りの位置に達する（北半球の夏至）．

　赤道に近いオセアニアでは，垂直に上り下りする星座が方位の基本であった．航海師は目指す島の方位と出没点が一致する一連の星座（星座のロープやスターコースなどと呼ばれる）を覚えて針路をとった．日中は，太陽の位置も観察された．それ以外は恒常的な海のうねり，季節風の方位，あるいは島から飛ぶ範囲が決まっている海鳥の種類や飛ぶ方向によって目指す島の方角を推測した．

　ハワイ・ロアはハワイの神話に登場する航海英雄である．彼はカヌーをつくり，8人の水夫とともに航海に出た．いつも空にある星々は，航海の確かな道標だった．天体は祖先である神々の時代から天空に置かれ，季節の目印や暦の役割を果たし，大洋を航海する人々を導いてきた．彼は星を観察して何月かを知り，月の満ち欠けによって日付を知る方法を習得した．

　8人の水夫たちのうち，マカリイ（ハワイ語でプレアデス）が航海師で，ハワイ・ロアにいった，「陸地の発見者，イアオ星（東の星）の方角に針路を取ろう．東のほうに陸地があって，あの赤い星ホクウラ（アルデバラン）が我々を導いてくれる．その地は，鳥の形をした星の方向にある．」この言葉に従ってカヌーを進めたハワイ・ロアたちは，ついにハワイ諸島を発見した．

　ハワイやミクロネシアのような北半球では北極星ホクパア（ホク：星，パア：不動の）が北の目印であると同時にその高さ（仰角）が自分のいる緯度を示す星であった．南半球では不動ではないが，軸が南を指すみなみじゅうじ座が同じような目印であった．またポリネシアでは島の天頂を通る星の高さで自分のいる場所の南北位置を推測した（天頂星航法）．

星座をどのように見ていたか

　ニュージーランドのマオリ族では，太陽と月をはじめとした自然現象が番いとなってさまざまな天体を生んでいく神話がある．それによると長男がアウタヒ

（カノープス），続いてプアンガ（オリオン座のリゲル），レフア（アンタレス：赤いという意味），マタリキ，タクルア（シリウス）そしてウルアオ（ケンタウルス座の α 星）となっている．またマオリ語などではタマレレティのカヌー座，タウトル（3つの星の意味）はオリオンベルトの三つ星である．

　ポリネシア飛び地のレンネル島では，カゴカゴガアアが大きなカヌーをつくってすべての道具や作物，果物，魚を積んで出帆した．カヌーは巨大でアウトリガーの浮きを備えていた．カヌーはレンネルに到着し，その腕木は陸に乗り上げた．船体は南に，浮きは北に乗り上げた．マタギギ（プレアデス）は帆を，テティノマヌ（鳥の体：マヌ＝鳥，おそらくカノープス，シリウス，プロキオン）は魚と食料を，カウークペンガ（網の取っ手：南十字）は網をとった．積んでいたテイカは魚（おそらくいて座付近）となり，トゥガグペ（ハトの群れ）はさそり座となった．

　ニューギニア島北東洋上に浮かぶマヌス島では，さそり座をエイ，いて座付近をサメと見る．この2つを魚の星座とし，サメはエイの尻尾をかじりながら追い掛けており，海に没する．3，4月頃，夕方にはこの星座が海に入っているので豊漁の季節となる．逆に，この星座が海から見えはじめる6，7月頃は魚が非常に少なくなる．この暦は同時に天の川の角度によって季節風を通したり，遮ったりすると考え，漁や航海に適した季節を知るためにも使われる．

天体の神話と伝承

◆**太陽**　グアム島などのあるマリアナ諸島の，チャモロ族の伝えた世界巨人死体化生型の創世神話がある．神プンタンが死ぬとき，胸と肩から天と地，両目から太陽，眉毛から虹，そのほかの肢体からほかの事物をつくるように妹に命じた．これは日本神話のイザナキが禊ぎをしたとき，目からアマテラスやツクヨミなどが生まれてきた件を彷彿とさせるが，中国などにもある盤古型（世界巨人）神話とも通ずる．

　ハワイではかつて太陽はとても早く動くので，昼も夜も短すぎた．女神ヒナはタパ（樹皮布）を干せないし，夜もゆっくり休めなかった．そこで息子のマウイはマウイ島のハレアカラ（太陽の家の意味）の山頂に昇り，太陽が昇って来るのを待った．太陽は足を1本ずつ（陽光）かけて昇ってきたので，マウイはその足を捕まえて縛り，太陽にもっとゆっくり歩むように命じた．以来，太陽は現在のように運航するようになった．

◆月の女神　星辰に関係する神話で最も有名なのは，月の女神ヒナの神話であろう．ヒナは天の川の星の光の髪を持つと称される美しい女神ともされ，ポリネシアで最も広く知られた女神であるが，その親族的位置づけに関しては，島あるいは異伝によって異なる．サモアではヒナ（シナ）は創造神タンガロアの娘である．ツアモツではマウイの妻，マオリ神話ではマウイの姉妹，タヒチでは天地創造を行ったアーテア（ハワイ語ではワーケア）とホトゥの娘である．タヒチ神話では，ヒナは兄弟のルーとともにライアーテア島に住んでいた．ルーは偉大なる航海者で，2人は航海してニュージーランドを発見した．航海の途中，ヒナはある島にとどまり，パンの木から彼女は白いタパ（樹皮布）をつくった．タパを打った平たい石が後世のタパ打ち用の台になった．こうしてヒナは女性のタパ打ちの神になった．ある満月の夜，ヒナは1人で月へカヌーを漕いで行った．月に着くと，彼女はカヌーを流してしまい，月にとどまった．それ以来，ヒナは夜，航海者を見守る守護神となった．

◆星座　プレアデスはもともと1つの明るい星だった．しかしその高慢さがタネ神の怒りをかい，神はアウメア（アルデバラン）とメレ（シリウス）を捕まえて生意気なプレアデスを追わせた．恐ろしくて星は命がけで逃げ，流れの背後に隠れた．しかしシリウスが流れを干上がらせ，神はアルデバランを生意気な星の体めがけて放り投げると，疲労困憊した星は6つに割れてしまった．それがプレアデスである．マタリキ（小さな目）と呼ばれるが，また別の名をタウオノ，つまり六つ星，とも呼ばれる．

ツアモツ諸島にはオリオン座を象徴する男神タケロと，プレアデスを象徴する女神マタリキの話がある．タケロとマタリキはハヴァイキに住んでいた．あるときタケロは1人で抜け出して別の土地に行った．帰ってくると，マタリキは自分を連れて行かなかったことに怒り，マタリキは1人で旅立った．それをタケロは永遠に追うことになった．タケロは「私は，人々が住んでいる所にまで届く，長いペニスを持ったタケロだ」といいつつ，マタリキに振り向いてもらおうとする．しかし彼女は振り向いてくれない．タケロは，たくさんの層をなす天空の世界までもお前を追う，と言い続けている．そしてタケロは魚に自分についてくる者はいないか問う．誰もいわれたとおりにはしなかったが，とうとう雄のカメがついて行くといった．だからいつもタケロには「かめ座」がついて来る．

ポリネシアではマウイ神が島をつり上げたとき使った釣針がさそり座となったという神話が広く伝わる．末っ子のマウイは兄たちと釣りに出掛け，大魚が掛か

った．マウイは兄たちに振り向かず岸にカヌーを漕ぐようにといったが，振り向いてしまい，糸が切れた．魚は浮上して島となった．釣針は天に放り投げられてさそり座になった．その近く，ケンタウルス座からカノープス，シリウスそしてオリオン座にかけて，天の川にその大魚が泳いでいるとされる（図1）．ハワイではヘルクレス座あたりがマウイで，さそり座を引きつるように空を移動するという．

図1 L. Cruchet, À La Découverte du Ciel Polynésien, カバーの図 ［文献[1]カバー図をもとに作成］

ミクロネシア・マーシャル諸島では12人兄弟がいて，あるとき兄弟はカヌー競争によって首長の跡継ぎを決めることになった．海岸で出航しようとしたときに母親が大きなマットを持って現れ，長男のトゥムールに同乗を願ったが，大きなマットが邪魔なので長男は弟のマイラップのカヌーに乗るようにいった．マイラップも同じ理由で断り，とうとう末っ子のジェブロが母親をカヌーに乗せた．沖に出ると，母親がマットを広げると帆になり，末っ子のカヌーは兄たちに追いついた．長男は「お前のカヌーをよこせ」といったので，母親は末っ子にロープを1本抜いて渡しなさいといった．長男はそのカヌーに乗ったが，帆が扱えず，コースをそれてしまった．長男のカヌーに乗った末っ子はいままで帆走して来たのでパドルを漕ぐ力は残っていた．やがて長男が目的地の島に着き，自分が首長になると宣言すると，島の奥から母親が編んだ首長の徴のある衣を羽織って末っ子が現れた．これを見て人々は新しい首長の誕生を祝った．兄弟たちは恥じ，もう2度とジェブロの前に現れないと誓い，母親とともに空に昇って星になった．ジェブロは新年を告げるプレアデス，母親はカペラ，トゥムールはさそり座のアンタレス，マイラップはアルタイルになった．この出

来事以来，プレアデスとアンタレスは空で出会うことはない．

　トンガタプ島のマアフ（Ma'afu）王はきれい好きで，水浴びに行くときに体をココヤシの実からつくったブラシでこすり，そのブラシを水場にある石の上に置いていた．雌のトカゲがそのブラシを飲み込むとハンサムな双子の男の子を産んだ．双子が成長しても母親は父親の素性を隠したが，双子が父親を探したいと熱望するので，父親のいる方角を示した．そこではカバの儀礼が行われており，双子は最も尊敬されている人物が父親だと確信した．彼らが王の前に慇懃に座ると，王は双子が自分の子どもだと気がついた．その後双子は成長し，足が速くやり投げも得意だったが，やり投げで王の甥を傷つけてしまった．王は罰するために水を汲んでくるように2人に命じた．そこには恐ろしい鳥が住み，襲ってきたが，2人はその鳥を退治した．水を届けると，王は別の所の水を汲んで来るようにといった．そこには巨大なブダイがおり，水を汲むために潜ると魚が襲ってきたが，彼らは魚も倒した．王はとうとう「お前たちには遠くに畑を与えるからそこで暮らせ」といった．兄弟は「私たちは殺した鳥と魚を持って天に登ります．私たちに会いたければ，夜，空を見上げてください．私たちも空から見ています」といい，航海者がトンガに戻るときの目印の星マゼラン星雲になった．

星と関連した季節の儀礼

　ポリネシアではプレアデスの出現が新年の指標であった．しかし地域によって明け方見るか，夕方見るかの違いがあるので新年は西暦では半年異なる．クック諸島では12月至に近い時期にプレアデスが夕方東天に出現するときが新年である．この地の民族誌を残した宣教師のW. W. ジルはプレアデスが戻って来たことを島民が熱狂的な踊りとホラ貝の音楽で祝っている様子を挿絵で紹介している（図2）．

図2　クック諸島のプレアデスの出を新年とする様子
　［Gill, W. W. *Life in the Southern Isles: Or Scenes and Incidents in the South Pacific and New Guinea*, Kessinger Publishing, p.97, 1876］

また，ハワイでは星を見て儀礼や生産活動の暦を決めた専門的な神官（星見人）がいた．彼らの観察によって，11月後半，プレアデスが夕方東天に見えはじめた直後の新月を新年とし，その後3ヶ月ほど新年の祭りマカヒキが行われた．それ以外にも，月齢に沿って毎夜の呼び方が異なる．新月の後の数日はタブーの期間でお籠もりが行われ，ハワイを統一したカメハメハ大王も月に1度は神殿にこもったという西欧人の記録がある．一方，満月前後には豊穣を祝う儀礼が行われた．タヒチでも，プレアデスがオリオンベルトの方角で最初に地平線に輝くとき，豊かな季節テマのはじまりである．一方，プレアデスが夕方の薄明かりに，地平線に下がるときは5月20日頃であるが，豊かな季節の終わりである．

　太陽の動きと儀礼も関係していた．ハワイ諸島最北端のカウアイ島およびその西に浮かぶニイハウ島はフラの発祥の地として神話では語られる．フラの起源に関連するチャントでは，フラの女神カポがニイハウ島の首長ハラリイを訪ねたときにカポがハラリイに憑依し，首長がこれを口ずさみ，それに合わせて踊ったのがフラのはじまりであるとされる．この物語は6月至である6月21日，神話では「カーネ神が戻って来た日」に起こったとされる．

　この物語の舞台といわれるキハ・ワヒネ神殿からは，カウアイ島北西の断崖が続くナーパリ海岸を望むと，もう1つのフラの聖地ケ・アフ・ア・ラカを囲むカ・ウル・ア・パーオア神殿の背後から6月至の太陽の出現を見ることができる．逆に後者から前者を望むと，北半球の冬至すなわち12月至の太陽が海に没する方角となる可能性がある．

　ニイハウ島では，北東にある大きなカウアイ島に隠れて，海から出現する日の出を常に見ることはできない．特にフラに関係する神殿のあるニイハウ島北部からは，カウアイ島に隠れて海から昇る太陽が拝めない．したがって，それが見える6月至の日の出に祈念したであろう． [後藤　明]

【主要参考文献】

[1]　Cruchet, L. *À La Découverte du Ciel Polynésien*, Ministère de l'Éducation de la Polynésie française, 2006

[2]　Gill, W. W. *Myths and Songs from the South Pacific*, ARNO Press, 1977（Originally published in 1876, Henry S. King & Co.）

[3]　Chadwick, S. R. & Paviour-Smith, M. *The Great Canoes in the Sky: Starlore and Astronomy of the South Pacific*, Springer, 2017

コラム　ソロモン諸島西部の「いびき星」・神話の星々

　ソロモン諸島西部ロヴィアナラグーンに暮らす人々は農耕と漁撈が主生業であり，カヌーを漕いで島々を移動する．生業暦や航海術に星知識を用いることで知られるインドネシア，ミクロネシア，ポリネシアの諸集団に囲まれ，それらと同じオーストロネシア語族の集団でありながら，彼らの星文化についてはほとんど記録されてこなかった．

　筆者が現地で長く暮らしていて，比較的その名を耳にした星に，「いびき星」あるいは「寝んね星」とも呼ばれるものがある．星のまたたきが，反復されるいびきにたとえられる．これは特定の星の名というよりも，シリウスなどの明るくまたたく恒星を指すようである．また明の明星と宵の明星についても耳にした．後者は夕方に現れては夜半までに消え，時期によって位置が行ったり来たりすることから「逃げる」「怯える」星と呼ばれ，その位置は漁季を知るのに役立つ．

　星座としては，オリオン座の三つ星が，カヌーに乗って弓角型の伝統的疑似餌でカツオ漁をする3兄弟になぞらえられる．この3兄弟は，魔物によって島の奥地へと連れ去られた妹を救い出す，古い民謡の勇敢な登場人物だという人もいる．それから多くの人々が，いまでは単に十字架と呼ぶ南十字のことを，一部の老人は長い尾のあるエイと呼び，夜，その尾の向きを見て時間経過を知ったという．

　流星の中で，とりわけ大きなものはマテアナと呼ばれ，創世神話で7人の大首長が死後天に昇り，あるいは地に潜りマテアナとなったことになぞらえられる．キリスト教宣教師が，聖書における天使をマテアナと訳した由縁である．一方，落下隕石はパロと呼ばれ，落ちると海をも燃やす恐ろしい霊とされる．

　ごく限られた老人が知る星名ビンボロは，プレアデス星団を指す．ビンボロの別の意味は，首狩風習のあった時代，戦地から戦闘用カヌーで戻って来た男たちが，帰村する前に行った儀礼的性交渉に集まった女性たちのことである．星名の由来を知る人とは出会えなかったが，この星団を「複数の女性（または男女）」にたとえたのかと想像すると，各地のプレアデス神話とのつながりを感じる．

　いまは，いずれも昔話の一種のようなもので，星が実際の生活や儀礼とかかわることはまずない．残念なことに，すでに星文化の多くは喪われてしまった．それでも，ここにあげたようなわずかな話を通して，ロヴィアナの多島海世界を生きたかつての人々の世界観が，大きな星空に見えてくるのである．　　　［古澤拓郎］

第2章

北米

北米先住民族の星の神話

　北米先住民族の言語には声門閉鎖音がある．本書は専門書ではないが，現地語の響きを感じていただきたいので，ディネ語ではできるだけ近いカタカナで表現した．

　北米大陸は広大であり，それゆえ北米先住民族の文化も多種多様である．通常，北米先住民族の文化を学ぶ場合には，自然環境との密接な関係で形成されてきた文化地域という概念の分類を用いる．大きく分けて 10 文化地域がある．北から①極文化地域（イヌイト等），②亜極文化地域（クリー，ナスカピ等），③北西海岸文化地域（ハイダ，クリンキット等），④高原文化地域（ヤキマ，サーリッシュ等），⑤大盆地文化地域（パイユート，ショショニ等），⑥カリフォルニア文化地域（ポモ，ヨクート等），⑦大平原文化地域（マンダン，ラコタ等），⑧南西文化地域（ホピ，ディネ［ナヴァホ］，ズニ等），⑨北東森林文化地域（ホディノショニ［イロクォイ］，デラウェア等），⑩南東文化地域（チェロキー，セミノール等）である．それぞれの文化地域には独自の文化が形成されており，神話・伝承も同様に多種多様である．北米先住民族の伝承文化は，基本的に口承文化であったため，固定化された伝承というのはない．それゆえ同じ部族の同じ星座についての伝承も語る人，地域，時代によって異なっているということもある．本項で紹介する伝承はそのような類似した伝承の 1 つであるということをあらかじめ述べておきたい．

　最初に，南西文化地域のディネ（ナヴァホ）の星の神話を取り上げ，その後，いくつかの文化地域からよく知られた星の神話を紹介する．ディネは「人間」を意味するディネ語で，周りにはホピ族，アパッチ族，ズニ族等がいる．言語学的にはアサパスカ語族に属し，北の亜極文化地域にいる同語族から分かれて南下してきたと考えられている．すぐ近くのホピ族はウテ・アステカ語族に属しているが，神話的・宗教的には類似した側面もある．

◆ディネ（ナヴァホ族）：⑧南西文化地域　星々がつくられる前の話である．ディネの神々がホーガン（伝統的家屋）の中で世界をどのようにつくるかを相談していた．ほかの神々が集まっているところに，黒い神がやって来た．黒い神のかかとにはディリイェへと呼ばれる星々がついていた．ほかの神々はそれに気づい

て，何かと尋ねた．黒い神は何もいわなかったが，自分の力を見せようと，四方向（東，南，西，北）に向かって足を踏んだ．最初の足踏みで，ディリィェへは飛び出し，膝に飛びついた．2回目に足踏みをしたとき，星は腰に飛んだ．ほかの神々はうなずいて承認した．3回目の足踏みで，星は肩に飛んだ．最後の4回目の足踏みで，左のこめかみに星は飛んだ．黒い神は，そこにとどまるように，と命じた．こうして，今日でも黒い神が儀式で踊るときには，黒い神の仮面の左のこめかみには星の徴がついている．

　ほかの神々は黒い神に，夜空を星で満たして美しくするように頼んだ．黒い神はいつも持っている小ジカの革でつくった袋の中から明るいクリスタルを取り出し，北の夜空に注意深く置いた．それは，動くことのない北の中心の炎（Náhookǫs Bi'kǫ'）となり，夜旅をする人の道しるべとなった．ほかの星はすべてこの星の周りを回るようになった．続いて黒い神は7つのクリスタルを取り出し，北の中心の炎の近くに置いた．この星座は「周回する男性（Náhookǫs Bi'kạ'）」となり，北の中心の炎の周りを回るようになった．続いて，黒い神は北の中心の炎の周りにもう1組の星を置き，「周回する女性（Náhookǫs Bi'áád）」となった．「周回する女性」と「周回する男性」は北の中心の炎の周りを常に回り，ほかの星々はこれら2つの「周回する男性」と「周回する女性」の通り道の上を回ることになった．

　黒い神はクリスタルを取り出し，東の空に置いた．それは，「足を広げて立つ人」になった．南に向いて，今度は「最初の大きい人」をつくり，その下に3つの星からなる「ウサギの足跡」をつくった．南から西にかけて，「ツノクサリヘビ」「クマ」「雷」の星座をつくった．そして，小さいクリスタルを何千と取り出して，夜空を横切るように散らし，「夜明けを待つ」（天の川）をつくった．

　こうして星の形をつくり終えると，黒い神は，クリスタルを輝かすための炎の星を置いた．黒い神は星座をつくり終えると，座り込んで夜空を見ていた．すると，コヨーテがやって来て，神々に何をしているのか，私のアドバイスを聞いていない，といった．黒い神は答えて，次のようにいった．「私がいまつくり終えたものを自分で見るように．美しい形は，人々に地上で生活するうえでの規則を与えることになる」と．

　黒い神は胡坐をかいて座り，足の下に袋を置いて大事に守っていた．ところが，コヨーテはその袋を取って，口を開け，残りのクリスタルを夜空に特に秩序なくばらまいた．コヨーテが夜空にまいた星には，1つの星以外には名前がなかった．袋が空っぽになったとき，コヨーテは最後に残っている星を取り出して，

これは私の星になるように，といって，黒い神の北の炎をまねて南の空にそれを置いた．今日では，コヨーテの星（マァイー・ビゾ：Ma'ii Bizǫ'）と呼ばれている．黒い神はコヨーテを叱ったが，コヨーテは笑い，黒い神に袋を返しながら，いまや夜空は綺麗になった，といった．

ディネ（ナヴァホ）の世界観・方位観

ディネの世界は，4つの聖なる山々が囲む，ディネの人々が住む中心（ディネ・ビケヤ）から構成されている．ディネ語で，東には「夜明け」あるいは「白い貝の山」と呼ばれるブランカ・ピークが，南には「トルコ石色の山」あるいは「碧いビーズ」と呼ばれるタイラー山が，西には「雪が溶けない頂上」あるいは「アワビ貝の山」と呼ばれるサン・フランシスコ山が，北には「大きなヒツジ」と呼ばれるヘスペルス山がある．また，それぞれの山は特別な色と関係があり，東は白，南は青，西は黄色，北は黒である．

冬の物語：暦，農業

星や星座にかかわる夜の星の伝承は，冬の物語と呼ばれ，語るのは10〜2月後半までの冬のあいだだけである．冬の物語は，クマ，爬虫類，昆虫などが冬眠し，植物が次の春のために再生している時期に語られる，分かち合いと思考の時期である．最初の春の雷が轟くと，語られなくなる．昴はトウモロコシの苗つけの時期を示し，月の満ち欠けは種植えや収穫の時期を示す．

おもな星座の名称の特徴

星座はヒツジ，大蛇，クマ，コヨーテ，ウサギなど，人間生活と密接なかかわりのある動物と関係がある（図1）．そして，太陽，月，雷は雷鳥の姿でかかわりを持つ．

北極星は「中心の炎」と呼ばれる．中心の炎の周りを「周回する男性」と「周回する女性」（カシオペア）とが左右対称でめぐっている．両者の星は，人間の世界では，天上から右回りで，人間の誕生・子ども期・成年期・老年期を示すと同時に，温かさ・安定・安心を与える母親と父親の関係を示している．

「周回する男性」は雌のクマを狩りで追い掛けている姿を表している．雌グマは冬眠から目覚めて，穴から出てきたところを，夏のあいだ中狩人に追い掛けられ，秋には狩られて，ポットで料理されてしまう．「周回する女性」は，「周回する男性」のパートナーである．母でもあり，祖母でもあり，力強さ・母性・再生

を表わしている．トウモロコシを挽く石と調理器具を用いて，栄養豊かな食事をつくってくれる．中心の炎は，夜空の中心であり，家にある中心の炎であり，天空において方向性と安定性を示している．ディネの伝統文化では，家にある中心の炎は，家族にとっては安定・安心・健康を示しており，儀式の場でもあった．中心の炎は，南天にあるマァイー・ビゾ（コヨーテ座）とともに，南北の線を引く位置にある．

「ディリィェヘ（Dilyéhé：「種のような輝き」の意味で，昴の7人姉妹を指す）」の動きをよく観察することは大切である．というのも，種を早くまきすぎると，遅れてきた霜で若芽がや

図1 Navajo Universe
［文献［2］p.9 をもとに作成］

られてしまうし，種を遅くまきすぎると，収穫の前に秋の霜でやられてしまう．ディリィェヘに関連する伝承にはいくつかの話がある．ディリィェヘの形に並んでいる7人の固いフリント少年の話や，1人の女性とディリィェヘの形で並んだ6人の男の子たちが弓矢で遊んでいる様子の話など，複数ある．

「アツェ・エッォシ（Átsé Ets'ózi：「最初の痩せた男」の意味で，オリオン座の中の星を指す）」は，仲間を守っている弓矢を持った男性の姿である．ディリィェヘとともに東西線を形成し，めぐっている．

「ハスティーン・シクアイイー（Hastiin Sik'ai'ii：しっかりと立っている男性）」は，夏と冬のあいだに姿を見せはじめ，11月に完全に見えるようになる．冬の儀式の季節のはじまりを知らせる．

「アツェ・エツォ（Átsé Etsoh：「最初の大きな人物」の意味で，さそり座の上部と周辺の星々を指す）」は，杖と籠を持った老人の姿を表している．夜空の南天，地平線上に見える．その姿は，年齢を重ねて得られる知恵と再生の過程を示している．杖は力強さと安定さを，籠は宇宙全体を，種は生命の成長と再生の過程を示している．夏のはじめの6～7月にはJの形の上部のように見える．秋にかけては横になり，南天の地平線に平行になるように横になる．これは冬が近づ

いてくる知らせであり，シカ狩りの季節のはじまりでもある．アツェ・エッオシとは同時期に見られることはないが，1つの組み合わせをなしている.

「ガ・ハハトエー（Gah Hahat'ee：「ウサギの足跡」の意味で，さそり座の下の尾の部分を指す）」は，並んだ4つの星が，雪や砂の上に残ったウサギの足跡にそっくりだからである．しかし，その星の名称は，ウサギが前に飛び跳ねる動きを示している．かつてディネの人々はウサギやシカの肉を食べて生活していた.冬になると，ウサギはよく太っていた.

「イカイスダハ（Yikáísdáhá：「夜明けを待つ」の意味で，天の川を指す）」は，季節を通じて，夜明けとのかかわりでの「イカイスダハ」の動きを示している.季節によって夜明け前の「イカイスダハ」の位置は変わり，同じく星々の動きも変わる．1月には，夜明け前に「イカイスダハ」が地平線全体に掛かっているのが見えるときがあり，儀式のときに描かれる砂絵に描かれることがよくある.

「イィニ（Ii'Ni：「雷」を意味し，ペガススとしし座の一部を指す）」は，6つの星からなる羽毛を持つ雷鳥の姿で表されている．雷鳥の体はペガススとしし座のデネボラ星からなる.

「スィシュ・ツォ（Tlish Tsoh：「大蛇」を意味し，おおいぬ座を指す）」は，冬の到来とともに見えるようになる星座である．ヘビが冬眠をしているあいだ，冬の神話物語を語ることができる．春が来ると，大蛇は見えなくなる.

「ツェタ・ディベ（Tsetah Dibé：「オオツノヒツジ」を意味し，かに座を指す）」は，冬の星座で，冬のあいだに行われる儀式の合図となる．特に冬の九夜間の「エィ・ビ・チェイ（Yeí bi cheí：「夜の道」の意味）」の儀式の時期の合図となる．12月に見えるこの星座の時期は，夜，音が普段よりもよく聞こえる時期でもある.

◆そのほかの文化地域の星座と神話　オノンダガ（ホディノショニ/イロクォイ連邦，ニューヨーク州）⑨北東林文化地域：オート・クワ・タ（昴）（ホディノショニ/イロクォイ連邦は，東のドアの守り手のモホーク族，西のドアの守り手のセネカ族，中央に位置するオノンダガ族，オノンダガの東隣のカユガ族，オノンダガの西隣のオナイダ族から構成される）

かつて人々は，冬のあいだ過ごす場所を探して歩き続け，やっと動物や魚がたくさんいる「美しい湖」と呼ぶ場所にたどり着いた．人々はその近くで冬を過ごす準備をはじめた．子どもたちも手伝いで忙しかった．そんな中，7人の子どもたち（少女1人と少年6人）は少し離れたところに出掛けては，踊って時間を過

ごしていた．次第に踊りで遊ぶ時間が長くなっていき，あるとき，食べ物を持って行きたいと家族に頼んだが，母親は皆と一緒に食べるようにといった．しかし子どもたちは，母親の言葉に耳を貸さず，食事をせず踊りに出掛け，お腹が空いてきても踊り続けた．ある日，いつものように踊りに出掛けると，子どもたちのもとに全身が白く輝く羽毛で包まれた男性が近づいて来て，踊り続けると大変なことになるからやめなさいと忠告した．子どもたちは，その男性の忠告には耳を貸さず踊り続けた．すると，子どもたちは，少しずつ宙に浮きはじめた．1人の少年が気づいて，自分たちは浮き上がりはじめているといった．ほかの少年たちは面白いといって踊り続けた．しばらくすると，子どもたちはかなり高いところで踊っており，踊りを止めることも降りることもできなくなった．白い羽毛の男性は，自分の忠告を聞いてくれてさえすれば良かったのに，と首を振った．キャンプにいる親たちは子どもたちが空に浮かんで踊っているのに気づいて，戻って来るようにと大声で叫んだ．首長の息子が父親の声に気づいて下を見ると，流れ星になった．ほかの子どもたちは踊り続け，オート・クワ・タ（「踊っている子どもたち」の意味で，昴を指す）と呼ぶ星座になった．流れ星を見ると，いつも人々は踊り続け星になった子どもたちのことを思い出すのであった．

◆シャスタ族（⑥カリフォルニア文化地域）；若い夫たち（おうし座）　男たちが狩りに出掛けているあいだ，6人の若い妻たちは一緒に穴を掘っては食べられる野菜などを探しに出掛けていた．ある日，妻たちは新しい野菜を見つけた．それはとてもおいしいタマネギであった．大変おいしいので，妻たちはたくさん食べていたが，暗くなってきたので急いで家に戻った．男たちはクーガー（ピューマ）の狩りをして疲れて帰って来たが，家に近づくと，とても変なにおいがした．男たちは妻たちがあまりにも臭いので，外で寝るようにといった．次の日，男たちがいつものように狩りに出掛けると，若い妻たちは，急いでタマネギを探しに行き，前にもましてたくさん食べた．家に戻って，夫たちの帰りを待っていると，夫たちは疲れて手ぶらで帰って来た．夫たちは，妻たちが食べたタマネギの酷いにおいが身体についてしまい，クーガーが近寄らず，まったく狩りがうまくいかなかったと怒って，妻たちに外で寝るようにといった．このようなことが続いた7日目，妻たちはワシの羽根でつくったロープを持ってタマネギを探しに出掛けた．1人の妻は娘も連れて来ていた．夫たちとはもう一緒には住みたくないと妻たちは話し合い，皆同意した．1番年上の女性がロープに呪文をかけると，まっすぐに伸びて，ちょうど半分のところが空の雲に掛かり，両側に垂れるよう

に下がった．妻たちは各自持ってきたワシの羽根のロープをそれに結びつけ，「助けて！　助けて！」と叫び，ロープの端の上に立ち，歌をうたいはじめた．すると，ロープは大きく揺れ，妻たちを徐々に空高く上げはじめた．それに気づいた妻たちの親は，大きな声で戻って来るようにと叫んだ．夫たちが狩りから戻って来ると，空腹と寂しさで，同じ呪文を使って，妻たちを追い掛け，連れ戻そうとした．下のほうから夫たちが追い掛けてくるのに気づき，1人の妻が夫たちを待ちましょうかと尋ねたが，ほかの妻たちは，自分たちは空にいるほうが幸せであるといい，捕まらないようにしようと合意した．夫たちが近づいてくると，妻たちは夫たちにそこで止まれ，と命じ，そのため，常に夫たちは妻たちのすぐ近くまでしか行くことができなかった．こうして，自分の夫よりタマネギのほうを選んだ妻たちは，今日も空の世界に住んでいるという．夫たちも自分の村には戻らずに，ずっと妻の後を追い掛けることにした．今日，これらの6つの星は，若い夫たち（おうし座）と呼ばれている．

◆クィラユーテ族（ワシントン州：③北西海岸文化地域）；カシオペア座

　ある晴れた秋晴れの日，4人の兄弟がカヌーに乗ってエルク狩りに出掛けた．5人目の1番年下の弟は家に残っていた．4人は上流に向けてかなり遠くまで出掛け，エルクを見つけることができると思われる辺りでとどまった．そして，狩りに出掛ける準備をして，エルク狩りに出掛けると，向こうから大きな体格の男がこちらに歩いて来た．兄弟たちは「平原の男よ，私たちはエルク狩りに行くところだ」といったので，男は兄弟たちに，自分はエルクがどこにいるのか知っているので，エルクの群れを向こうから川沿いに追って来てあげる，エルクが来たら，矢で射ればよいと話した．男は実はトリックスターであった．男は兄弟たちの矢と自分の矢とを交換してあげるといい，矢を交換した．兄弟たちはすでに男の力の影響下にあったので，男が持っている見た目は良いがもろい矢と交換してしまった．まもなく，大きな角を持ったエルクが川沿いに向けて駆けて来たが，兄弟たちの矢は役に立たず，兄弟たちは皆殺されてしまった．すると，エルクは先ほどの体格の大きな男の姿に変わった．

　1番下の弟は兄たちが戻って来ないので，どうしたものかと探しに出掛け，平原の近くにカヌーが放置されているのを見つけた．兄たちの足跡を見つけ，たどって歩いて行くと，あの平原の男が現れた．平原の男は，兄弟たちと同様に弟を騙そうとした．しかし，1番下の弟はスピリチュアルな力を持つメディシンマン（宗教者）であったので，平原の男が矢を交換しようといったが，騙されなかっ

た．1番下の弟は，この男が兄たちを騙したのだな，とわかった．平原の男が平原の向こうに行くと，1番下の弟は木の陰に隠れた．やがて平原の男は大きなエルクに姿を変え，1番下の弟に向かって駆けて来た．1番下の弟はエルクに向かって，4人の兄たちの分の4つの矢を射た．そして，エルクを大地に倒して，殺し，エルクの皮を剥いで広げてみると，平原よりも大きかった．そこで1番下の弟は，エルクの皮を天空に投げた．今日でも，天空にはエルクの皮が見える．天空の星は，1番下の弟がエルクに矢を射て空けた穴であり，エルクの尾である．

◆**チェロキー族（⑩南東文化地域）；イヌが走ったところ（天の川）**　かつて人々はトウモロコシを臼で挽いていた．毎朝，臼に1杯，トウモロコシの実をつめ，白い粉になるまで臼で挽き続けた．ある朝，3人の女性たちがいつものように臼をトウモロコシの実で満たそうとやって来て，前日挽いたたくさんのトウモロコシの粉がなくなっているのに気づいた．地面一体に粉が散らかっており，何者かが散らかしたようであった．

　「一体，誰が私たちのトウモロコシの粉を盗んだのであろうか？」1人の女性が疑問を口にした．別の女性が，「あの跡を見て！　跡が物語っている」といった．跡をよく見ると，犯人は誰かがわかった．それはイヌがつけた跡であった．イヌがトウモロコシの粉を盗んで，臼の周りに散らかしたのだった．3人目の女性が，「どうしようか？」といった．イヌの跡を見つけた女性が，「今夜，イヌがやって来るのを見張っていよう」といった．

　夕飯の後，3人の女性たちは臼の近くで隠れて，盗人がやって来るのを見張っていた．真夜中を少し過ぎた頃，物音がして，北から来たイヌが中に入り，臼めがけて駆けて来た．イヌはトウモロコシの粉を食べ，慌てて粉をあちらこちらに散らかしていた．

　3人の女性たちは出て来たイヌを囲んだ．そして，イヌをむち打ち，もと来た北へと追い返した．イヌが逃げるときに吠えたので，口からトウモロコシの粉がこぼれ落ち，後ろに白いミルクのような跡をつけ，空中いっぱいに広まった．

[木村武史]

【主要参考文献】

　[1]　Hollabaugh, M. *The Spirit and the Sky: Lakota Visions of the Cosmos*, The University of Nebraska Press, 2017

　[2]　Maryboy, N. C. & Begay, D. *Sharing the Skies : Navajo Astronomy*, Rio Nuevo Publishers, 2010

天空の時計：イヌイトの民族天文学

　中緯度地帯で暮らしてきた私たちにとって，極北圏の空はどこか寂しく，とりとめがないように感じられる．

　地球の自転軸が銀河中心に対してほぼ垂直であるため，高緯度の極北圏では，天の川をあまりよく見ることができない．そのため，天の川が夜空に高く架かる中低緯度地帯に較べると，極北圏の空に星の数は少ない．しかも，北極点が近く，地軸が天球と交わる天の北極が天空高くにあるため，太陽や月をはじめとする星々は，地平線と斜め並行にぐるぐると円を描いて回り続ける．その動きには，昇って沈むというはっきりとした区切りがなく，大部分の星々は同じ間隔を保ったまま，終わりもはじまりもなく永遠に時計回りに回り続ける．特に，中天に昇ることなく，天空の低い軌道を地平線に沿って抜きつ抜かれつ回り続ける太陽と月は，永遠に終わることのない追い掛けっこを続けているように見える．

　こうした極北圏に独特な天体の動きは，そこに暮らしてきた先住狩猟採集民カナダ・イヌイトにも強い印象を与えてきたようである．そうした独特な天空の現象をイヌイトはどのように捉えてきたのだろうか．イヌイトの民族天文学を概観しながら，イヌイトが天体現象を利用することで，どのような世界を築いてきたのか，探ってゆこう．

イヌイトの現在

　カナダ・イヌイトとは，西はシベリア東北端から東はグリーンランドに至る極北ツンドラ地帯に暮らすユッピク/イヌイトという北方先住狩猟採集民で，その中でも，カナダに住んでいる人々のことである．

　1960年代はじめまで，イヌイトはアザラシやイッカククジラ，カリブー（北米トナカイ），ホッキョクイワナ，ホッキョクグマなどの獲物を追って季節周期的に移動しながら，狩猟・漁撈・罠猟・採集を生業とする生活を送っていた．しかし，1960年代以後，カナダ連邦政府による国民化政策のもとで現在の行政村落に定住するようになると，近代国民国家と産業資本制経済の世界システムに同化・統合され，かつてない急激な社会・文化の変容を経験してきた．そのため，今

日のイヌイトは，私たちと変わらない高度消費社会に生きるようになっている．

　こうした状況にあっても，近代の論理とは異質な世界観の指針のもとで，イヌイトは狩猟・漁撈・罠猟・採集で獲得された食料などの生活資源を分配して消費する生業活動を続けている．しかも，そうした生業活動を通して，イヌイト同士の関係と野生動物との関係からなる秩序を核に，「大地（ヌナ）」と呼ばれる自らの世界を不断に生成・維持し続けている．たしかに，生業活動のやり方は大きく変わってしまっており，多くのハンターは賃金労働と生業を兼業するようになっている．それでもなお，生業は活発に実践され，現金収入による加工食品が一般化しつつある一方で，生業による野生動物の肉は「真なる食物」と呼ばれて愛好され，その肉の分配は社会関係を維持する要の1つであり続けている．

　ここでは，そうしたイヌイトの定住化以前の民族天文学の概要を紹介しよう．

イヌイトにとっての宇宙

　イヌイトにとって，宇宙は自己の生活圏から外側へ多層的に広がってゆくスフィア（圏）として想像されている．近代の宇宙観のように超越的あるいは外在的な視点から宇宙を対象化して捉えるのではなく，あくまでも内在的な視点から宇宙を捉えているのである．

　そのイヌイトの宇宙は，「大地（ヌナ）」と「空界（ヒラ）」と「天界（ケラク）」という3つの層からなっている．「大地」は，死者たちが住む多層的な地下界から，生者たちが暮らす地表までの層であり，その上の大気層にあたる層が「空界」である．この空界を指す「ヒラ」は，天気や天候，さらには知性という意味も含み，それらを支配する精霊は，精霊たちの中で最も強力な力を持つだけでなく，不規則かつ不安定で気まぐれな性格ゆえに畏れられている．そして，この空界の上，その外側に向かって何層にも重なり，死者が住むとされる世界が「天界」と呼ばれる．この天界を指す「ケラク」は蓋や天井という意味でも使われる．この天界の最下層の天蓋に空いた穴が星々であると考えられている．

太陽（ヘケネック）と月（タトゥケック）

　こうした宇宙における天界の現象の中でイヌイトが最も注目するのが，太陽（ヘケネック）と月（タトゥケック）である．この2つの天体の起源に関する神話はユッピク／イヌイトのあいだで広く共通に見られ，そこでは，かつてインセスト・タブーを破ろうとした兄の月が，その兄の企みを拒絶しつつも，そのため

に出産後のタブーを破ってしまった妹の太陽を天空で永遠に追い掛け続けている
とされる．この神話にあるように，これら2つの天体は，月が太陽を抜きつ抜か
れつ追い掛け続ける一組みの現象として捉えられている．

　例えば，太陽の黒点は，兄の月の企みを知ってショックを受け，自暴自棄にな
った太陽が，兄に自らの乳房の1つを与えようと切り取った後の胸の傷であると
される．また，兄の月が妹の太陽に追いつき，彼女を抱きしめると，日食が起き
るとされる．さらに，月の満ち欠けについては，食べ物がなくて月が飢えると欠
けていき，妹の太陽が乳房を食べ物として与えると満ちていくと説明される．こ
のように太陽と月は相互に影響を与え合う一組みの天体として捉えられている．
実際，太陽が昇らない長夜には，雪の反射もあって月光が野外での活動を可能に
してくれる点でも，イヌイトにとって太陽と月は相補的な関係にある．

◆太陽（ヘケネック）　特に冬季には，太陽の軌道の高度にイヌイトは大きな関
心を寄せる．太陽が1日中昇ることのない長夜と沈むことのない白夜があり，長
夜とその前後の時期，イヌイトは忍耐を強いられるからである．地域による違い
はあるものの，太陽暦での11月末からの約7週間は太陽が昇らず，冬至の前後
には2時間ほど南の空が白む程度に明るくなるだけである．気温は−30℃以下
に下がり，野外での移動が難しくなって，生業活動はほとんど停止してしまう．
そのため，定住化以前の時代，この時季には，海上のイグルー（雪の家）に閉じ
こもり，春季から秋季の生業活動で得られた食べ物や生活資源の蓄えに頼るほか
になく，イヌイトは孤立と窮乏に耐えねばならなかった．そうした状況のもと，
再び太陽が昇るかどうかという不安の中，太陽が待ち焦がれられる．

　そうした心情をよく表しているのが，あやとり（アヤガーク）とけん玉（アヤ
ガック）である．あやとりを行うことには，その輪に太陽を絡め取って沈むのを
防ぐことが，その逆に，カリブーの骨製のけん玉には，玉を飛ばして太陽が昇る
ように励ます気持ちが込められている．そのため，太陽が昇りはじめると，あや
とりは禁止され，けん玉に切り替えられる．太陽光が大気で屈折するため，まだ
昇っていないはずの太陽がひょっこり地平線上に現われることがあり，あやとり
とけん玉には，そうした効果が実際にあるように見えるという．

　こうして待ち焦がれられるため，太陽が昇ると，一旦は脂ランプを消し，新た
に灯し直す日の出の儀礼が行われ，その日の出を目撃した子どもは，顔の半面だ
けで微笑まねばならないとされる．たしかに太陽が戻ってきたとはいえ，まだ寒
さは厳しく，窮乏と孤立に耐える季節が終わったわけではないからである．

太陽が昇ると，その軌道が上がるに伴って，冬季後半が3つの時期に分けられる．まず，正午の太陽の下縁と地平線のあいだのわずかな隙間が，水平にかざした銛の柄で埋まる高さに太陽がある時期が，ウナックタニクトックと呼ばれる．そして，その隙間が，横にかざしたミット（手袋）の親指で埋まるようになるとクブルタニクトック，さらに，ミット全体で埋まるようになるとポアルタニクトックと呼ばれる．このポアルタニクトックは冬の終わりを意味し，生業活動や移動活動が再開される時期で，近代の太陽暦で2月半ばから3月半ば頃にあたる．これ以後の時期はカンガッターグサト（ますます昇る）と呼ばれ，宴とゲームの季節となる．その後，春季から夏季へ向けて太陽の軌道は徐々に高くなり，春分を経て夏至をめぐる白夜の時期を迎えることになるが，春分と夏至は認識されてはいるものの，あまり注目されず，特別な儀礼や行事が催されることもなかった．

◆**月（タトゥケック）** 年によっては沈むことなく天空を回り続けることもある月は，長夜のあいだ，太陽に代わって光を提供するとともに，その満ち欠けが汐や動物の活動に影響を与えるとされる．例えば，満月と新月のときには，汐の流れが強くなり，冬季にアザラシ猟が行われる海峡のポリニア（海氷開面）は危険な状態になるので，汐の流れに特に気をつけねばならない．また，人間の女性や野生動物の雌の月経は月の満ち欠けと関係している可能性があるとされる．このように野生動物の行動や生態環境の変化，汐の変化などと連動する月齢が，定住化以前の生業活動に重要な指標を提供していた可能性が指摘されている．

実際，イヌイトは月の満ち欠けに注目し，その状態に8つの名称を与えている．新月はタトゥケーラゴクトック，そこから満ちていく過程で，三日月はタトゥケニクトック，半月（上弦の月）はコッリンゴックトック，十三夜月はナーゴリェックトック，満月はナーゴックトック，そこから欠けていく過程で，更待月（満月と下弦の月のあいだ）はヒヴンゲックトック，半月（下弦の月）はコッリンゴックトック，三日月はトゥアリンノアックトック，そして，タトゥケーラゴクトック（新月）に戻る．

神話では，月は太陽の兄であるとともに，女性と孤児の庇護者としても語られ，寛大で豊穣を約束するハンターであるとされる．また，シャーマンは不妊治療や不猟対策のために月を訪れるとされ，月は多産を維持する精霊であると同時に，タブーを監視する精霊でもあるとされていた．

星々（ウブロゲアト）

こうした太陽と月のほか，天界に散らばって，天の北極を中心に地平線にやや斜めの軌道でぐるぐると回り続ける星々のうち，33 の星，2 つの星団，1 つの星雲には名称がつけられている．そのうち，単独で名称がつけられた星は6つか7つであり，残りの星々はいくつかの星座にまとめられている．

こうした星々の名称の多くには「～ユク」もしくは「～チアック」という接尾辞がついており，どちらも「～のようなもの」あるいは「～の魂を持つもの」を意味する．この接尾辞がついている場合，動物の形やその解剖学的な部位，よく使われる道具などに見立てて名づけられたものが多い．また，これらの接尾辞は，あやとりで編まれる形の名称にもつけられており，あやとりと星々のあいだには何らかの関係があった可能性が指摘されている．こうした見立てに加えて，星々の名称の由来には，色や明るさなどの星の属性によるもの，太陽と月に典型的なように，タブーの侵犯による天界への上昇の神話によるものなどがある．

それらの星々は次のとおりである．以下，イヌイット語星名は番号で示す．

①アーグユーク（（太陽から飛ぶ）2 本の矢）：わし座のアルタイル（彦星）とタラゼッド

②アクットゥユーク（離れている 2 つ）：オリオン座のベテルギウスとベラトリックス

③ヒヴッリーク（先頭の 2 つ）：うしかい座のアルクトゥールスとムフリッド

④キンゴッリェック（遅れをとったもの）：こと座のヴェガ（織姫星）

⑤ウッラクトット（走る者たち）：オリオン座のアルニタク，アルニラム，ミンタカ（オリオンの三つ星）

⑥キンゴッリェック（遅れをとったもの）：オリオン座のリゲル

⑦カンギアマゲーク（甥もしくは姪）：オリオン大星雲（M 42）

⑧ナノグユク（ホッキョクグマの魂を持つもの）：おうし座のアルデバラン

⑨ケンミート（イヌたち）：おうし座のヒアデス星団

⑩ヌートゥイッチョック（決して動かない）：北極星

⑪ピトアック（脂ランプの置き台）：カシオペア座のシェダル，カフ，ツィー（もしくはナヴィ；γ星）

⑫オクヒョーターチアック（アザラシの脂を保存するアザラシの皮製の袋）：カシオペア座のシェダル，カフ，ツィー（もしくはナヴィ；γ星），ルクバー，

セギン，k星
⑬トゥクトグユイト（カリブーの魂を持つものたち）：おおぐま座のドゥーベ，メラク，フェクダ，メグレズ，アリオト，ミザール，アルカイド（北斗七星）
⑭コトグユーク（鎖骨のようなもの）：ふたご座とぎょしゃ座のポルックス（ふたご座β），カストル（ふたご座α），カペラ（ぎょしゃ座α），メンカリナン（ぎょしゃ座β）
⑮サキアッチアク（胸骨）：おうし座のプレアデス星団（昴）
⑯ヒクリアグヒウユイッチョック（新氷に決して足を踏み入れない者）：こいぬ座のプロキオン
⑰ヒングーゲック（明滅するもの，脈打つもの）：おおいぬ座のシリウス
⑱アヴィグチ（分割するもの）：天の川
⑲ウブロゲアックユアト（大きな星）：惑星

生活の中の天体：天空の時計と暦

　こうした太陽と月と星々からなる天界の現象は規則正しく周期的に運動するため，イヌイトはその運動を自分たちの生活時間を秩序づける枠組みとして活用していた．たしかに，いくつかの星々は長夜や夜間のナヴィゲーションに使われることもあるが，おもに針路を維持するための目標とされるだけで，オセアニアの遠洋航海術でのエタック・システムのような体系的な使われ方ではない．むしろ，天界の現象は，季節や生業の時期などの暦，1日の時間など，生活時間の枠組みをイヌイトに提供していた．

◆暦　イヌイトの暦では，次のように1年は13ヶ月からなる．

1月　ヘケンナーゴト（太陽があり得る）：冬（ウキオック）；アーグユーク（彦星とタラゼッド）が夜明け前に見え，太陽が地平線から離れていく．

2月　カンガッターサン（太陽が高くなる）：冬；正午の太陽の下縁と地平線のあいだの隙間がミット全体の幅と一致する高さになるポアルタニクトックのある月．

3月　アヴンニート（早産の仔ワモンアザラシ）：冬；イケアックパーグヴィク（緩慢になりはじめるとき）と呼ばれ，太陽が長くとどまりはじめる．

4月　ナッチアン（仔ワモンアザラシ）：初春（ウピンガクハーク）；日が長くなって薄明の時間も長くなり，星が見えなくなる．

5月　チゲグルイト（仔アゴヒゲアザラシ）：春（ウピンガーク）；白夜がはじまる．

6月　ノッガイト（仔カリブー）：春；夏至のある月.

7月　マンニート（卵）：春；鳥が卵を産む.

8月　ハッガゴート（カリブーの毛皮が生え替わる）：夏（アウヤック）；太陽が沈むようになって白夜が終わる.

9月　アクッリゴト（カリブーの毛皮が厚くなる）：夏；明るい星が見えはじめる.

10月　アメガイヤウト（カリブーの枝角から袋角が剥がれる）：初秋（ウキアクハーク）；秋分のある月.

11月　ウキウリェゴト（冬がはじまる）：秋（ウキアクハヤーク）；日が短くなる.

12月　トゥハグトゥート（近隣のキャンプからの知らせ）：初冬（ウキアック）；太陽が正午の数時間に限られるようになる.

13月　タウヴィクユアック（深い闇）：冬；朝の北東の地平線に昇るアーグユーク（彦星とタラゼッド）で示される冬至のある月.

　この暦で重要なのは，13ヶ月からなっているため，太陽の年間周期と月の満ち欠けの周期を同調させる方法が必要になることである．月の満ち欠けの周期は約29.5日で，地球の公転周期の約365日では月の満ち欠けは約12.4回起きてしまうので，その満ち欠けで暦を定めようとしても，月々の名称と実際の現象がずれていってしまうからである.

　この同調は，アーグユーク（彦星とタラゼッド）が朝の北東の地平線に出現することによって示される冬至を基準に行われていた．数年に1度，新月と冬至が一致したら，13月と1月を一緒にして1つの月（新月から満月を経て新月に戻る期間）とし，太陽も薄明もないその前半を13月，太陽はまだ昇らないが薄明がある後半を1月とすることで，太陽の年間周期と月の満ち欠けを一致させていたのである．こうすることで，それぞれの月の名称がそれぞれの月に起きる現象（太陽の状態，獲物となる野生動物の生態など）と一致するようにしながら，月の満ち欠けの周期に基づいて，1年間は13の月に分けられていたのである.

　こうしたイヌイトの暦では，a）太陽の軌道の高度とb）星の位置とc）月の満ち欠けという3つの天体現象を利用することで，季節と月が区切られ，それぞれの月が月の満ち欠けに応じて8つの時期に区切られていたと推定される.

◆**天空の時計**　さらに，アーグユーク①とコトグユーク⑭が長夜のあいだの起床の時間を，サキアッチアク⑮が就寝の時間を示していた．また，ヒヴッリーク③やウッラクトット⑤，トゥクトグユイト⑬，コトグユーク⑭などは，天空を回る時計として使われていた．つまり，1日は星々の周期的な運動によって秩序づけ

られていたのである．特に，太陽が昇らない長夜とその周辺の時期にあっては，星々の運動が1日の時間を秩序づける方法として重要であった．

天空での永遠の追い掛け：神話に語られる天空の現象の起源

このようにイヌイトの生活時間を秩序づけるための枠組みを提供していた天界の現象について，興味深いことが1つある．それは，そうした天界の現象の起源が神話で語られる場合，その多くが永遠に終わることがない追い掛けとして描かれ，その起源のほとんどが大地でのタブーの侵犯や殺人，横取りなどの反社会的な行為に関係づけられていることである．

例えば，太陽と月の神話の場合，兄の月はインセスト・タブーを破って妹の太陽に性的な悪戯をし，その真相を知ろうとした太陽が出産後のタブーを破って出産イグルーから出てしまい，真相にショックを受けて逃げる太陽を月が追い掛け，集会イグルーの周りをぐるぐると回っているうちに，天界に昇ったと語られる．また，ヒヴッリーク③とキンゴッリェック④の神話では，かつて殺人を犯し，そのことを隠していた老人が，いつもからかっていた孤児からその秘密を暴かれて怒り，逃げる孤児を殺そうと追い掛け，さらに，その老人の秘密を孤児に教えたその祖母が孤児を助けようと，その2人を追い掛けてイグルーの周りをぐるぐる回っているうちに，天に昇ったとされる．

さらに，ナノグユク⑧，ケンミート⑨，ウッラクトゥト⑤，キンゴッリェック⑥，カンギアマゲーク⑦については，ホッキョクグマ猟をしていた3人のハンターたちが，出産後の不浄な女性に見られてしまったため，そのまま天に昇ってホッキョクグマを追い掛け続けているとされる．また，ヒクリアグヒウユイッチョック⑯については，インセスト・タブーを破っていたうえに，自分では猟をせずにほかのハンターの獲物を横取りする大男が，仲間のハンターたちに騙し殺されて天界に昇り，この星になったとされる．

このように天界の現象の起源にかかわる神話では，タブーの侵犯などの反社会的な行為をした者が大地から天界に昇り，永遠に終わることのない時間の秩序の歯車になってしまうと語られるのである．　　　　　　　　　　　［大村敬一］

【参考文献】
　[1]　MacDonald, J. *The Arctic Sky*, Nunavut Research Institute, 1998
　[2]　大村敬一「増殖する差異の悦び―イヌイトの民族天文学的知識にみる生と死の意味」後藤明・大西秀之編著『モノ・コト・コトバの人類史』雄山閣，pp.317-342，2022

コラム　先住民と天文学的知識

　現代に生きる北米地域の先住民の人々は，古代から引き継がれた天文学的知識の保護や継承に努めている．土地や遺跡の保護は，ときにそれに関連した活動として行われる．入植者の到来前から，北米大陸には数々の古代文化が栄え，天文学的な知識も蓄積された．知識の一端は，遺跡にも現れている．例えば，アメリカ・ニューメキシコ州のチャコ・キャニオン（Chaco Canyon）という地域は，米国政府によってチャコ文化国立歴史公園（Chaco Culture National Historical Park）に指定され，ユネスコの世界遺産でもある．そこにはファハダ・ビュート（Fajada Butte）と呼ばれる岩山があり，その上部には，石組みや，渦状の模様が彫られた岩が残されている．そして夏至の日には，石組みの隙間を通る光で渦状の模様が二分される．古代の人々は，この仕組みを利用して，暦をはかったのだ．

　チャコ・キャニオンは石油やガスの埋蔵地としても知られている．天然資源の開発は経済的な利益をもたらすが，遺跡の破壊にもつながり得る．ニューメキシコ州北部の先住民族の代表者が構成する団体（All Pueblo Council of Governors）は，古代の交易路の整備や天文学の発展に寄与したチャコ・キャニオンの保護を訴えてきた．そして 2023 年には，バイデン政権の内務長官であり，自身もニューメキシコの先住民族ラグナ・プエブロ（Laguna Pueblo）に属する D. ハーランドが，チャコ文化国立歴史公園の周囲 10 マイル（約 16 km）の公有地で，以降 20 年間は資源開発が停止されることを発表した．

　今日の先住民の文化活動の中にも，天文に関する事項が見られる．例えばズニ（Zuni）の人々は，アクセサリーなどに，サン・フェイスと呼ばれる太陽神の図像を描く．また，ジア（Zia）の人々は，四季や東西南北といった概念を四方に光を放つ太陽として表し，民族のシンボルとしている．なおこのシンボルは，ニューメキシコの州旗にも使われている．伝統的な農業や儀礼も，天体の動きを重要視した世界観に基づいて行われてきたことを考えると，天文学的な知識は先住民文化を支えてきた．現代の先住民文化の保護や復興にとっても，古代の天文学が栄えた地や遺跡の保護は，不可欠なものではなかろうか．　　　　　　［水谷裕佳］

【主要参考文献】

[1] Gulliford, A. *Sacred Objects and Sacred Places : Preserving Tribal Traditions*, University Press of Colorado, 2000

コラム　北アメリカ先史時代ホプウェル文化における天体と遺跡

　北アメリカ先史時代ホプウェル文化は，前1世紀〜紀元3世紀にかけて，五大湖のヒューロン湖の南，アメリカ，オハイオ州とミシガン湖の南，同イリノイ州で栄えた地域文化である．この文化はマウンド（墳丘墓と儀礼用土盛建造物）や大規模な土塁の築造で，同時期のアメリカ北東部の他地域から区別される．

　ホプウェル文化の遺跡の中で，2023年にUNESCO世界文化遺産に指定されたオハイオ州「ホプウェル祭祀用土塁群（Hopewell Ceremonial Earthworks）」の構成資産の1つであるニューアーク（Newark）土塁群は，この時期の先住民たちが月の複雑な動きとその周期をいかに正確に把握していたかを物語る遺跡である．この1.8 km² の土塁群の北西に位置するオクタゴン（Octagon：直訳すると「八角形」，土塁で囲まれた範囲は約20 ha），そして併行する2列の土塁でつながれたオブザーバトリー・サークル（Observatory Circle；土塁で囲まれた範囲は約8 ha）と呼ばれる土塁群と隣接するマウンドが，月のその複雑な動きを考慮に入れた配置となっている（図1）．

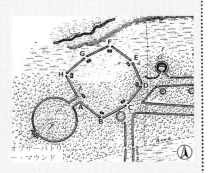

図1　ニューアーク土塁群のオクタゴンとオブザーバトリーサークルのマウンド配置［大熊久貴製図］

　オブザーバトリー・サークルの端に位置するオブザーバトリー・マウンドからオクタゴンのマウンドEを結ぶ線は，18年7.2ヶ月ごとに夏至の日の出よりもさらに北4〜5°の位置から月が昇る日（major lunar standstill）の月の出の方角を示す．またオクタゴンのマウンドFは，正八角形であれば本来対称位置にあるDより6m余り中心に近く，おそらく意図的に築かれている．というのは，EからFを結ぶ線は，その日の月が沈む方角を示すのである．逆に，マウンドGからFを結ぶ線は，18年7.2ヶ月ごとに月の出現位置の南北幅が最小化する日（minor lunar standstill）の月の出の方角を示す．これら方位の誤差は0.5°以内である．

［佐々木憲一］

【主要参考文献】

　[1]　Jones, L. & Shields, R.D. eds. *The Newark Earthworks: Enduring Monuments, Contested Meanings*, University of Virginia Press, 2016

第3章

中南米
（ラテンアメリカ）

マヤ文明の星，暦と神々

マヤ文明の地域概説

　マヤ文明は，メキシコ南東部からベリーズ，グアテマラ，ホンジュラス西部にかけて，前1100年頃〜紀元16世紀まで発展し続けた．それは，アジア大陸起源の先住民がユーラシア大陸の社会と交流することなく中米で独自に築き上げた一次文明（もともといかなる文明もないところで生まれたオリジナルな文明）である．

　支配層は，スペイン人が西暦16世紀に侵略する以前のアメリカ大陸で，文字（4〜5万），暦，算術，天文学を最も発達させた．彼らは，古代インドからアラビア数字が10〜11世紀にヨーロッパへ伝わる1000年以上前にゼロの文字を独自に発明した．マヤの高度な文字体系は，インカやナスカを含む南米アンデスの無文字文明とは異なる特徴である．マヤ人は，鉄器や大型の家畜を使わずに石器と人力で巨大な神殿ピラミッドがそびえ立つ，洗練された石器の都市文明を進展させた．鉄器を用いずに主要利器が石器であったことは，マヤ文明がユーラシア大陸の鉄器文明よりも「遅れていた」ことを必ずしも意味しない．「鉄器文明＝先進文明」という図式は，必ずしも成り立たないのである．

◆多様な自然環境のネットワーク型マヤ文明　マヤ文明は，政治的に統一されないネットワーク型文明で，エジプト文明のような「大河のほとり」だけではなく，多様な自然環境で展開した．マヤ低地南部では熱帯雨林に大河が流れるが，乾燥したマヤ低地北部（熱帯サバンナやステップ）には大河どころか川がほとんどない．マヤは非大河灌漑文明であり，人々はおもに中小河川，湖沼や湧水などを利用した灌漑農業，段々畑，家庭菜園と焼畑農業を組み合わせた．

◆世界観と方位　マヤ人は，世界は天上界，大地と地下界の3つからなると考えていた．このうち最も重要なのは，人間が動物や植物と共生する大地であった．マヤ人の世界観では，水平世界の大地は生き物であり，海に浮かぶ巨大なワニの背中またはカメの甲羅として捉えられた．天上界は13層，地下界は9層に分かれる．つまり，水平世界と垂直世界を持つ3次元的な世界観をなした．

　マヤ文字の碑文によれば，東西南北の色は，それぞれ赤，黒，黄，白である

（図1）．古代中国の陰陽5色と方位の概念と少し似ているが，マヤ地域の4色のトウモロコシと同じである．また赤は東の日の出に，黒は西の日没後の夜に対応する．世界の中心の色は，マヤ人のあいだで最も重宝された翡翠，神聖なケツァル鳥の羽根や主食のトウモロコシの穂と同じ緑・青であった．緑と青を厳格に区別しなかったのは，日本の「青信号」と似ている．

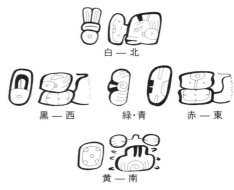

図1 方位のマヤ文字［文献[1]図1-13］

方位は，マヤ人の日常生活や宗教儀礼において重要であり続けている．家は小宇宙を象徴して四隅に柱が立ち，中央に炉が設置される．トウモロコシ畑も同様に長方形をなす．人間や動物の身体には，手足計4本と心臓があり，マヤ人の小宇宙を体現する．

マヤ人の生活の中の星

マヤの支配層は，複数の社会的役割を担った．彼らは政治や戦争だけでなく，文字，暦，算術，天文観測，宗教儀礼，遠距離交易から手工芸まで農民が享受できない特権的な知識や技術を専有して，自分たちの権威，権力を強化した．専業の天文学者はいなかった．支配層は，太陽，月，金星そのほかの星を肉眼できわめて正確に観測した．書記を兼ねる天文学者は，日食や月食を記録し，金星が地球に接近する周期（会合周期：583.92日）を584日と算出して金星の5会合周期（5×584日）が，365日暦の8年と同じ2920日であることを発見した．

メキシコの世界遺産チチェン・イツァ遺跡の円形の天文観測所「カラコル」の観察窓からは，春分と秋分の日没，月や金星が観察された（図2）．書記を兼ねる天文学者は，現代

図2 チチェン・イツァ遺跡の天文観測所「カラコル」［筆者撮影］

人のように望遠鏡を見たい星に向けて拡大して天体を観測するのではなく，同じ星が同じ場所へ回帰する周期を知るという方法を用いて天体を観測した．

◆天文学と循環暦　マヤ人は，太陽，月，惑星，星座は神々であり，人間世界に大きな影響を及ぼすと考えていた．マヤの天文学は，暦や宗教の基盤を提供し，都市計画，建造物の配置，農耕や宗教儀礼の日取りを決め，王権を正当化する政治的道具としても利用された．ホンジュラスの世界遺産コパン遺跡の「神殿22」の西の小窓は，金星を表すマヤ文字で装飾され，小窓から金星が観測されると雨季の到来を知らせた．

西暦の直線的な時間の概念とは異なり，マヤ暦はすべて循環暦である．さまざまな循環暦が複雑に組み合わされて，らせん状に時間が進行する．260日暦は，両手足の指を数える20進法の基本となる20の日と天上界の13層に宿る13の神に通じる神聖な数13を掛け合わせた神聖暦である．

支配層は，日本の新暦と旧暦と同様に，すべての日付を260日暦，次に365日暦（20日×18＋5日）の太陽暦で必ず併記したが，閏年を設けなかった．だが彼らは，春分，夏至，秋分，冬至を観測して，実際の1年の長さが365と4分の1日であることを知っていた．260日暦と365日暦は，約52年の1万8980日（260と365の最小公倍数，5×52×73）で一巡して，同じ日付が約52年ごとに循環する．マヤ暦の「1世紀」に相当するが，日本の還暦に近い．一部のマヤ人は，260日暦や365日暦をいまなお使っている．マヤ暦は，現在も循環し続けているのである．

◆長期暦　長期暦は循環暦の1つであり，5つのときの単位からなる．それらは，1日，20日，約1年（360日），約20年（360×20＝7200日），約400年（360日×400）であり，187万2000日（360日×400年×13＝5125.26年）で一巡する．2012年に「マヤ文明の終末予言」というデマが広がったが，そのような「予言」を記した碑文は存在しない．

実際のところ，長期暦の暦元の1つが前3114年の8月11日であり，2012年12月21日に一巡したにすぎない．暦元が前3114年8月31日という説もあり，その場合は2012年12月23日に一巡したことになる．いずれにしても長期暦の周期の新たな時代がはじまったのである．我々は，5125年あまりに1度の「元旦」を経験できた非常に幸運な人類といえよう．メキシコや中央アメリカ諸国では，長期暦の新たな時代を祝う記念祭典が主要なマヤ遺跡で大々的に開催され，多くの観光客が訪れた．

マヤ文明の宗教における星の名称の特徴

マヤの宗教は，過去から現在まで多神教である．天上界，天空，太陽，月，北極星，惑星，星座，虹，雨，風，大地，地下界，死，トウモロコシなど多くの神々が信仰された．マヤ文字の碑文によれば，「8000の神々」と記されている．

マヤの神々は，天の向こうの遠い存在ではなく，病気の治癒，農作物の豊作，商売の繁盛など日常生活のすべての面に大きく関与する身近な存在である．一人ひとりの神は複数の役割を果たし，例えば天空と大地の神イッツァムナーフは，学問と科学の守護神でもあった．天上界には13の神が司り，13はマヤ人の「ラッキーナンバー」であった．9は夜の9王，つまり地下界の王の数であり，縁起の悪い数とみなされた．

天空を支える神パウアトゥンは，背中にカメの甲羅あるいは貝殻をまとう男性の老人として描かれた．マヤ人の世界観によれば，4人のパウアトゥンが，それぞれ東西南北で天空を支える．雨，嵐と稲妻の神チャフク，稲妻の神で王家の守護神カウィール，トウモロコシの神も同様にそれぞれ東西南北に計4人いる．その東西南北の計4人の神々は，農耕の豊穣および4方位と色の概念と強く関連する．

◆**太陽神** マヤの太陽神キニッチ・アハウは，男性である．太陽神の寄り目はマヤの美形のシンボルであり，わし鼻で上の前歯がT字型に削れている．口の端から，曲がったヘビまたはヘビ状の物体が出ている場合もある．太陽神はマヤ地域で最強の猛獣ジャガーと密接な関連があり，ジャガーの耳を持つ．昼の太陽はジャガーの顔を持ち，夜の太陽は全身がジャガーとして表象されることが多い．

図3 コパン遺跡の「石碑A」の13代目王 [筆者撮影]

太陽神は，時間と空間の守護神でもあった．諸王は生きる太陽神であり，名前の一部にキニッチを含む王もいた．コパン遺跡の「石碑A」に刻まれた13代目王は，太陽神を表象した儀式棒を持つ（図3）．太陽は昼間に大空を横切った後に，毎晩地下界に沈み，夜通し西から東へ移動し，毎朝東の空から昇ると考えられた．太陽神は，365日暦の1つの月の守護神である．また昼の太陽神は4の数字の守護神，夜に地下界に沈んだ太陽神は7の数字の守護神であった．

◆**月の女神** 月の女神は太陽神の妻であり，女王・王妃は月と密接に関連した．女性と月の関連は，月経の周期からも連想できる．月の女神は，豊穣とトウモロコシに関連づけられた．また水ともかかわり，洞窟や泉の世界を呼び出し，さらに魚，カエルや水鳥とも結びつけられた．

図4　月の女神［文献［1］図1-11］

興味深いことに，日本と同様，ウサギは月と深く関連していた．マヤ人は，満月の表面に横向きのウサギを見た．ウサギは，いうまでもなく女性の豊穣と多産のシンボルである．多彩色土器には，若く美しい月の女神が月を意味する三日月形のマヤ文字の上に座り，ウサギを抱く図像が描かれた（図4）．マヤの神話には，若い月の女神が，シカの背に乗って襲撃者から逃れたという話がある．

星にまつわる儀礼・祭りを司る公共祭祀建築：太陽と神殿ピラミッド

諸都市では，重要な公共祭祀建築が天文観測や暦に基づいて配置され，王権を正当化・強化する政治的道具として活用された．マヤの神聖王は，生ける太陽神

でもあった.

メキシコの世界遺産チチェン・イツァ遺跡は,日本人の観光客のあいだで人気が高い.その最大の「エル・カスティーヨ(ククルカンのピラミッド)」は,「太陽光の大蛇」が空から降臨するように設計された(図5).それは,磁北から17°傾けて建てられた.春分と秋分の前後の数週間にわたって,日没の1時間ほど前に「エル・カスティーヨ」の北側の階段にあたる太陽の光と陰が,風と豊穣の神ククルカン(羽毛の生えた蛇神)を出現させる.

図5 チチェン・イツァ遺跡の「エル・カスティーヨ」[筆者撮影]

◆**小宇宙として配置された双子ピラミッド複合体** 天文学や世界観の知識は,都市の建造物を小宇宙として配置して,王権を正当化するためにも利用された.グアテマラの

図6 ティカル遺跡の「双子ピラミッド複合体」[文献[1]図3-9]

世界遺産ティカル遺跡の「双子ピラミッド複合体」では,マヤ人にとって重要な周期の約20年(7200日)が完了する記念日を祝う儀礼が行われた(図6).この施設は西暦6世紀から建造されはじめ,全部で9つ確認されている.

4つの建造物が公共広場を囲み,マヤの小宇宙を象徴した.公共広場の東側と西側に双子のように配置された2つのピラミッドは,四方に階段が設けられて「太陽が日の出と日没に利用した」と解釈されている.広場の南側の9つの入り口のある長い建物は地下界とその9人の王を,北側の内部に石碑と祭壇が建立された屋根のない囲いは天上界を象徴した.石碑には,盛装した王の図像と事績を記した碑文が彫刻された.王は神格化され,超自然的な権威が正当化・強化され

たのである．

◆**金星と公共祭祀建築**　メキシコの世界遺産ウシュマル遺跡の「総督の館」（長さ 99 m，幅 12 m，高さ 9 m）には 24 の部屋があり，政治的な合議を行った会議所であった．ウシュマル遺跡の主要な建造物は，真北から 9°東にずれた独特の方位に配置されたが，「総督の館」だけがこの方位から 19°ずれ，金星の観測に関連していた．外壁を飾るウィツ（山）の顔の石彫の目の下には，350 以上の金星を表すマヤ文字が刻まれた．

　金星は，マヤ人が最も熱心に観測した惑星であった．明けの明星の金星は，日の出前に出現して太陽を地下界から導き出す．宵の明星の金星は，日没直後に現れて太陽を追って地下界に入る．一部のマヤ人は，金星が明けの明星となるのは，イヌが太陽の前を走るからだと解釈する．イヌと金星の関係および太陽を導く役割は，猟犬としての役割に由来する．マヤの神話では，太陽は猟師だからである．家畜はイヌと七面鳥だけであり，イヌは番犬，猟犬，ペットとして愛用された．

◆**最古・最大の太陽と暦に関連した公共祭祀建築：アグアダ・フェニックス遺跡**
諸都市では太陽が運行する東と西の軸が重要であり，都市中心部の公共広場では，東に公共祭祀建築の細長い基壇，西に基壇や神殿ピラミッドが建造された．これらの公共祭祀建築群は，グアテマラのワシャクトゥン遺跡の「グループ E」で最初に確認されたので E グループと呼ばれる（図 7）．

　筆者が参加する国際調査団は，マヤ文明の起源に迫る世紀の発見を成し遂げた．メキシコのアグアダ・フェニックス遺跡でマヤ文明最古（前 1100 頃）かつ最大（長さ 1413 m）の公共祭祀建築の巨大基壇を発見したのである．その上には E グループ，神殿ピラミッドや公共広場が配置された（図 8）．注目すべきことに，巨大基壇の東西の側縁には計 20 の基壇が建造された．そのことから，マヤ文明では初期から 20 進法がすでに使われていたことが明らかになった．

　10 月 17 日と 2 月 24 日には，巨大基壇の中央に建造された E グル

図 7　ワシャクトゥン遺跡の「グループ E」
　　　［筆者撮影］

ープの東西の軸線上に太陽が昇る．後者は11〜5月までの乾季のちょうど中間にあたる．この2つの日付の間隔は130日であり，天上界の数13の10倍，260日暦の半分をなす．近辺では，Eグループの東西の軸線上に太陽が260日間隔で昇る同時期の遺跡も見つかった．260日暦は，マヤ文明の初期から用いられていたのである．

　巨大基壇は，人々が農閑期に参加する公共祭祀場であった．その共同建設作業と公共祭祀が，集団のアイデンティティや連帯感を創生した．アグアダ・フェニックス遺跡では，後の時代のような王の図像を彫刻した石彫はない．巨大基壇の建造を計画・指揮する指導者はいても，社会階層はそれほど進んでいなかった．指導者は地域間交換に参加して天文学，暦や宗教儀礼に関する特権的な知識を有した．巨大基壇で執行され続けた太陽，暦や豊穣に関連した公共祭祀は，集団の社会的記憶を生成し，マヤ文明の支配層の形成に重要な役割を果たしたのである．

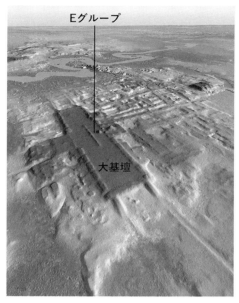

図8　アグアダ・フェニックス遺跡の三次元復元図［文献[3]をもとに作成］

［青山和夫］

【主要参考文献】
- [1]　青山和夫『マヤ文明—密林に栄えた石器文化』岩波書店，2012
- [2]　青山和夫編『古代アメリカ文明—マヤ・アステカ・ナスカ・インカの実像』講談社，2023
- [3]　Inomata,T. et al. "Monumental Architecture at Aguada Fénix and the Rise of Maya Civilization", *Nature* 582, pp.530-533, 2020

アマゾン

アマゾニアの神話と天体

　アマゾン河と多くの支流域，オリノコ川流域などにも及ぶ熱帯林が広がる，南米・アマゾン地域には多様な先住民が暮らす．例えば言語は，おもな語系だけでも6つ，加えてより自律性の高い小さな語系が複数ある．さらに同一語系だからといって，同一地域に暮らすとは限らない．アラワク語系の居住地域は，ブラジル・ベネズエラ・コロンビアの国境地帯・中央ブラジル，さらにペルーにもあり，社会・文化生活にも差異がある．

　そのアマゾン地域を中心に，ボリビア東部・パラグアイ西部・ブラジル南部・アルゼンチン北部にわたり熱帯乾燥広葉樹林の広がるグラン・チャコまでも含め，南米低地地域に暮らす先住諸民族の神話世界を考察した人類学者，C.レヴィ＝ストロースは，天文学的な事象が先住民たちの神話を構成する1つの――ただし唯一の，ではない――基調となっていることを示している．南米低地先住民の諸神話は，いまある世界や事物の起源，人間の生の諸条件の形成などを語る．レヴィ＝ストロースは，それら物語が，いかに想像力豊かに世界の成り立ちを語るのかを問いに数百もの神話をひも解き，天体・気象・植物相・動物といった自然の諸相から，農耕・採集・料理・結婚生活などの社会生活の諸相までが複合的に結ばれた独特な登場人物像やプロット，主題を生む，神話的思考の働きを描き出した．まずはレヴィ＝ストロースの議論をもとに，アマゾン地域の神話世界における天体の位置づけを探るとしよう．

天体と農耕

　例えば，中央ブラジル地域に暮らすジェ語族の先住民のあいだでは，栽培植物の起源，人間の死あるいは短い寿命の起源を人間と星の結婚という主題と関連づけて語る神話が知られている．それら神話は，別の南米低地地域では異なる組み合わせからなる別々の神話（食物のなる木と短い寿命，人間と星の結婚と栽培植物の起源）を圧縮したような形をしている．ジェ語族の神話は，次のように語

る．栽培作物のことを知らずに暮らしていた人間の男に，女性である天体からトウモロコシが授けられる．天体の世界では，トウモロコシは自生する木の実だった．地上の人間の暮らしに栽培食物がもたらされるのと引き換えに，人間は老い，死ぬこととなる．天体は，人間的な生と死の諸条件を与えるのである．

　人間の暮らしを食の面では豊かにしながらも死ぬ命運を与える天体は金星であるとする神話もあるが，どの天体であるのかがいつでも明示されるとは限らない．しかし，なかには天体の思いがけない正体を告げる神話もある．ブラジル中西部に暮らす先住民カヤポのあいだでは，トウモロコシをもたらす天体はオポッサムという育児囊（のう）を持つ有袋類の動物に変身する．神話では，さまざまな変身の様子が語られるが，天界には，動物界や植物界と同じく，神話的人物が変身するものがある．

　さて，なぜ農耕の起源をもたらす天体の正体となる動物はオポッサムなのだろうか．この問いに対し，レヴィ＝ストロースは，そのほかの神話を含め，複数の神話の比較考察から浮かび上がるオポッサムの像を通じて解き明かす．すなわち，神話ではオポッサムはその強烈なにおいのために腐敗という価値を帯びている．ゆえに，腐敗を恐れぬ老人しか食べることができない（その腐敗的性質は，性的な場面においては，人間にとっては逸脱的な形で表出する）．別の神話では，腐敗は，栽培作物に対立するものとして描かれる．それゆえ，神話が描くさまざまな結びつきの中で，オポッサムは「反農耕」のイメージとなる．「オポッサムは，存在しない農耕の中空の中型であって，きたるべき農耕の姿を形で示していると同時に，いくつもの神話が語っているように，人間が農耕を獲得する道具でもある」（文献[1]p.265）．いまだ人の手にない農耕が，農耕それ自体というよりもその反転像であるオポッサムを通して示されるのも，神話が語る，「文明が誕生する前の自然状態がそうであるこの『逆の世界』では，未来のすべてに対応するものが，すでになければならないからである．そしてそれは未来そのものの到来を保証する担保であるかのように，否定の相になければならない」（文献[1]p.265）ためである．天体は，いまの世界の起源となるその「逆の世界」を描写するための重要な参照項なのである．

プレヤデス（プレアデス）星団

　広域に及ぶ神話群の考察の行程においてとりわけ重視された天体が，プレアデス星団（レヴィ＝ストロースの『神話論理』訳ではプレヤデスと訳されている

が，本書ではプレアデスに統一する）である．レヴィ＝ストロースによれば，ブ
ラジル・アマゾニア地域では，プレアデス星団は5月に見えなくなるが，6月に
再び姿を現すときには，増水，鳥の羽根の生え替わり，草木のよみがえりを告げ
る．ほかの地域も含め，南米低地では，この天体は雨季と乾季の推移を知る手掛
かりとなる天体なのである．

　ブラジル・マトグロッソ州などに暮らすボロロのあいだでは，プレアデス星団
は乾季の徴となる．同時にその天体は，狩猟行為と結びつき，野生動物の起源神
話が語られる．対して，雨季と結びつけられる場合，地上の水や魚の起源がプレ
アデス星団を通じて語られる．例えば，ギアナ地方の神話では，プレアデス星団
は内臓に起源がある．弟に殺された兄の亡霊が，加害者である弟に自らの墓をつ
くるよう求める．さらに，自らの遺体の内臓を川にばらまけば豊漁を約束する，
と告げる．いわれたとおりにすると，内臓はプレアデス星団となった．そしてそ
れ以来，プレアデス星団が見える頃には，川には大量の魚がやって来る．

　ギアナ地方では，8～11月のあいだに乾季があり，漁の時期となる．この地域
ではプレアデス星団は5月に西の空から姿を消した後，6月に再びまだ暗い東の
空に現れるようになる．この東の空のプレアデス星団には，二重の性格がある．
再び姿を現すときに強く輝いていると，その年には多くの死がもたらされる．プ
レアデス星団が姿を消すとヘビからは毒が消えるともいわれており，プレアデス
星団には悪疾や毒とも関連性がある．

　こうしたプレアデス星団の性格は，ほかの天体とのコントラストから導かれる
ところがある．星間ガスの広がる散開星団であるがゆえにどこか輪郭のはっきり
しないプレアデス星団が空に現れるようになると，さほど間を置くことなく，三
つ星を中核に非連続な点から構成されるオリオン座も天球に現れる．つまり，同
じ時期に，外観の上にはっきりとしたコントラストのある，プレアデス星団とオ
リオンが夜空に浮かぶ．こうした天体模様の観察経験から，南米低地先住民の
人々はプレアデス星団とオリオン座に意味論的な対比と相関をつくりだしてい
る，とレヴィ＝ストロースはいう．例えば，雨季の最中に行われるさまざまな儀
礼のタイミングをプレアデス星団の位置によって決める（例えば，西の地平線に
隠れるときには雨季の終わりを告げる儀礼を行う）シェレンテのあいだでは，地
上に川や海が生まれるきっかけをつくったトリックスター・アサレはオリオン座
に，悪事を働くためにアサレを巧みに利用し結果的に見捨てる兄たちがプレアデ
ス星団になったという神話がある．そしてオリオン座は太陽を神格化した存在と

その名を冠するクランに，プレアデス星団は月を神格化した存在とその名を冠するクランに結びつけられている．さまざまな地域の事例をまとめると，オリオン座は非連続的なもの，プレアデス星団は連続的なものを概念化する手掛かりとなっている．そして，その連続的なものには，南米低地先住民のあいだでは広く，不吉な意味がある．ギアナの諸神話がプレアデス星団に与える性格の一部である，毒との結びつきにもこのことは確かめられるだろう．

　とはいえ，プレアデス星団はただ不吉なだけではない．ギアナのあいだでは豊漁の予兆でもあるように，豊かさにも結びついている．否定性と肯定性が共存するこの性格に重なるようにして，プレアデス星団を蜂蜜にも深く結びつけているのが，トゥピ＝グアラニ語系諸集団である．その語系に広がるセウシという言葉は，「嘔吐を引き起こす有毒な蜂蜜をつくるスズメバチ，死をもたらしはしないにしても，子どもを産まない，罪のある女性という相のもとでのプレアデス星団」（文献[2]p.312）などを意味する．南米低地では蜂蜜は多様で，そのまま消費するものや発酵させて消費するものもあり，甘いものから酸味のあるもの，無害なものから強い酩酊を引き起こすものにまで広がる．「蜂蜜は，あるときには豊かな甘みゆえにほかのいかなる食物より上に置かれ，激しい欲望を呼び起こし，またあるときは，種類や収穫の場所や時期及び食べ方によって，性質や程度を予見しがたい事故をひきおこすので，いっそう油断のならない毒となる」（文献[2]p.56）．蜂蜜もまた否定的かつ肯定的，すなわち二義的で，同じく二義的であるプレアデス星団と重なるものとして，神話世界では位置づけられている．蜂蜜は南米低地先住民のあいだでは，一般的に，乾季において収穫され消費される，季節性を帯びた食糧でもある．プレアデス星団という天体は，南米低地先住民の神話世界において，食を通じて経験される，季節の推移や環境の豊かさと危険とを思考し把握する重要な手掛かりとなっている．

3 層の世界：バラサナ

　ここまで，レヴィ＝ストロースの神話分析が明らかにした，神話世界における天体の位置づけを中心に，いかに天体が生の諸相諸条件を思考するための手掛かりとなっているのかを描写してきた．ここからは，特定の先住民集団に視野を絞り，より立体的に，人々の暮らしや考えにおける天体の重要性を示すことにする．具体的には，コロンビアのバウペス川流域に暮らす先住民バラサナの人々に焦点をあてる．バラサナは，アラワク系諸語を話す諸集団と隣接するように暮ら

す，ツカノ語系の一集団である．後に見るように，彼らによる天体をめぐるさまざまな知においても，プレアデス星団は重要な役割を占めている．

バラサナについての詳細な民族誌を記した人類学者のS.ヒュー＝ジョーンズによれば，彼らの世界の理解において重要な点の1つが，東西の軸である．天体は東西の方向性を持った軌跡を描くのだが，ちょうど，彼らの生活領域にある川もまた，東西の軸に沿って流れる．ただし西から東へ，と天体とは向きを逆にしている．ほかの南米低地先住民のあいだにも見られるように，バラサナでは天―地上―地下という3層によって世界は構成されていると考えられている．そしてそれぞれの層は地上のようになっていて，森があり川が流れ，人間のような存在が暮らしている．もっとも，それぞれの層のあり方は厳密に同一ではない．天に暮らすのは，創造主である「原始の太陽」が最初に自らの子どもとしてつくった，太陽や月，天体の人間である．地上の人間は，これら最初の人間が死に，不死の存在として戻る過程で誕生した．地上の人間は，天界にとっての地中に埋められた死んだ天体と，その地中にすでにいた生ある死者とのあいだに生まれた新たな存在の末裔である．人間の誕生以来，例えば，どちらかの昼は夜で，川も逆向きに流れる，というように天と地上はあべこべの関係にある．

3層の世界のうち，地下に暮らすのは死後の人間の生霊で，地上の人間からすれば地下世界は死の領域となる．これに対して天界は，いまある生の起源，かつての生の領域であると同時に，地上からは遠い空間を構成している．3層の世界は，過去と現在という時間の経緯を空間化してもいる．太陽や天体は，この3層の世界の天を，天界を流れる川に沿って，東から西へと移動する．そして西の空に沈んだ後には，地下世界を西から東へと移動し――地下世界の川に逆流しながら――再び空に姿を見せる．相互にあべこべとなる諸層を移動する軌跡を東から西へと描く天体は，生と死や過去と現在など，相反する価値をつなぐのである．

◆**二分される天界**　天体によって結ばれる相反的な価値には東と西も含まれている．バラサナのあいだでは，名のつけられる天体は，天の川に沿ってか，あるいは黄道のそばに見られる「星の道」に沿って見つけられる．天の川は黄道におおむね直交するため，「星の道」は天の川によって二分される．南東から北西に向かう半分の領域は「新たな道」，そして，北東から南西に向かう半分は「古い道」とされている．

「新たな道」とその星々には肯定的な性格が，「古い道」とその星々には否定的な性格が見られる．後者には，〈クモ〉〈サソリ〉〈ヘビ〉〈ジャガー毛虫〉〈ハゲワシ〉

〈リス〉などの名が付された，バラサナ独自の星座がある．クモやサソリ，ヘビや毛虫は，それ自体が毒を持っているだけでなく，妖術の働きをも伝える生き物である．〈ハゲワシ〉〈リス〉の天体も，妖術と深くかかわる性質を持つ．総じて，「古い道」は年老いたものとされる．謎めいた〈ジャガー毛虫〉であるが，これは「古い道」の代表的天体＝生物で，尾がヘビになったジャガーであるとか，あるいは，ジャガーという名で呼ばれるべきヘビだとされ，ヘビの主という性格を持つ．この星座はアナコンダの姿をした神格の天界での顕現でもあり，地上世界のニジボアと深い結びつきを持っている．星座としては，くじら座の α 星として同定される．この星が夕方に見える時期には強い雨や嵐が見られるが，それらは〈ジャガー毛虫〉の力によるもので，嵐や稲光，雷鳴は妖術を運ぶものとみなされる．

　これに対して，「新たな道」の代表的な天体は，プレアデス星団である．これから見るように，この天体は人間が良く生きるために欠かせない豊かさと結びついている．プレアデス星団は，夜空に輝くようになると，年周期のはじまりを告げる．この天体的存在には「新たな道」の導き手にして，〈ロミ・クミ〉（直訳すると，女シャーマン）という名のはじまりのシャーマンという性格がある．プレアデス星団が 11 月の夕暮れどきに，東の空の水平線上へ姿を見せる．これが，雨季の終わりが近づいていることを告げ，新たな農業周期のはじまり，すなわち，男たちが畑を開くタイミングが来ていることの徴となる．同じ時間帯に天頂に見られるようになる 1〜2 月は，乾季のはじまりを告げる．そして，4 月になると，プレアデス星団は夕暮れどきに西の空に見つけられ，乾季の終わりを告げる．その時期に降る激しい雨は，プレアデス星団の亡骸である．対して乾季，日中に地上を照らす太陽の日差しは，〈ロミ・クミ〉が手にしている，火の棒＝夏の太陽によってもたらされる．プレアデス星団が夜空から姿を消すタイミングで到来する雨は，〈ロミ・クミ〉の火＝乾季の日差しを消す．そして，続く雨が，女たちが畑に植えたマニオクを成長させる．このように，プレアデス星団という天体は，農耕のリズムと深く結びついている．同じことは，プレアデス星団をめぐる次の理解にも確認できる．この女性的天体を構成している星々のうち 8 つは，天界で焼畑のために用いられた樹々の外皮でもある．それら外皮には赤と黒の帯状の模様がある．赤は畑を開くための火であり，それが東の空を照らし乾季をもたらす．黒は，天界で火が消えた後に残る炭であり，雨季の曇り空となる．

　プレアデス星団によって分けられる乾季と雨季という 2 つの季節は，それぞれ異なる食生活にも結びつく．乾季は森の果実を採集する季節で，例えば，マメ科

の果物（アイスクリーム・ビーンズ）は，プレアデス星団が東の空に見える時期に実をつける．食用部分にあたる白いワタのような実は，プレアデス星団を特徴づける星間ガスがつくる光と結びつく．また乾季の終わりには〈アリ〉と名づけられた星座が天頂を横切る．それは，地中に暮らすアリが交配のために巣穴から飛び立つ時期で，バラサナの人々はそれを捉えて食べる．対して雨季は川が増水し，豊漁となる．その頃に夜空に浮かぶヒヤデス星団は〈魚の棚〉と呼ばれる．

　プレアデス星団は雨季と乾季を分かつと同時に，地上の世界と地上から遠いかつての世界でもある天界とを，農耕をはじめとする環境—食の周期によって結んでいる．空に浮かぶ天体は，地上の暮らしとは異質で遠くに離れているが，ときにあべこべであるにせよ何らかの仕方で結びつく，いま・ここのそばにある別の世界なのである．

天体が浮かび上がらせる〈いま〉：ヤノマミ

　このような仕方でバラサナの人々が描く，天と地上，地下の諸相からなる世界のイメージは，ほかの南米低地先住民のあいだにも見られる．その1例として，ベネズエラとブラジルの国境地域に暮らす先住民，ヤノマミのことを取り上げる．ヤノマミの人々は，世界の創世を次のように物語る．かつて，地上には動物に変身する人間がいた．しかし天が崩れ落ち，その地上は地下に追いやられた．創造主オママはかつての天の裏面を新たな地上にして，そこに今日の人間をつくった．金属製の柱の根元を地中深くに埋めて，再び落ちることのないように天を支えることにした．現在の地上は，かつての天が落ちてできた世界であるため，いまある世界の地下には，かつての天体が埋まっているのである．

　そして今日のヤノマミには，この創世神話を踏まえて，現代世界に対して鋭い批判を展開する知識人がいる．2023年にブラジルのサンパウロ連邦大学から名誉博士号を授与されたヤノマミのシャーマン，ダヴィ・コペナワである．ヤノマミのあいだではシャーマンは夢見などを通して物事のもう1つの相を見る特殊な知識人なのだが，コペナワがその力に目覚めるようになったとき，ヤノマミの生活領域には，ガリンペイロと呼ばれる不法採掘者たちが姿を見せるようになっていた．彼らは，ヤノマミの領土の地中に埋められた地下資源，おもには金を，さまざまな機器を使い掘り起こしていたのである．当初，ガリンペイロたちはヤノマミに対しても友好的であったというが，ガリンペイロたちの到来に伴い，ヤノマミのあいだで，はしかなどの感染症が広がっていき，さらには，資源採掘活動が

ヤノマミの暮らす森を破壊し，河川を汚染していることがあからさまになり，ヤノマミたちは，ガリンペイロと敵対するようになっていった．今日，その環境破壊的な性格によって批判の俎上にあがる経済活動を，コペナワは，いま・ここにある世界はかつての天が崩れ落ちてできた世界であるという世界創成の延長線上に位置づけながら，批判的に描写する．いわく，地中に埋められている鉱物とはかつての月や太陽，星々の破片であるが，世界創成のとき，創造主はそれが持つ熱が地上の世界を燃え上がらせることのないよう，冷気の満ちた森の地中深くに埋めたのだった．ガリンペイロ＝白人たちが掘り返そうと躍起になっているものは，本当は危険物質である．というのも，それは人間のように呼吸をするからである．「それが人間のように吐き出す呼気は，地中でのみ拡散する．しかし日の光にさらされて森が熱を帯びてしまえば，その呼気は危険になる．だからその鉱物は地中の冷気に捉えられているのだ．砂や石が鍋のふたのように，瘴気が流出しないようにととどめている」（文献[3]p.285）．だが，「白人がオママの金属を手にすることがあるならば，その呼気である黄みを帯びた強力な煙が毒のようにあらゆる場所に拡散するだろう．その毒は，原子爆弾と呼ばれているものと同じくらいに致死的であろう」（文献[3]p.285）．シャーマンが語る地下資源採掘という経済活動の別の側面には，現代のヤノマミ，そして地球が直面する危機の諸相——疫病が流行り，森が壊れ，地球が熱を帯びてゆく——が圧縮されている．ここでは，かつての天体のその後の生から，今日的な危機のビジョンが描かれている．天体は，現代世界に対する先住民的批判を練り上げる導きとなっている．

　アマゾニアの先住民のあいだでは，夜空に広がる天界は，地上における人間的世界の起源，かつての世界であると同時に，いま・ここにある地上のそばにある別の世界でもある．遠く離れた過去でありながら，空間的にはそばにあるその世界は，いま・ここにある地上の世界に，変わらない不動の性格を浮かび上がらせるのではなく，揺れ動き変わりゆくものとして受け止め，考え直すことを可能にしているのである． 　　　　　　　　　　　　　　　　　　　　　　　　　［近藤　宏］

【主要参考文献】
　[1]　レヴィ＝ストロース，C.『神話論理1　生のものと火を通したもの』早水洋太郎訳，みすず書房，2006
　[2]　レヴィ＝ストロース，C.『神話論理II　蜜から灰へ』早水洋太郎訳，みすず書房，2007
　[3]　Kopenawa, D. & Albert, B. *The Falling Sky : Words of a Yanomami Shaman*, Elliott, N. & Dundy, A., trans., Harvard University Press, 2013

帝国の天体観測

新大陸の古代文明と天体の結びつき：インカ帝国の生態と星文化

　西暦 16 世紀の新大陸でスペイン人征服者らが目撃した 4 つの古代文明（マヤ，アステカ，ムイスカ，インカ）は形態こそ違え，いずれも天体と強く結びついていた．マヤは 1 年の長さや金星の会合周期を現代天文学が算出する数値に近いところまで割り出し，それを神殿づくりに役立てていた．アステカは太陽の運行を確実にすべく，人身供儀という独特なイデオロギーと儀礼を発達させた．天変地異で時代の変革が起こり，そのたびごとに新たな太陽が生まれると考えたのもアステカであった．エル・ドラード伝説の舞台となったムイスカ世界では，ほかの地域ではあまり記録されてはいないが，太陽・月・金星が天空で一直線上に並ぶ現象に大きな意味を持たせていたことがわかっている．では本項で解説する南米アンデス地域の古代文明インカは，いったいどのような天文学を発達させ，彼らの生活は，その宇宙観とどのようにかかわり合ったのだろうか．

インカ：トウモロコシとジャガイモ，リャマの国

　インカ帝国の興亡は日本史のスケールにあてはめてみると，期間は少し短いが，おおよそ室町時代と重なる．しかし，その領土は途方もなく大きく，南米西部と，それにつながるアンデス山間部（北限はコロンビアのアンカスマヨ川，南限はチリのマウレ川）とアンデス東斜面のジャングルの一部にまで広がった．広大であるがゆえに多様な生態系に恵まれていたが，生業の中心はアンデス高地におけるトウモロコシ，ジャガイモの耕作とリャマやアルパカの飼育であった．したがって，後述するように，彼らの生活が天空の星々をめぐる文化に多大な影響を与え，逆にその星の文化が彼らの生活を律することにもなった．

暮らしと星：神格化される星とされない星

　インカの人々は空に輝く星を少なくとも 2 つのグループに分類していた．1 つは霊験を認められ崇められるグループ，もう 1 つは超自然的な力など何も持たな

いとされる普通の星からなるものである．前者に属する天体は神格化され，その神像はインカ宗教の最高位のコリカンチャ（太陽神殿（直訳は黄金神域）；金銀の装飾品や神像が集められたことに由来）に安置され崇拝をうけた．なおコリカンチャの裏手には独自の神殿を持つ星もあったようだが，それらはスペイン人征服者によりいち早く破壊されてしまい残念ながら詳しい記録は残っていない．

ではどのような天体が前者のグループに属したのだろうか．スペイン人による「偶像破壊」以前にはコリカンチャの正面玄関に大きなアンデスの宇宙図が据えられていたことが知られており，それを見て神々の配列の様子を写し取った先住民がいた．チチカカ湖周辺のコリャスーユ出身のサンタ・クルス・パチャクティ・ヤムキである．彼が残した図像と短いメモによると，そこには十字星，太陽，月，明けと宵の明星，プレアデスなどが描き込まれていたことがわかる（図1）．

天体神だけでなく，それ以外の神々も含まれているが，中央の頂上に星座とおぼしき十字架（オルコララ：「家畜の大群」の意味で，位置はオリオン座の三つ星に該当），その下の右側〈向かって左〉に月の夫で，皇帝の父親とされる太陽（インティ），左側〈向かって右〉には太陽の妻とされる月（キリャ）が描かれている．右の列では太陽の後に，そのお供の明けの明星（チャスカ），プレアデス，カタチリャイ（銀河の霧の中で明るく輝く星），虹，大地の母，稲妻，ピルコマヨ川，泉と続く．他方，左の列は月以下，宵の明星，雲・霧，暗黒星雲のネコ科動物（コア），海母神（ママ・コチャ），樹木（系譜で泉，ミイラ，水とつながる）へと続く．右列と左列に挟まれた中央の列には，上からオルコララ，創造主，十字架（チャカナ：「活気の素」の意味で，オリオン座の三つ星に該当）．男女，倉庫・黄金の家，最後に控えるのが儀礼を行う場所（パタ）である．図1は，具象的でわかりやすいが，しかしそこから何らかのメッセージを引き出そうとすると，複雑だが興味深い事柄がい

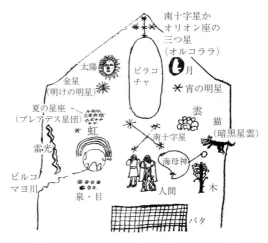

図1 コリカンチャにあったとされる宇宙図
[アヴェニ，A.『神々への階─超古代天文観測の謎』宇佐和通訳，日本文芸社，p.188, 1999 をもとに作成]

くつか浮かび上がる.

インカの宇宙観

第1に，太陽と月，金星を除けば，太陽神殿で祭祀を執り行われる天体であっ
ても，それが必ずしも明るいとか，不思議な色の光を放っているという理由で敬
れていたわけではなさそうである．光度順だけなら，全天で1，2位の明るさを
ほこるシリウスやカノープスが祭祀の対象に選ばれてもよいはずなのだが，それ
らに特別な力を認めた形跡はないのである．また深紅の美しい1等星であって
も，アンタレスやベテルギウスも神格を持つ重要な天体に分類されることはなか
った．明るさ，色，輝き方，天空での特異な動き方など，そのどれをとっても目
立つはずの惑星も，金星以外はインカの霊廟に祀られることはなかった．選ばれ
た理由はどうやら，星の集まり具合と水平線から出現するタイミングに意味があ
ると考えられる．例えば，3〜5等級の星がいくつも集まるプレアデスは，トウ
モロコシの生産にかかわる農作業の開始と終了時期を知らせる重要な役割を担っ
た．また，南十字星も2等級と3等級の星にすぎないが，その星座を使って天の
南極を示すことができた．つまり，インカ人は農作業のスケジュール管理や，旅
先などで方向確認をするのに役立つ有用性，特異性ゆえに，霊験を認めコリカン
チャで祀られたものと思われる.

第2に興味深いのは，インカ人には天体現象と天空現象との区別が明確にはな
されてはいなかったという点である．具体的にいえば，我々が天体とはみなさな
い虹も天体に分類されているし，逆に我々が天体とみなす天の川を天体とは考え
ず，文字通り天空を流れる川と認識していたわけである．したがって，図1で雲
がプレアデスと同じ高さに描かれていても，また暗黒星雲のネコ科動物が虹や稲
妻と同じ高さで出てきても何ら不思議ではないのである.

第3に指摘すべきは，宇宙図の中での神々の位置に注目すると，描かれた天体
は無造作に配列されているのではなく，一定の原理に従って配置されているとい
う点である．まず，神々を垂直方向に眺めてみると，右側には女性原理，左側に
は男性原理と関連する要素が並ぶ（必ずしもすべてではない）．つまりインカの宇
宙観には男/女，右/左等の2極に対立する2つの要素からなる二元論が色濃く反
映しているというわけである．また，オルコララはじめ中央に位置するものは，左
右の原理をつなぐことでエネルギーの結集あるいはその結果としての豊穣や増殖
を暗示している．そしていま一度，図1に戻り，それを水平方向に眺めると，今

度はまた別の世界観が見えてくる．頂上から稲妻，虹までの天上界（ハナン・パチャ），人間のいる地上界（カイ・パチャ），泉や樹木の根とつながる地下界（ウク・パチャ）というように垂直に連なる3層の世界があらわになる．ただしこれらの3世界は切れて分離しているわけではない．雷は稲妻を使って地上界に侵入して来るし，逆に地上界も地下界も，樹木を使い天上界に入り込むことができる．

　その越境性が，次の注目すべき事柄，第4点目と深くかかわってくる．彼らの宇宙論に関連して見逃せないのは，大きなスケールでイメージされる天空での水流，つまり天の川である．ハナン・パチャの川は，カイ・パチャのピルコマヨ川（左）と合流するとともに，ミイラの樹木の根＝川（右）とも合流し，カイ・パチャ，ウク・パチャを経て，最終的にはハナン・パチャの川に戻って来る．要するにインカ世界では水が地上界，天上界，地下界という3世界を絶え間なく循環する仕掛けになっているのである．

◆**神話：天空を流れる川と地上に舞い降りる黒いリャマ**　宇宙を流れる水はどのようにコントロールされるのか．そこで先スペイン期のアンデス世界には，水の循環を管理する星が用意されていた．それはリャマの姿をした神話的存在で，地上の生き物に活力を与える力を持つと信じられていた．名前はヤカナといい，体は大きく黒々としており天空の銀河の中に目立つ黒いしみとして現れる．人間は運が良ければ天の川の中を歩くヤカナを目にすることができるという．ヤカナは夜中に空から舞い降り，地上のすべての泉から地上の水を全部飲み干していく．また，銀河を流れる水や，海の水を吸い上げることもある．ただし，その姿は誰にも見つかってはならなかった．なぜなら誰かに目撃されるとヤカナは水を飲みきることができず，その結果，海から水が溢れ，大洪水が発生し世界中が大水に飲み込まれてしまうからと説明された．この洪水とリャマとの関係は西暦16世紀末の『ワロチリ文書』（1598頃）の第3章の中に神話として残されている．伝承によれば，馬追いがリャマとともに家路を急いでいると，リャマが突然主人に向かって話しはじめ，大洪水の到来を予言する．リャマは，5日後に大水が発生しこの世は洪水に飲まれてしまうという．主人は驚き，リャマを連れてウィルカコト山に登った．頂上に着いてみると，ほかの動物はすでに皆到着していた．そして5日目になると予言通り下界は洪水に見舞われ，山頂に登った者たちだけが難を逃れた．

◆**希有な暗黒型星座**　図1に関して特筆すべき第5点目は，先にも紹介した黒い星座の存在である．ヤカナの正体は星と語られ，同時に黒いしみとも説明されるよ

うに，その存在は暗黒星雲を示唆している．それはまた，図1で，銀河の霧の中で明るく輝く星として出てきたカタチリャイと同系列の天体と考えることも可能であろう．また同図に登場する黒いネコ科動物（コア）も，同類といってかまわないだろう．これら黒い天体は重要である．なぜならインカの人々は銀河の中の暗い部分をつないで絵姿をつくり（暗黒型星座），それに神話や伝承などを纏わせることで彼らの世界観を埋め込むという所作が見られるからである．つまりこれは，天空上の目立つ恒星を線で結んで絵姿をつくるギリシャ・ローマの星座（星連結型星座）とは異なっている．インカにどのような暗黒型星座があったのかその全貌はまだ明らかにできていないが，ヤカナの神話やパチャクティ・ヤムキの絵からそれが存在したことは確かである．そして，それに関してもう1つ重要なこととして覚えておきたいのは，インカ帝国の滅亡後すでに500年近く経過しているが，中央アンデス山間部では暗黒型星座の伝承を伝える人々がいまもいるということである．アメリカの文化人類学者G.アートンの調査によれば，アンデス山間部の農村には星連結型星座として，はし（橋）座，そうこ（倉庫）座（複数あり），じゅうじか座，リャマのめだま座などがあり，暗黒型星座にはリャマ座，ヒキガエル座，キツネ座，ヤマウズラ座などが認められているという．ただし現代の星座とインカ時代の星座とがどのような類同・相違を見せるかについてはまだ明確にされてはいない．

◆星連結型星座と暗黒型星座の相違　星連結型と暗黒型との相違は，星座を構成する際に，星を使うか暗黒星雲を使うかの相違だけではない．暗黒型星座と星連結型星座とを比較してみると前者は以下の6つの基礎的特徴を持つことが明らかになる．①暗黒型星座は天の川の中の暗黒星雲の分布する天球の一部にしか存在しないので，天空全体から見れば，その分布は限定的である．②暗黒型星座と星連結型星座は併用されうる．③欧州の星座には神話を伴うことが多いが，アンデス世界では星連結型にも暗黒型にも星座に神話が伴う例はあまりない．④天空の同じ場所に異なる複数の暗黒型星座が重なることがある．⑤1つの星座名が異なった星座に対して用いられることがある．⑥暗黒型星座は生物，星連結型星座は無生物と結びつく傾向がある．夜空を仰ぎ，暗黒星雲をつないで星座をつくるという発想は，いまのところ，インドネシアの一部とアンデス地域などごく限られた地域からしか事例報告はない．

セケ・システム

前節までは，インカの霊廟の中での天体の格づけや分類の特異性等をもとにし

て，彼らのコスモロジーの一端を説明した．ではインカの人々は天文学的知識をいかに引き出し，それをどのように利用し，一体何をしようとしていたのだろうか．その分野の研究で独創的な業績をあげたのがオランダの人類学者，T. ザウデマである．彼はセケ・システムと天体との関係を生涯かけて探究し，その結果を約 1000 頁の大書（T. Zuidema, *El Calendario inca*, 2015）にまとめている．ではセケ・システムとはいったいどのようなものなのか．まずはセケ・システムの模式図をご覧いただきたい（図 2）．セケは，王都クスコの中で最も神聖とされるコリカンチャを起点とし，外部に向かって放射状に伸びる想像上の線である．インカではそのセケをクスコの全方向に投影し，婚姻体系，社会組織，ヒエラルキー，時間，祭典等，歴史観などに共通する分類モデルを統一的にあてはめ，それによって社会の維持・管理を果たそうとするものであった．ザウデマによれば，インカの中心をなすクスコの分類モデルは以下のように策定された．はじめに中心を通る直線で空間（円）を 2 分する．その分割線でできあがる 2 つの半円を，ハナン（上）とフリン（下）とし，そのハナンとフリンを，もう 1 本別の線でさらに 2 分割し，全体が 4 つの，4 分の 1 ずつになるように切れ目を入れる．その 4 つの扇形（各々を州・地方を意味するスーユと呼ぶ）は，それぞれ頂点を突き合わす格好になるが，それにより各々が円全体の中心点を共有することになる．

「4 つで 1 つの全体を共有する」という発想は，インカの国名に象徴的に用いられている．「インカ帝国」という命名はスペイン人によるものだが，インカ人自身は自分の国を「タワンティンスーユ」と呼んでいる．タワとは 4 を意味し，州もしくは地域を意味するスーユがそれに加わるから，インカの人々にとって彼らの国は 4 地方の連合体というイメージだったと見てよいだろう．そして以上の概念図をインカの景観に重ねると，最初の 2 本の線が交差する点に位置するのがインカの都クスコ

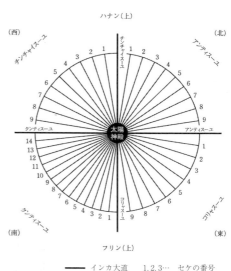

図 2 セケ・システム簡略模式図 ［文献[3] p.11］

であり，その中でも最も神聖な場所がコリカンチャであった．

　黄金の聖域＝太陽神殿を囲む４スーユは各々チンチャイスーユ，アンティスーユ，クンティスーユ，コリャスーユと呼ばれ，各スーユからはそれぞれ，放射状に広がる仮想の線，セケが９本（クンティスーユだけ14もしくは15本）ずつ伸びており，各セケにはさらに複数のワカ（聖所）が付属していた．つまり，クスコ全体では，41本のセケに328のワカが配置されていたことになる．以上を簡略化し，さらに続く各セケの３分割（コリャナ，パヤン，カヤオ）も煩雑さを避けるためそれを省略し要点だけをまとめて描くと図２となるのである．

　では，このセケは何のために，そしてどのように使われたのか．ザウデマはインカ研究の当初から，インカの帝都が暦の役割を果たしていたのではないかと考えた．そしてその直感を頼りに，まずクスコの町とその周辺部に広がるセケに付属するワカの総数328に注目し，それを何とか365に結びつけようと思案した．

　いうまでもなく，365が１年を表し，１つのワカ（に仕える神官ら）が１日交代で割りあてられる儀礼を遂行すれば，１年でちょうど帝都内外のワカを暦のように１周することになる．もちろん，それが実証できれば，インカ研究史上の一大発見に違いないが，そう巧くいくはずもなかった．数字365に捉われすぎて，クロニカ（年代記）に記載されているデータを理由もなく変更したり，自分にとって都合の良い数字だけを追い掛けたりする手法が目立ち，ザウデマの足を引っぱることになる．しかも，１日１つのセケとワカ１つとが対応していたという大前提を固める文書史料も遺物もなく，それを仮説とするには証拠がなさすぎた．結局，ワカはクスコおよびその周辺に400以上あった，という古文書記録の存在が明らかにされると，セケ・システムでクスコ暦を解くという試みはもはや頓挫するしかなくなった．

セケ・システムからホライズン・カレンダーへ

　ただし，ザウデマ自身は自説の不備を認めようとはせず，1970年代後半からラテンアメリカを舞台に沸き上がった民族天文学のブームを受けて，インカによる恒星月の観測，太陽の天頂通過日，天底通過日の観測などの研究に突き進んでいった．ザウデマの独走に研究者の多くは，ただ圧倒されるばかりだったが，セケの研究は黙殺されるか，「難解」と評して取り合わないか，セケ・システムをただ双分観（制），三分観（制）……などと取り違えたまま「卒業」してしまう研究者も少なくなかった．しかし，一時はインカの天文学の研究にはセケの理解が

不可欠という誤解もあったものの，ザウデマの仮説の立て方に疑問を持つ研究者が増えるにつれて，セケの呪縛が次第に緩み，研究者の関心は，セケ・システムからホライズン・カレンダーの研究へと移行した．ホライズン・カレンダーとは，地平線に見られる地形の特徴，あるいは人工的な構築物を目印として，目標とする天体の出没位置の変化を読み取り，時が，1年周期のどこにあるのかを計測する方法である[1]．実際，複数のクロニスタ（年代記作者）が，アンデス先住民が太陽やプレアデスの出没の変化を見て，特定の農作業（播種や収穫）や儀礼を行ったと記録している．要するにこれは，特定の大切な日を間違わないようにする，あるいは時間を管理するための仕掛けということになり，それが持つ社会的，経済的，政治的，宗教的意義は途方もなく大きなものであったことをうかがわせる．近年，星の出没を観測した場所の特定，スカンカ（天体観測用の塔．聖なるワカとされた）の形態，形式，本数，観測された天体は何であったか，インカの時代のホライズン・カレンダーはどのような形で現在に残存しているのか等々，研究テーマは急拡大を遂げている．

インカ天文学の将来

ただ研究は一筋縄ではいかない．インカの天文学を再構成しようとすると，その時代の遺跡の研究が必要となり考古学の知識が不可欠になってくる．遺跡や当時の文化や社会について書かれた古文書の解読が必要であれば民族史学（エスノヒストリー）の分野も重要になってくる．また，現代のアンデス文化の中にインカ時代から連続する文化要素が隠れている可能性があるなら，文化人類学の知も必要ということになるだろう．そして後1つ重要なのは，研究の基本軸となる天文の専門知識である．以上の4分野の研究が結集してはじめて「4州」（タワンティンスーユ）の扉に手が届く学際的研究がはじまるといってよい．　　［加藤隆浩］

【主要参考文献】
　［1］　松本亮三編「インカ暦再考」『時間と空間の文明学 I ―感じられた時間と刻まれた時間』花伝社，pp.31-75，1995
　［2］　坂井正人「インカの太陽神殿コリカンチャ―首都クスコとビルカバンバの景観をめぐって」関雄二・染田秀藤編『他者の帝国―インカはいかにして「帝国」となったか』世界思想社，pp.205-225，2008
　［3］　ロストゥロフスキ・デ・ディエス・カンセコ，M.『インカ国家の形成と崩壊』増田義郎訳，東洋書林，2003

コラム　チムー王都の景観に刻まれた「王朝史」：
　　　　星と山をめぐって

　チムー王国は，西暦 10〜15 世紀にかけてペルー北海岸のモチェ谷を中心に栄え，王都チャンチャンには 10 ヶ所の王宮が存在した（図 1）．王宮が 10 もあるのは，新たな王が即位するごとに，王宮が新たに建設されたためである．王は生前，王宮内で生活し，王権にかかわる儀礼が王宮内の広場で行われた．王が死去すると，王が生前に住んでいた区域は王墓に改修され，死後ミイラにされた王がそこに安置された．王宮の管理や儀礼の実施は，王位を継がなかった王子とその子孫たちに委ねられ，彼らは故王を祭祀（さいし）する集団を形成した．一方，王は死後もミイラとして政治的に生き続けた．王位は新王に継承されるが，王宮は相続されないという継承のあり方が，チムー王都に 10 もの王宮が建設された背景にある．

　チムー王国に関する口頭伝承では，チムー王は全員で 10 人いたことになっている．つまり，王宮の数と伝承上の王の数は一致している．しかし，500 年間に 10 人しか王が即位していないというのは，あまりにも少なすぎる．インカ帝国では，過去の王を抹消し，その痕跡を王都から取り除くことで王朝史が改編さ

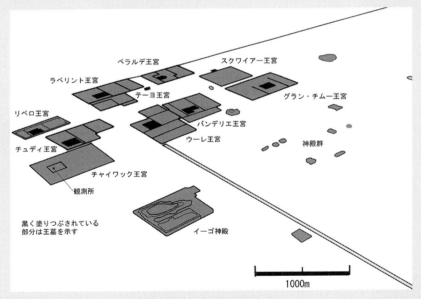

図1　チムー王都チャンチャン

れた事例が報告されている．そこで，チムー王国でも同じようなことがあった可能性が考えられる．

　初代チムー王は，王都の南部に高さ約10mの基壇建築物を10世紀頃に設立した．この基壇は見晴らしが良いため，観測所であった可能性が高い（図2）．この基壇から星や建物の方角が観測され，それを参考にして，歴代の王墓や神殿の配置が決められたと考えられる．この基壇からは，上層階級の祖先とみなされたシリウスがブランコ山の頂上部から出現するのが当時観測できた（図3，4）．この山の麓には，ペルー北海岸を1〜6世紀頃に支配していた旧王国モチェの巨大な神殿（「月のワカ」と「太陽のワカ」）がある．さらに注目すべき点は，ブランコ山頂の方向から反時計回りに90°視線を移すと，プリエット山頂が正面に見えることだ．その手前には初代王の王宮ウーレが広がり，内部にある初代王墓がプリエット山頂の方向上にちょうど立地している．この山の方向を本項では「山軸」と呼ぶことにする．ブランコ山とプリエット山はどちらも左右対称の均整のとれた美しい形が特徴であり，ひときわ目立つ存在である．ただし，山の色は前者が白色で，後者が黒色と対照的である．両山が90°の角度で離れて見える場所に基壇

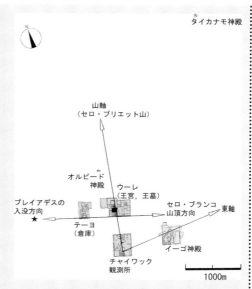

図2　初代王

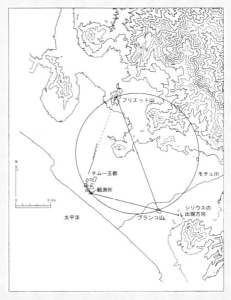

図3　観測所の設定法（1）

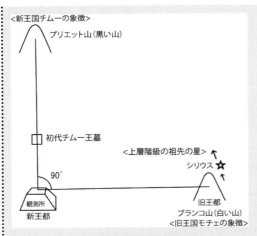

図4 観測所の設定法（2）

が設立されたのは，新旧両王国の連続性を示すことで新王国チムーの正統性を誇示するとともに，両王国の差異を示すことで新王国の独自性を表現しようとする初代チムー王の意図が読み取れる．

初代王の王宮の外壁のうち，南壁の方角は，西側でプレアデス星団の入没方位と一致し，東側ではブランコ山の頂上方向と一致している．そこで，星と山の方向を基準として，王宮の方向が設定されたことになる．

初代王の王宮のすぐ北側に，初代王によってオルビード神殿が建設された．この神殿は「山軸」の西側に位置し，「山軸」の東側に位置する2代王墓と，「山軸」を中心に左右対称の配置関係にある（図5）．そこで初代王は在位中に，どこに2代王墓を建設すべきなのかを指示する目的で，オルビード神殿を建設したと考えられる．王墓をどこに建てるのかを指示するような神殿が，上記のルールで建設され続けば，歴代の王墓は「山軸」を中心として，その左右に分布することになる．「山軸」上には初代王墓が設定されているため，初代王を中心とする景観が生成されることになる．それは初代王とその祭祀集団を最高位とする序列が王都の中に刻まれることを意味する．

2代王の時代には12の神殿が建設された．これらの神殿は，ペルー北海岸の伝承に登場する12個の星の出現方位を，真東を中心軸として，北に折り返した方角に設定された．そこでこれらの神殿を本項では「星の神殿」と呼ぶことにする．12個の星には序列があり，上位の星（6個）と下位の星（6個）に分類される．前者はみなみじゅうじ座にある4個の星，おおいぬ座にある2個の星によって構成される．一方，後者はさそり座にある4個の星，みなみのうお座にある2個の星によって構成される．星の出現方位は経年変化するので，星の出現方向に「星の神殿」を建設した場合，500年後には両者のあいだには数度のずれが生じる．こうしたずれが目立たないようにする工夫として，「星の神殿」は星の出現方向ではなく，真東を中心軸として北に折り返した方角に設定されたと考えられる．

2代王は自分の王宮グラン・チムーのすぐ北にオビスポ神殿を設立することによって，3代王墓の建てる場所を指定した．しかし，この指示に3代王は従わなかった．3代王の王墓は，山軸を中心にして，星の神殿ワカ・トレードの方角

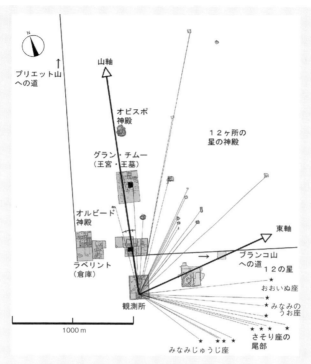

図5 2代王

と左右対称の場所に設立された（図6）．星の神殿トレードは，みなみじゅうじ座α星の出現方位を基準にして設定された神殿である．そこで3代王墓はみなみじゅうじ座α星と対応することになる．みなみじゅうじ座はペルー北海岸では天空上の中心的な星座である．この星座を構成する星の中で最も輝いているのはα星である．星の伝承では，明るい星は暗い星よりも序列が上なので，みなみじゅうじ座α星は最上位を占めることになる．最上位の星を基準にして建設された3代王墓，そこに埋葬された3代王は，チムー王都の新たな景観において最高位を占めることになる．3代王が王墓の新しい設定方法を導入したのは，自己とその祭祀集団を最上位とする新たな秩序を王都に刻む意図があったからであろう．3代王が導入したこの新しい秩序は，チムー王国の末期まで維持され，建築活動もそれに基づいて行われた．

　つまり，チムー王都の景観には，初代王を最高位とする序列がまず刻まれ，その後，2代王が設立した「星の神殿」を利用して，3代王を最高位とする新しい序列が刻まれたことになる．一方，口頭伝承では初代王と3代王は特に重要な王として語られているので，王の数だけでなく，王の序列に関しても，王都の景

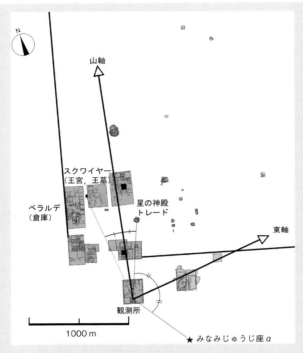

図6　3代王

観と口頭伝承では一致していることになる．

　こうした一致は，王都の景観と口頭伝承が連動していたことを示す．その一方で，チムー王朝史から抹殺された王たちは，王都の景観から排除され，その墓と王宮が破壊されたため，その存在は伝承されなくなったのであろう．つまり，チムー王国における建築活動や破壊行為は，我々の社会の王朝史の編集に類似した行為であり，現在，地上にある建物の配置は最後の編集作業の成果にすぎない．それ以前に編集された「王朝史」を明らかにするには，建築・改修・破壊のプロセスを発掘によって確かめることが必要である．　　　　　　　　　　[坂井正人]

【主要参考文献】
[1]　Sakai, M. *Reyes, estrellas y cerros en Chimor : el proceso de cambio de la organización espacial y temporal en Chan Chan*, Editorial horizonte, 1998
[2]　坂井正人「チムー王都の空間構造―先スペイン期アンデスにおける情報の統御システム」角田文衞・上田正昭監，初期王権研究委員会編『古代王権の誕生―Ⅱ東南アジア・南アジア・アメリカ大陸編』角川書店，pp.247-265，2003

コラム　テオティワカン

　世界遺産である「テオティワカン」は，メキシコ・シティの近郊にある古代計画都市の遺跡である．「太陽のピラミッド」「月のピラミッド」「羽毛の蛇神ピラミッド」など巨大なモニュメントがそびえ，最盛期の西暦4世紀頃には10万人ほどが住み，儀礼，ものづくり，交易の盛んな都市であった．「死者の大通り」を中心に整然とした都市構造を持つが，初期の文字が解読されておらず，何民族が，何のためにつくった儀礼センターだったのか未解明だ．神々が犠牲となり，太陽や月，ヒトなどがつくられたという，アステカ時代（14〜16世紀）の神話から，「テオティワカン」（アステカ言語で「神々の場所」の意味）と名づけられたが，天体との関係については未解明であった．しかし近年の研究は，実際にピラミッドで大規模なヒトや動物の生贄儀礼，また天体と関係づけた儀式が行われていたことが実証された．さらに発見された石彫は，「太陽のピラミッド」が太陽，熱，火の儀礼にかかわり，「月のピラミッド」が水，雨，豊穣，そしておそらく月に関連した儀礼の場所だったと示唆している．「羽毛の蛇神」は，アステカ時代に「金星」のシンボルであり，最も重要な太陽を導くかのように明けの明星，宵の明星として現れることから，民を導く王権の象徴だったと考えられる．結果として，3大ピラミッドが太陽，月，金星を象徴していたと実証されつつある．

　メソアメリカ文明を構築した人々は，肉眼で観察できる最高レベルの天文学知識を発展させており，テオティワカンはその文明を形成した母体の1つであって，さまざまな天体への関心を示す痕跡も見つかっている．天体観測用の洞窟や，暦の数値を刻む「ベンチマーク」が都市内外で広く発見されている．さらに最新の発掘調査は，すでに発達した天文学知識を持っていた古代マヤ王朝と相互交流があったことを示しており，天文学知識の交換もあったと推測される．テオティワカンの建築資料や図像学の研究は，太陽暦（365日），宗教暦（260日），また月，金星，月食，さらに日食の周期を割り出し，複雑な暦のシステムが使われていたと指摘する．さらにマヤ長期暦では紀元前3114年8月13日に現世がはじまったとされるが，テオティワカンの東西軸の延長上に，8月13日と4月30日の日没が一致するように設計されており，マヤと共有された世界観・暦法を示唆している．これらの日付は，1年を260日と105日に二分し，さらに雨季・乾季のはじまりを予知する日付でもある．このように，テオティワカンの都市設計は，当時のメソアメリカの天文学的知識を集積し，複雑な暦と宇宙観を象徴した宗教センターだったといえる．　　　　　　　　［杉山三郎］

コラム　メキシコ，オアハカ州にある古代の山上都市モンテ・アルバン

　メキシコ合衆国オアハカ州の州都オアハカ・シティに，世界遺産モンテ・アルバンはある．モンテ・アルバンは，前500年頃～紀元750年頃までオアハカ盆地の中心都市として栄えた．広大な盆地の真ん中にそびえ立つ山上になぜ都市が築かれたのかという点については諸説あるが，メソアメリカの諸都市に鑑みると，当時の世界観や天体の動きと関係していることが推測される．マヤ文明が栄えた熱帯の密林のような視界を遮る森林はその周囲にはないため，広大な星空を眺めることができたに違いない．

　天体の動きと関連して建てられたとされる代表例が大広場の南側にあり，「天体観測所」とも呼ばれる「建造物J」である（図1）．この建造物は，上空から見ると，石鏃（せきぞく）のような形をしており，その鏃先は南西方向を向き，その対極（つまり，北東）には階段が設けられている．建造物の壁面には「征服石板」という名で知られる40以上の石板が埋め込まれている．全体の

図1　モンテ・アルバン遺跡の大広場に位置する建造物J［筆者撮影］

形状，建造物の位置，角度などから太陽などの動きとの関連が示唆されている．
　山上都市といわれるように，建造物J以外にも規模，方位軸，形状の異なるさまざまな建造物がある．例えば，半地下式広場を有する北基壇，「踊る人の石板」など数々の石板が埋め込まれた建造物L，球技場などである．こうした建造物では異なる時代に増改築が行われており，全体としての共通項を見出すことは困難ではあるが，建造物や基壇の壁の延長線上が盆地を囲む特徴的な山々の山頂と重なる場合がある．天体の動きと建造物の配置や方位軸を関連づけるためには，その基準となる点が必要になるので，周囲の山々はそのための絶好のポイントになったとも考えることができる．
　気持ち良い風に揺られ，見晴らしの良い自然環境と建造物の配置や方向を合わせて，古代の人々が夜空を眺めていたことを想像する楽しさは，山上都市ならではといってよいだろう．　　　　　　　　　　　　　　　　　　　　　［市川　彰］

第4章

アフリカ

古代エジプト

古代エジプトの宇宙観

　アフリカ大陸の北東端に位置するエジプトは，国土の中央をナイル川が南から北に縦貫しており，前3000年頃にエジプトのあるナイル川下流域は1人の王のもとで統一され第1王朝が誕生した．その後，マケドニアのアレクサンドロス大王が，アケメネス朝ペルシャを追ってエジプトに侵入して支配する前332年までに31もの王朝が興亡したことが知られている．これらの王朝区分は，西暦前3世紀にエジプト人神官マネトン（Manethon）が，ギリシャ語で記した*Aegyptiaca*（エジプト史）で決められている．古代エジプト史は，時代順に初期王朝時代（第1〜3王朝：前2900-前2543頃），古王国時代（第4〜8王朝：前2543-前2118頃），第1中間期（第9〜11王朝：前2118-前1980頃），中王国時代（第11・12王朝：前1980-前1759頃），第2中間期（第13〜17王朝：前1759-前1539頃），新王国時代（第18〜20王朝：前1539-前1077頃），第3中間期（第21〜24王朝：前1076-前723），末期王朝時代（第25〜31王朝：前723-前332），マケドニア朝時代（前332〜前305），プトレマイオス朝時代（前305〜前30）に区分される．

　古王国時代に太陽信仰の中心地であったヘリオポリス（現カイロ市アル＝マタリーヤ地区）において，古代エジプトで最も影響力のある天地創世神話が誕生する．神話によれば，最初この世界は天も地もないまったくの暗闇であり，ヌンと呼ばれた混沌とした大海だけが存在していた．やがてこの大海から創造神であるアトゥムが自力で出現する．しばらくのあいだ，アトゥム神はヌンの大海に浮かび漂っていたが，やがて，大海から「原初の丘」である陸地が出現した．この原初の丘を象ったものがヘリオポリスで崇拝されていたベンベン石でピラミッドの祖型と考えられている．原初の丘が出現したことでアトゥム神は海から丘に上がり，唾を吐く（あるいは自慰をする）ことで大気の神シュウと湿気の女神テフヌウトが誕生する．その後，シュウ神とテフヌウト女神とのあいだに大地の神であるゲブと天の女神ヌウトが生まれる．そして，ゲブ神とヌウト女神からオシリス

神，イシス女神，セト神，ネフティス女神の4柱の神々が誕生した．創造神アトゥムと彼から誕生したシュウ神，テフヌウト女神，ゲブ神，ヌウト女神，オシリス神，イシス女神，セト神，ネフティス女神の9柱の神々を創世神話にかかわるヘリオポリスの九柱神（エネアド）と呼んでいる．

　古代エジプトで重要な概念にマアトという語がある．一般に「真理」と訳されるが，本来は宇宙の摂理，秩序，法，道などを意味する語で，古代エジプト人にとって宇宙の摂理にかなったマアトの生き方が生前に求められたもので，これを遵守することで死後の再生・復活が保証されたのである．

古代エジプトの方位

　古代エジプトでは，都市や神殿などの方位は地理的方位ではなく，ナイル川の流路方位によって決められていた．例えば南部エジプトの拠点都市であるテーベ（現ルクソール市）では，ナイル川は，南西から北東へ流れている．テーベ中心に位置する東岸のカルナク・アメン大神殿や西岸のアル＝ディール・アル＝バハリの中王国第11王朝メンチュヘテプ2世（在位前2059-前1959頃）葬祭複合体や新王国第18王朝ハトシェプスト女王（在位前1479-前1458頃）葬祭殿などの神殿の軸線は，ナイル川の流れと直交している．東岸のカルナク・アメン大神殿と西岸のメンチュヘテプ2世葬祭複合体は，ナイル川を挟んで対峙した位置にある．これら両神殿群を結ぶ東西軸線は冬至の日の出の方位角と近似しており，テーベの重要な中心軸線となっていく．テーベの重要な大祭の1つ「谷の祭」と密接に関連している．谷の祭の起源は，第11王朝のメンチュヘテプ2世時代にまで遡るとされているが，詳細は不明である．この祭礼は，シェムウ季（収穫季または夏）第2月に，ナイル川東岸のカルナクのアメン・ラー神が聖船に乗って西岸に渡り，アル＝ディール・アル＝バハリのメンチュヘテプ2世神殿（葬祭複合体）を目指して巡行し，翌日には，再び東岸のカル

図1　カルナク・アメン大神殿の第1塔門に昇る，冬至の日の出［筆者撮影］

ナクに戻るものであった．新王国時代以降には，ハトシェプスト女王葬祭殿が西岸の目的地となる．

カルナク・アメン大神殿の東西の主軸線，そして，アル＝ディール・アル＝バハリのメンチュヘテプ2世神殿（葬送複合体）やハトシェプスト女王葬祭殿の長い参道で示される主軸線が冬至の太陽の日の出方向（116°）と一致して整備されたようだ（図1）．特に西岸のメンチュヘテプ2世葬祭複合体の場合は，参道の長さが1km以上に及び，厳密に方位を計測して建造されたものと考えられる．

北半球の地において冬至は，太陽の運行上，最も重要な日であった．この日を境に徐々に昼の時間が長くなっていき，太陽は復活するのである．キリスト教のクリスマスが12月25日なのは，「復活の日」として冬至を考えたことに関連するだろう．

古代エジプトの時刻と民衆暦

古代エジプトでは，太陽の運行が1日の時刻の基準となっていた．日の出から日没までの昼を12時間，日没から翌朝の日の出までの夜を12時間に分割する方法がとられていた．そのため季節により，昼や夜の1時間の長さは異なったものとなっていた．時刻の計測には，昼は太陽の影で時刻をはかる日時計が，夜は星の位置から時刻を見出す星時計や容器から流れ出る水により時刻を計測する水時計が使用されていた．古代エジプト人は，太陽が西の地平線下に没すると，太陽は地面の下の「下天」を暗闇の中，西から東に移動して，翌朝，日の出のときに再び，東天に再生すると考えていた．神々に護られた太陽神の夜の12時間の冥界

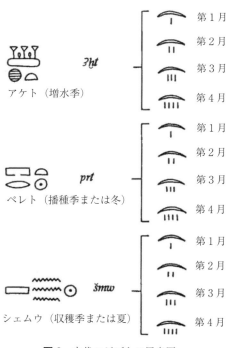

図2　古代エジプトの民衆暦

（下天）での暗闇の支配者である大蛇アポピス（古代エジプト語でアアペプ）との戦いの様子は，挿絵とともに「アムドゥアト書」として王墓の壁面に描かれた．

古代エジプトを代表する暦にエジプト民衆暦（図2）がある．この暦は，一般に太陽暦とされるが，厳密にはシリウス星の出現を観測して作成された恒星暦ともいえるものである．古代エジプトでは，1年はそれぞれ4ヶ月からなるアケト（増水季），ペレト（播種季），シェムウ（収穫季）と呼ばれる3つの季節からなる．民衆暦はナイル川流域の農業ときわめて密接な関係にあった．1ヶ月は30日からなり，1年は12ヶ月で360日，年と年とのあいだに5日が置かれていた．古代ギリシャ人は，この5日間をエパゴメン（付加日）と呼んだ．これらの5日は，それぞれの神々を祀る特別な祭礼の日であった．民衆暦では閏年を採用することがなかったため，1平均太陽年（1回帰年）365.2422日との差で約4年に1日の割合で実際の季節と民衆暦とのあいだにずれが生じるようになっていった．古代エジプト人もこのずれに気づいていたが，プトレマイオス朝時代になるまで，この差を改善することはなかった．ローマのJ.カエサルがエジプト暦を導入する際に4年に1度の閏年を置く暦を採用したことが知られている．

星の名称と伝承

古代エジプト語で星は「セバ」と呼ばれ，「五芒星」の形状をヒエログリフ（聖刻文字）で表現している．この文字はヒトデを表現したもので，初期のものには中央の口や腕の皺などが表現されている．ヒトデは海洋性の生物なので，エジプトではナイル川ではなく，紅海や地中海に生息している．ヒトデは英語でstarfish，中国語で海星というように星を連想する名で呼ばれている．

中部エジプトのアシュー

図3 イディ（前2000年頃）の木棺の蓋の裏に描かれた星座：北天の星座（北斗七星）と南天の星座（三つ星とシリウス星）［© Ägyptische Sammlung der Universität Tübingen, Museum Schloss Hohentübingen (Photo: Carmen Rac)］

トで発見された第11王朝のイディという人物の彩色木棺の蓋裏面に北天のメスケティウ（現在の北斗七星）と南天のサフ（現在のオリオン座の三つ星）とセペデト（現在のシリウス星）が描かれており，現存する最古の星座の図像である（図3）．この木棺の蓋の裏に描かれた星座の図像は，不思議なことに，鏡像（ミラー・イメージ）で左右反転になっており，後世の天球儀の星座像と同じになっている．

　天の北極を中心に地平線下に没しない周極星は，「滅びない星々（イケムウ・セク）」と呼ばれていた．古代エジプトでは，「人は死ぬと誰でもオシリス神となって，再生・復活し，永遠の生命を得る．」というオシリス信仰が広く信じられていたため周極星を描いた北天図は，新王国第18王朝のハトシェプスト女王（在位前1479-前1453頃）時代の高官センエンムウト墓（TT353）の天井に描かれ（図4），その後，王家の谷の第19王朝のセティ1世（在位前1290-前1279頃）墓（KV17）の玄室やラメセス朝（第19・20王朝：前1292-前1077頃）の王墓の天井に描かれた．北天図に描かれた古代エジプトの固有の星座が，現在のおおぐま座の北斗七星やこぐま座，りゅう座などの星座にあたると思われるが，同定された星々はメスケティウ（現在の北斗七星にあたる）を除くと研究者間で差異が存在している．また，セティ1世の北天図（図5）を見てもわかるように，実際の星座の形とは大きく異なるデザイン化した姿に描かれている．

図4　センエンムウト墓（TT353）の天井に描かれた北天のメスケティウ（北斗七星），前1470年頃［筆者撮影］

図5　セティ1世墓に描かれた北天図［筆者撮影］

そのため，いっそう，同定が困難になっている．歳差運動の影響で前3000年頃には，天の北極は，りゅう座のα星（トゥバーン）付近に位置しており，北斗七星は低緯度のエジプトでも周極星であった．

一方，天の赤道付近にある星座は，東の地平線に昇ってから，西の地平線に没するまで，天空の長い距離を移動していくために「疲れを知らない星々（イケムウ・ウレジュ）」と呼ばれた．また，古代エジプトでは，太陽の通り道である黄道の南側を36に分割して，それぞれに明るい恒星や星座を割りあてていた．これを「デカン」と呼んで

図6 センエンムウト墓に描かれた南天の星座．右からサフ（オリオンの三つ星）と女神セプデト（シリウス），隼頭の惑星2つ．前1470年頃［筆者撮影］

いる．このデカンは，ギリシャ語の10を意味する単語で10日ごとに見える星・星座を示したものである．

前述したように，古代エジプトの暦で1年は概念的に360日であったことから10日ごとに区切られたデカンは全部で36存在した．これら36デカンの星座は，南天の「疲れを知らない星々」であった．古代バビロニアでは，黄道上に12星座（黄道十二宮を設定しており，今日でも，黄道十二宮（獣帯）は星占いなどでも利用されている．しかし，古代エジプトではデカンの星座は，黄道上にある星座を指すのではなく，黄道の南側に位置する星座となっている．この36あるデカンの星座の同定には諸説があり，まだ完全には決められていない．そうした中で代表的なデカンとして，オリオン座の三つ星であるサフと全天で最も明るい恒星，おおいぬ座のシリウス星であるセプデトが初期から知られている．図6は，センエンムウト墓に描かれたサフとセプデト，そして2つの惑星を示している．右から大きな三つ星の下の舟の上にサフが男神の姿で描かれている．その左には独特の冠を被った女神の姿でセプデトが描かれている．さらに，その左には，ハヤブサ頭で頭上に星を戴く2柱の神がいるが，これら2柱の神々は，恒星に対して自由に位置を変えて動くことのできる惑星を表現したものである．センエンムウト墓に描かれた惑星は，火星・木星・土星の3つの外惑星の中の木星と土星を

表しているとされる．このように，古代エジプト人は天空上に位置を変えずに存在する「恒星」と位置を変えて自由に移動していく「惑星」とを明らかに区別し，「惑星」を，翼を持って自由に飛ぶことのできるハヤブサにたとえたのであった．古代メソポタミアや古代中国の人々のように，惑星の軌道上の日々の変化を細かく記録することはしなかった．

　古代エジプトのデカンは，黄道の南側を帯状に 36 に分割して設定されており，含まれる範囲が相当に広範になっている．シリウス星のように黄道からかなり南側に位置する星までもデカンに含まれていることからも判るように，デカンが示す星座の同定作業をいっそう，困難なものにしている．古代メソポタミアの天文学は，天空上の毎日の変化（惑星の動きや日月食など）を詳細に観測・記録することによって，地上の事象を予知することを目的としていたのに対して，古代エジプトの天文学は，天空上の星々の観測によって正確な時刻や暦の長さを決めたりすることを目的としていたことから，古代エジプトでは，皆既日食どころか一切の日月食の記録は残されていないことは注目に値する．古代エジプトでいわゆる，星占いや日月食の資料が残されるのはプトレマイオス朝時代以降のこととなる．古代オリエントで隣接する古代メソポタミアと古代エジプトのあいだの天文学が，非常に異なるものであったことは重要なことである．ただし，古代エジプト固有の星座が，古代エジプトの地で独自につくられたかに関しては異論もあり，何人かの研究者たちの中には，ライオンの星座（しし座）などいくつかの星座は，古代メソポタミアの星座と古代エジプトの星座とのあいだに何らかの影響関係があってつくられたものであると推定しているが，具体的な証拠は明らかにされておらず今後の研究成果が待たれる．

星にまつわる祭礼

　古代エジプトの星にまつわる祭礼としては，新年祭がある．古代エジプト語で「年を開く」という意味の「ウペト・レンペト」という名で呼ばれている．古代エジプトの新年祭は，夏の日の出直前の暁天に，シリウス星がはじめて出現する日を観測して祝ったものである．この恒星が日の出直前に出現する現象はヘリアカル・ライジング（heliacal rising）と呼ばれ，シリウス星のヘリアカル・ライジングは，現在の暦で 7 月の後半に起こるもので，エジプトではナイル川の氾濫（増水）がはじまる時期に先立って見られる現象であった．古代エジプト人にとって最大の関心事は，夏季に定期的に起きるナイル川の氾濫であった．夏季にナ

イル川の水嵩が増し，両岸の耕地が冠水するようになる．こうした定期的な氾濫は，ナイル川の源流の1つ青ナイル川の上流のアビシニア高原で，6月に降雨をもたらす夏季モンスーンに起因する．ナイル川の氾濫により，上流から肥沃なナイル・シルト（黒色土）が耕地に堆積することで，耕地は毎年再生するのであった．古代エジプト人は，シリウス星のヘリアカル・ライジングを観測することで，ナイル川の氾濫時期を予想した．シリウス星のヘリアカル・ライジングは，古代エジプト語で「ペレト・セペデト（シリウス星の出現）」と呼び，シリウス星の出現を祝うとともに，それが民衆暦の何日に起こったかを古くから記録していた．そして，「シリウス星の出現」が民衆暦のアケト（増水季）の第1月1日に見られる年は，特別な日（真の正月）とされ，古代ギリシャ人は，アポカタスタシス（apokatastasis）と称していた．

　現存する最古のシリウス星の出現記録は，中王国第12王朝センウセレト3世の治世7年のもので，ファイユームのアル＝ラフーンで発見されたパピルスに記されており，日付はエジプト民衆暦ペレト（播種季）の第4月16日である．このパピルスの記述で注目すべきことは，このシリウス星の出現が記録される20日も前に，シリウス星の出現を祝うための祭礼（新年祭）の準備が行われていたことである．このことから，中王国第12王朝時代には，シリウス星の出現そのものが，毎年恒例の祭礼となっていたと想像される．さらに，その祭礼のための準備が事前になされていることから，この時代には，すでにシリウス星のヘリアカル・ライジングの日付が予測されていたと考えられる．

　古代エジプトの新年祭は，シリウス星が西の地平線に沈み，夏の日の出直前の東天に再び姿を現すことから，死と再生を象徴するものであった．古王国時代末以降になると，冥界の神であるオシリス神の死と再生を意味するようになっている．古代エジプトでは，前述したように，中王国時代にオシリス信仰が一般的となった．また，ナイル川の氾濫によって耕地が再生することとも関連し，新年祭はエジプトの国土の再生も象徴する重要な祭礼であった．　　　　　　　［近藤二郎］

【主要参考文献】

［1］　近藤二郎『世界の考古学④エジプトの考古学』同成社，1997
［2］　近藤二郎『星座の起源─古代エジプト・メソポタミアにたどる星座の歴史』誠文堂新光社，2021
［3］　Wallin, P. "Celestial Cycles: Astronomical Concepts of Regeneration in the Ancient Egyptian Coffin Texts", *Institutionen för arkeologi och antik historia*, 2002

ドゴン

　ドゴン人は，西アフリカ内陸のマリとブルキナファソにまたがる北緯 15° 前後の乾燥したサバンナ地帯に住む雑穀栽培農耕民である．人口は現在 100 万を超えるともいうが，多くの方言集団からなっており，その中で詳しく研究されているのはマリ中央部バンジャガラ断崖地方のサンガ地域の人々だけである．

　西アフリカの内陸サバンナ地方には西暦 11 世紀頃からイスラームが伝来したので，平地に住む人々の多くはイスラームを受け入れているが，険しい山地に住むドゴン人の大半は 20 世紀の半ば頃までイスラーム化せず，在来の宗教を信じていた．そのため彼らはイスラーム化以前の西アフリカの古い文化を伝えているともいわれる．

乾燥とたたかう農民ドゴン

　彼らの住むバンジャガラ断崖地方は砂岩の台地で，雨期を除き 1 年を通して水の流れる川がない．しかも不毛な砂岩の岩山には，作物を育てるための腐葉土も乏しい．そういう環境で，彼らは年に数ヶ月だけの雨期の雨を頼りに，貧しい土壌を家畜の糞や堆肥によって補いながら，トウジンビエ，ソルガム，フォニオ，陸稲などの雑穀類を耕作してきた．

　そのため彼らにとっては，食糧となる穀物だけでなく穀物を育てる雨と土が何よりも大切な資源となっている．彼らの神話によると，世界はフォニオという穀物の種子の発芽としてはじまったとされ，神話はその後，乾燥して不毛な土地を象徴するキツネ（神話の中ではユルグと呼ばれる）と豊かな生命力を象徴する水の精霊ノンモ（ナマズの姿で表される）との確執の物語として展開していく．太陽や星々の持つ意味もその神話の中で語られていくのである．

◆**回転する世界**　彼らの世界観でもう 1 つ大切なものは回転感覚である．彼らにとって，人間の住むこの世界は「旋回する星々の世界」のもとにある．暑い乾期の夜には，人々は室内の熱気を避けて屋上で寝ることがあるが，そうすると天の星々がゆっくりと回転しているのが実感できる．彼らは全天をめぐる星の動きを観察しながら，宇宙のすべてが回転運動を通して生成してきたという神話を生み

出してきた．その神話を通して，彼らの天体に関する知識を紹介しよう．

生活の中の天体

　農耕民である彼らは，月の満ち欠けによる太陰暦と，太陽の動きに基づく太陽暦を組み合わせて1年の農作業を行う．文字に書き表されたカレンダーはないが，乾期と雨期の規則的な交代が1年の暦の基調をなしている．雨期が終わって乾期のはじまる頃，ちょうど穀物の収穫期にあたる10月頃が1年のはじまりとされる．半年以上一滴の雨も降らない長い乾期の後，6〜9月末頃までの雨期が農繁期である．

　農作業のない乾期は，先祖や創造神アンマ，水の精霊ノンモを祀る儀礼の季節で，死者の霊を弔う仮面儀礼や，60年に1度のシギという大祭が行われる時期でもある．神話によると，シギは宇宙の創造を記念する儀礼である．そのほか，農耕の儀礼と神話との関係は「儀礼と天体」の節で述べることにする．

創世神話と天体

　ドゴンの人々は，宇宙を「外側の天体系」と「内側の天体系」に分けているという．「外側の天体系」とは，天の川や星々からなるいわゆる星空のことだが，「内側の天体系」とは太陽と月，そして大地からなる世界である．神話や儀礼はその2つの天体系にかかわっているので，以下では「星」だけでなく，太陽，月，大地を含めて「天体」について説明していくことにする．

◆天上の神話と地上の農耕　「外側の天体系」とは，「世界の目」と呼ばれる北極星と「2番目の目」と呼ばれる南十字星を軸として「旋回する星々の世界」である．それに対して「内側の天体系」とは人間の世界であり，太陽の日射と雨によって土壌から穀物が成長する場でもある．これから説明するとおり，神話によると農耕は天上の創造神アンマの創造した穀物の種と，アンマの「胎盤」から取った肥沃な土壌を地上に持って来たことによってはじまった．それでこの地上の世界が，人間の生活の場になったのである．

　神話は世界の創造と農耕の起源を天上の出来事として語っているが，反対にいえば，地上の農耕と儀礼を天上に投影したものが神話だともいえるだろう．これから見るとおり，その神話では乾燥した岩山で生きるドゴン人にとって生命そのものである穀物と土がたびたび乾燥と不毛にさらされ，混乱が起こるたびにそれを修復するエピソードがくり返し語られる．そこには，人間の生と死，自然環境

の湿潤と乾燥，農耕の豊作と不毛という農民にとって切実な現象の理由と意味を，彼らが身の回りの象徴を通して考え，探求してきた様子が読み取れるだろう．

もっともこれから見る神話はひと続きの物語ではなく，農耕暦に沿って行われる一連の儀礼に対する説明として語られたものである．以下に紹介する神話は，1940年代から60年代にかけて，儀礼に精通した一部の人々の語る説明を，フランスの民族学者 M. グリオールらが聞き取って，ひと続きの物語の形に編集したものである．だからこのような形の一貫した物語が，多くのドゴン人に知られているわけではないことを注意しておこう．以下で紹介する世界の創造の神話は，おもに『青い狐』[1]に収録されている．

世界の創造

図1 オゴル村のレベ・ダラ．中央の円錐状のものが「アンマの胎盤」，後ろは家と穀物倉［筆者撮影］

バンジャガラ断崖のサンガ地方，オゴル村には，レベ・ダラという重要な祭祀場があり，その中央にある泥でできた円錐状の祭壇が，神話の中の世界の中心，つまり創造神アンマの「胎盤」またはアンマの「卵」を象徴している（図1）．

◆**失敗した創造**　この胎盤＝卵の上でアンマは世界を創造した．だがじつは，それに先立って失敗した創造があった．アンマは最初の世界を野生の樹木アカシア（*Acacia albida*）からはじめた．だがアカシアが旋回しながら成長していくときに水分が飛び散ってしまい，その世界は乾燥して失敗してしまったのだという（実際アカシアは乾期を代表する植物で，幹にはらせん状の成長の跡がある）．

マメ科の樹木であるアカシアは根粒菌の働きで窒素を固定するので，土壌を豊かにしてくれる．サバンナの農民たちはそれを経験的に知っていて，焼畑のときにもアカシアだけは残しておく．だから，穀物に先立ってアカシアの創造から世界がはじまったという神話には，それなりに意味があるのだ．

◆**創造のやり直し**　さてアンマは，失敗したアカシアのかわりに，今度は雨期の雨で育つ穀物の種子から世界を創造することにした．最初の穀物は，穀物の中でも1番小さいフォニオの種だった．フォニオ（ドゴン語で *pon : Digitaria exilis*;

日本でも道端で普通に見られるメヒシバの近縁種）は，西アフリカで栽培化され
たこの地方独特の作物である．その極小のフォニオの種の中で振動が起こり，ら
せん状に旋回しながら芽が出てくる．植物学では「らせん対称」というが，実際
に植物が成長するとき，葉は重なり合わないよう順々にらせん状に生えてくるこ
とが多い．フォニオの創造の旋回運動は，農耕民である彼らが穀物の生育の様子
をよく観察していることから生まれているのがわかるだろう．

◆**水の精霊ノンモと反抗者ユルグ**　ところで穀物であるフォニオの創造の物語に
並行して，アンマの胎盤の上で双子の水の精霊ノンモがナマズの姿で生まれてく
る別の神話がある．水中の魚であるナマズは人間の胎児のイメージでもある．だ
から最初のフォニオから穀物が生まれ，最初のナマズから人間が生まれてきたこ
とになるのである．

　ところがここで神の計画を乱す思いがけない事件が起こる．双子のノンモの長
男にあたるほうのノンモが，十分成熟する前に胎盤から飛び出してしまったの
だ．彼は胎盤の一部をもぎ取り，フォニオの種を盗んで天から飛び出した．その
胎盤のかけらがいまの大地になった．このノンモの行為は父である創造神に対す
る反抗であり，母である胎盤を我がものにして近親相姦を犯すことでもある．そ
こでアンマはけがれてしまった胎盤のかけら＝大地を不毛にし，長男であるこの
ノンモをキツネ（ユルグ）に変えて乾燥しきったブッシュに追放してしまう．キ
ツネ（オグロスナギツネ：*Vulpes pallida*）は，人間の耕す畑の周辺に広がる不
毛なブッシュの象徴である．ユルグの盗んだフォニオの種もけがれて赤く染まっ
てしまい，「赤いフォニオ」という品種のもとになる．

　このように展開していくユルグの神話は，乾燥して失敗したアカシアの創造の
神話と並行していることがわかるだろう．それに対してフォニオとノンモの創造
の神話は，豊かな生産力を持つ世界の成立を語るのである．

◆**ノンモのいけにえ**　さてアンマはもう1度創造をやり直すために，双子の片割
れであるもう1人のノンモを胎盤の上でいけにえにし，その血で世界を清めるこ
とにした．いけにえにされたノンモの体から流れ出た血と，アンマが空間にばら
まいた体の各部分や内臓から天上の星々が生まれるが，それは同時にばらまかれ
た無数の穀物の種のイメージでもある．

　このときにいけにえの真っ赤な血で清められた天の胎盤を，神はユルグがまた
盗みに来ないように燃え上がらせる．それがいまの太陽になる．大地を照らす太陽
の光線は清められた胎盤の血管で，その光線＝血管に沿って雨が降り，乾燥した

土地を養う．雨の後に空にかかる虹は，雨を司る天上のノンモのイメージである．

一方，ユルグが胎盤のかけらをもぎ取ったときにできた穴が月になった．だから月は乾燥している．月は日中に太陽が送った湿り気を夜に大地から受け取って満月になるが，その湿り気は月経の血のようにだんだんと失われ，新月のときにはすっかり干からびてしまう．こうして月には満ち欠けがあるのだ．

◆**地上への降下**　次にアンマはいけにえにされたノンモを人間の祖先として再生させ，乾燥して不毛になってしまった地上に降下させることにする．これによってアンマの創造した天上の世界は大きく拡張し，「外側の天体系」と「内側の天体系」が分離していまのような宇宙になった．

再生したノンモは浄化された胎盤＝太陽の一部である肥えた土壌と，生命力に満ちた天上の穀物（白いフォニオ）を持って地上に下り，乾燥して不毛になった大地に天の清浄な土をまいて畑をつくり，雨を降らせる天上のノンモに助けられて穀物の栽培をはじめる．だから人間が農耕を行うのは，乾燥して不毛になってしまった大地を豊かな実りをもたらす畑に変えて，ユルグが乱してしまった世界の秩序を修復し，生命力を取り戻していく仕事なのである．

◆**キツネの占い**　だが，神アンマに反抗してキツネに変えられてしまったユルグも，まったく呪われた存在になってしまったわけではない．ユルグはノンモの湿り気と拮抗する乾燥の原理として，たしかに世界の構造の一部を占めることになる．キツネはいまも神話のユルグのように，人間の触れることのできない神の秘密を盗み出して知ることができるので，人間に未来を教えてくれる．人々が砂地の地面に質問を表す図表を描いて餌をまいておくと，夜中にキツネが食べに来て足跡を残していく．その足跡を読み解いて，未来を占うのである（図2）．だからいまでも人間は，湿潤と乾燥，豊穣と不毛，生と死のあいだにある神の秘密を知ろうとしてユルグと対話を続けているのだ．

図2　キツネの占い．老人たちは議論しながら枠の中についているキツネの足跡の意味を読み解く［筆者撮影］

儀礼と天体

最初に述べた地上のレベ・ダラという祭祀場は，神話の中でノンモのいけにえ

が行われた場所を地上で象徴している。レベ・ダラの中央にある大きな円錐形の祭壇はアンマの胎盤を象徴しており、いけにえにされたノンモの臍の緒がついていたところなので、「世界の臍」とも呼ばれる。

◆**種まきの祭り「ブル」**　中央の祭壇の周りには数個の祭壇が円形に並んでいて、いけにえにされたノンモの体の各部分や内蔵を表している。ノンモは人間の祖先でもあるので、それらの祭壇はサンガ地方に住むドゴン人の諸部族の一つひとつと結びついている。だからサンガ地方の村人たちがレベ・ダラに集合する毎年の種まきの祭りは、天上で行われたノンモのいけにえを再現し、記念する祭りだということになる。

　神話でノンモのいけにえから天の星々が生まれたと語られるとおり、ノンモの体の各部分を示す祭壇は、火星（赤い色のために「月経中の女の星」という）、木星（頭）、昴（腎臓）、オリオンの三つ星（肝臓）など、天のおもだった星々を象徴している。また人の鎖骨は、人体の中で穀物をおさめる穀物倉に例えられるので、ノンモの鎖骨の中身から流れ出たものからは、「トウジンビエの星」「米の星」「ソルガムの星」など、穀物を象徴する星が生まれたとされ、祭祀場から北の方角に伸びる直線上の祭壇で象徴されている。

◆**星の名前**　それ以外にも多くの星に名前がつけられている。特にオリオン座とその周囲にある星々は「世界の座の支え」といわれ、重要視されている。オリオン座の4つのおもな星は、「アンマの尻の座の星」とか「アンマの臍の星」などと呼ばれ、オリオンの三つ星は「尾の星」という。その周囲にある目立った星には、「山羊飼いの星」（こいぬ座のγ）、「ハイエナの星」（こいぬ座のα）、「群れた星」（昴）、「ライオンの星」（おうし座のβ）、「場の限界」（天の川）などの名前がつけられている。その中で最も重要なのはシリウスで、それについては次に述べる。

◆**シリウスと太陽**　地上だけでなく天にも、ノンモのいけにえの徴が残っている。全天で1番明るい恒星であるシリウスが、「外側の天体系」におけるアンマの胎盤＝太陽の証拠とされる。ドゴンの説明では、シリウスの周りを非常に小さい衛星が50年の周期で回転しているという。それが最初に創造された穀物フォニオの極小の種を象徴する「フォニオの星」（ポン・トロ）で、最も小さく、しかも最も重い星だという（「ポン・トロ」の語源は「深いはじまり」を意味するともいわれる）。この星は太古に地上で人間が生活をはじめた頃はまだ輝いていたが、しだいに光が衰えていまはもう見えないという。しかし神話のフォニオの

図3 太陽とシリウスの重複の図
[文献[1]p.320]

種に起こった旋回から世界がはじまったように，シリウスの周りを回るこの極小の星の回転が，いまも宇宙全体の回転を支えているのだという．

「内側の天体系」の太陽と「外側の天体系」のシリウスも，それぞれの軌道で回転しているが，両者の軌道が交叉するときがあるという（図3）．それが，2つの天体系が分離する以前の天地創造のときを象徴することになる．ドゴンの説明によると，太陽とシリウスは60年に1度軌道が重なって東の空から同時に昇るので，そのときに合わせて，地上では天地創造を記念する「シギ」という大祭が行われる．それで，シリウスは「シギ・トロ」つまり「シギの星」と呼ばれる．

◆「シギ」＝宇宙のはじまり　シギは数年前から準備される非常に大規模な祭りで，儀礼にはその地域のすべての男性が参加する．シギに参加する男たちは，水の精霊ノンモのみずみずしさを表すタカラガイの装身具を身につけ，流れる水のようにうねうねと蛇行しながら行列をつくって踊る．男たちは，手にT字型の杖とビールを飲むひょうたんの器を持っている．ひょうたんは湿り気，つまり生命力に満ちた女性の子宮を象徴する．踊りの合間に，男たちがT字型の杖に腰をかけてひょうたんの器でビールを飲む姿は，下半身が人間のように2本の足に分かれていない，ナマズの姿のノンモを思い起こさせる．だからシギの祭りに参加する男性たちは，まだ死を知らない潤いに満ちた胎児の状態を表しているわけだ．

ドゴンの人々は蛇行する線をらせん状の線と同一視する．実際，らせん状の線を横から平面上に投影すれば蛇行する線になるだろう．だからノンモの格好をしながら蛇行して踊るシギの祭りの男たちは，同時に宇宙のはじまりのときにフォニオの中で起こったらせん状の発芽運動を再現していることになる．

◆シギと人間の世代交代　しかしまたシギの祭りは，人間たちの死と世代の交代も象徴している．祭りにはサンガだけでなく断崖地方のたくさんのドゴンの村々が参加する．祭りは1年ごとに村から村へ，地方から地方へと順々に受け渡され，数年間続いていく．バンジャガラ断崖は北東から南西に長く伸びている．だから村から村へ順々に断崖を動いていく祭りの経路は，地上に降りてから最初に

死んで，大蛇の姿で再生した大祖先レベの歩みを表現しているのだという．ヘビ
のうろこの輝きは太陽の輝きであり，うねうねした動きは水の精霊ノンモを象徴
する．さらに脱皮して若返るヘビは，死んでからも祖先となって子孫を守る，祖
先の再生を象徴しているという（地上に降りた人間の生活のはじまりと死の発
生，大蛇の姿での再生，そして死者を祀る仮面儀礼に関する神話は『水の神』[2]
に詳しく語られている）．

　だからシギの祭りは，創造神アンマによる原初の世界の創造を記念するだけで
なく，天上から降下して以後，何世代も積み重ねられてきた人間たちの歴史を記
念するものでもあることになる．興味深いことに，シギの祭りには赤ん坊から老
人まですべての男性が参加することになっているだけでなく，そのとき妊娠中の
お腹の子も，祭りに参加したとみなされる．つまりシギの祭りは，世代を超えた
人々の生活が，太古から途切れることなく連続していることを象徴しているのだ．

◆シギの伝承　60年に1度というシギの祭りの周期は，文字の助けなしに世代
を越えて伝承を伝えていくことのできるぎりぎりの限界だろう．ちなみに1番最
近のシギの祭りは，1969年から数年間にわたって行われた．そのときの儀礼は，
準備段階から映像人類学者たちによってフィルムにおさめられて記録されてい
る．次のシギはその60年後にあたる2029年にはじまるはずである．だから次回
のシギの祭りは，ドゴンの歴史上はじめて，言い伝えだけでなく文字や映像とい
う記録を参考にして再現されるものになる．それはドゴンの人々にとっても，は
じめての経験になるだろう．

◆シリウス・ミステリー　ドゴンの神話には，シリウスの周りを回る極小の「フ
ォニオの星」の話が出てくる．これが現代の天文学が発見したシリウスの伴星，
白色矮星シリウスBに似ているために，ドゴンの神話を異星人から教えられた
知識ではないかとSF的に解釈する人たちがいる．だが最初に述べたとおり，そ
れは彼らの回転する宇宙感覚から発想されていると考えるほうが自然だろう．

[坂井信三]

【参考文献】
　[1]　グリオール，M.・ディテルラン，G.『青い狐―ドゴンの宇宙哲学』坂井信三訳，せりか
　　　書房，1986
　[2]　グリオール，M.『水の神―ドゴン族の神話的世界』坂井信三・竹沢尚一郎訳，せりか
　　　書房，1981

サハラ以南のアフリカの星文化

アフリカ大陸サハラ以内の民族と言語

　アフリカは赤道をまたいで南北に広がる大陸で，赤道付近には熱帯雨林がある．その南北には雨季と乾季がくり返されるサバンナ気候帯，さらにその南北には乾燥性のステップ気候が続く．そしてサハラ砂漠やカラハリ砂漠を代表とする砂漠気候も存在し，北の地中海では地中海性気候，また南部や高原地帯には温帯気候が存在する．

　本項ではこの広大なアフリカ大陸の中でサハラ砂漠以南の星文化を論ずる．言語や文化が多様で広大な地域であるが『文化を横断する天文学』（H. Selin ed. *Astronomy across Cultures*, 2000）などではこの地域を「サブ・サハラ（サハラ以南）」として1つの章としているので，その特徴を概観することは意義があるであろう．なおこの地域の赤道より南では北極星は見えない，ないし見えづらいので事例は少ない．

　この地域には狩猟採集民としてカラハリ砂漠のサンないしブッシュマン，コンゴやカメルーンの熱帯に暮らすムブディ（プグミー），サバンナからステップ気候帯には遊牧民（ムルシ，ズールー，ボラナ），穀物を中心とする農民（アシャンティ，ヨルバ，ドゴンなど）がいる．言語的にはサン族はコイサン語系，それ以外の中南部アフリカはバントゥー語系のニジェール・コンゴ語族，西アフリカは非バントゥー系のニジェール・コンゴ族とされる．

　この地域は人類起源の地である．最初の人類である猿人が700年前に誕生した後も，ホモ族（原人），さらに現世人類であるホモ・サピエンスなど絶えず新しい人類を生み出したところである．それは化石人骨の発見や遺伝子の多様性から確認できる．

　人類の原初的神話を保持しているといわれるサン族は時間の長さとしての1年という単位は重要でなかったようだ．しかし狩猟採集を行っていた彼らの自然観察眼は鋭く，春（鳥が交尾し最初の花が咲く8〜10月），夏（熱くて雨が降る，11〜3月），寒い冬（4〜7月），寒さが続き乾燥する4〜9月というサイクルは認

識していた.

　中央カラハリのナロ（Nharo）は，太陽を観察して冬には夏より短い道をたどるということを知っていたが，星のほうがより正確に季節を示すとされた．彼らは，異なった星座は違った季節に昇ることを知っていた．特にプレアデスが明け方の前に昇ると寒い季節がやって来る．それが真夜中に出ると春が近いことを知る．プレアデス以外では彼らは南十字，オリオン，天の川，おおぐま座などに名前をつけている．

　ケープ岬付近のコイコイ（Koikoi）集団は星座名を持っているが，ほかの北西部の集団は星に興味を持っておらず，星をすべて「火」と呼んでいる．

生活に密着した星座観

　サン族の一部グウィ（/Gui）にとって唯一大事な天体は太陽であるが，彼らは「太陽が我々を殺している！」という表現を使う．これは冬場に何もしないときの表現，あるいは太陽のおかげで干ばつや暑さを感じるときの表現である．太陽が自生的な動きをするのは至高神ナディマ（N!adima）に制御されているからである．そして彼らは太陽に「ひどく暑い」というような呼び掛けをして太陽を急がせて次の季節に移るように説得する．しかし太陽に悪口をいうことは神に呪いを掛けることになるので，深刻な事態を引き起こすと考えられる．そのためこの地では，しばしば太陽は暑さのために早く沈んで欲しいと念ずる存在である．

　太陽が沈むのは，ナディマが太陽を引きずり下ろすあるいは食べる，と考えられる．神が夜に太陽の体を運んで遠い東の国へ届ける．天の川がその道である．また天の川は精霊の道であるともいわれる．

　冬に神は太陽をずっと北のほうに動かすと熱が弱くなる．太陽の南中高度は低くなり，それは火元から離れると熱が弱くなることと同じで暑さが弱まるからである．太陽が高くなると彼らは近くに来たと感じて暑くなるのである．

　コイコイ集団の儀礼の多くは月に向けられる．例えば最初に三日月が現れると空中に砂を巻いて叫ぶ．このような月への祈りの1つは食料と関係し，ゲムズボック（ウシ科オリックス属）や蟻塚を食べたいという祈りであるとされる．

　サンの神話では月はカマキリの靴とされる．創世神話に出てくるカマキリ・カ（ハ）ゲンが彼に光を与えるために空に投げ上げたものだが，その後太陽によってだんだん削られてきてほとんど消えようとしているという．また月を笑ってはいけない，笑うと怒って空に行ってしまう（＝月食）．また山の背後から出て来る

月をじっと見てはいけないという．そうすると月が怒ってぼんやりしてしまうからだ．特に月は獲物を狩るときに見てはいけない．なぜなら傷ついた動物が失われてしまうからだという．

北西ケニアのポコット（Pokot）族は2つの生活パターンがある．ケリオ渓谷より西に住む集団は農耕民，山の両側の半乾燥平野に住む集団は遊牧民である．季節的に移動して遊牧を行っている彼らは季節との関連で太陽，月，星を観察し，生活にとって最も重要な雨の予測を行う．彼らの月齢に基づく1年は2つの季節，雨季と乾季に別れている．この暦はポコットの経済活動から儀礼に至る諸活動を制御している．彼らはアシス（Asis）という語彙を太陽と日，そしてアラワ（Arawa）を月と1ヶ月の単位の両方に使う．

すべての月は三日月の出現からはじまる．そして1年は長い雨が降る4月からはじまる．1ヶ月は満ちていく期間，1日の満月，また欠けていく期間で構成される．そして3日ほど月の見えない日とされる．彼らは日を数えたりはしないので，雨が少ない年や季節は短くもなり，またひどい干ばつの年は長くもなる．

彼らは1年のどの時期でも星の位置を正確に知っており，恒星と惑星の違い，運航の違いや星座の形を認識している．季節を知るのに重要な天体は4種類である．木星は宵の明星の夫とされるが，それらの出現時期に関しては惑星であるので情報が必ずしも一定ではない．しかし南十字の出現は注意深く観察され，その消滅は雨のはじまりの確かな指標となる．次におおぐま座が来てまたプレアデスが見えると長雨時期になる（プレアデスの星座名S'taは首飾りに由来する）．このとき農耕民は種まきや植えつけを行い，家畜が生まれる時期でもあるため，重要な儀礼が行われる．

エチオピアのムルシ族は雨季のはじまりから洪水の時期を経て，再び雨季になるまでの期間を1年，ベルグ（Bergu）と数えていた．1年に相当する時期は連続して起こる新月のあいだの期間を観測し，これらの期間を順番に1〜12まで数えて決定される．各「月」にはこの特定の期間に通常行われる特別な活動の名称，すなわち種まき，狩猟，収穫，踊りなどがつけられている．もちろん太陰暦は太陽年とすぐ同期がとれなくなるので，3年度後に閏月を入れて調節する．

ムルシ族の男たちは暦の見立てに誇りを持っており，日付について意見が一致しないことが少なくない．しかし共通なのは特定の星が夜空で移動する位置に加えて，東の地平線にある星が昇る位置も用いて閏年を決めるということである．

エチオピアのボラナ族（東部クシト語族）は太陰暦で12ヶ月，つまり1年

354日を数えるために特定の星座と月齢との関係を観察した暦を使っている．その星はさんかく座，プレアデス，アルデバラン，ベアトリックス，オリオン，サイファそしてシリウス，などである．最初の半年は新月と星座との会合を見て決められると報告されたが，新月が見えるのは夜明けの直前か日暮れの直後であるから，このような薄明かりの中ではさんかく座は空が明るすぎて見えないだろう．歳差運動を考えて，報告書にある「会合」とは月と特定の星座が同じ方位から昇るという意味ではないかとの推測もある．

星の名称と由来

サンの宗教の基本はシャーマニズムであるが，彼らが残した岩絵にはシャーマンと流れ星らしき図柄がある（図1）．隕石はライオンで，地上では星の皮を脱いで人間をかみ殺す．また流星はシャーマンの飛翔する姿で，しばしば岩絵に見られる赤い線はシャーマンの魂が肉体を抜けて旅することを意味する．

神話では，カゲンは殺されたエランドの胆のうが木に干されているのを見つけ，それを切ってしまうと胆のうが破裂し，黒くて苦い液体が飛び散ってあらゆるものを覆った．視界を遮られたカゲンは，手探りをして，偶然手に触れたダチョウの羽で苦い液体を目から拭って再び光を取り戻した．こうしてカゲンは苦しみながら再生を遂げる．彼は視力を取り戻してくれた羽を空に放り投げ，月は空

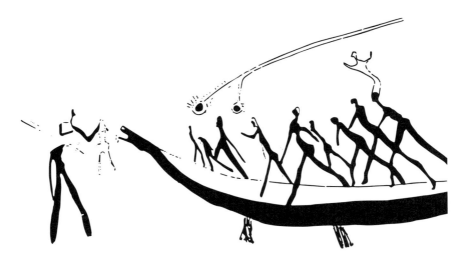

図1 カラハリ・サン族のシャーマンと流星［文献[2]Fig.3をもとに作成］

に止まり，欠けては再生するという使命を与える歌を歌う．

　また星はかつて人間や動物でタブーを犯したので星になってしまった．星には動物の名前がつけてあって個々の動物もその名前の星と関連づけられる．風も人間とともにあって狩人が獲物を殺すと吹くなどとされる．そしてサンのあいだでは特定の季節に見える星とそのときに豊富な動物に関連させた名前がつけられる．つまり星座に何かを見るのではなく，1個1個の星に動物や人間を対応させるのである．またサンは星が意志や意図を持ち話すと考える．星の名前はかつて偉大なる星が太古の昔名づけたというが，カノープスだけはカゲンによって名づけられた．偉大なる星は人を殺す力も持っている[1]．

　カノープスは白い羽のあるシロアリと関係する．夏の雨の後孵化するシロアリは重要な食料である．カノープスが出てくると「お前はたくさん満腹の中に座っている，私の心臓（腹？）は絶望的に空いている」と呼び掛ける．またわし座の3つの星は雨と関係し，雨季のウジの発生と関係づけられる．アルタイルは2つの星に羽のように挟まれ，9月の夜8時頃南中する．アルタイルが偉大なる星と呼ばれるようで，アフリカ南部から見ると北のほうに見えるので北風が来る方角と考えられる．

　コイコイのあいだではプレアデスはアルデバランの妻たちである．妻たちは夫にシマウマを求め捕れるまで戻って来ないようにいった．しかし彼はたった1本の矢を射るのに失敗した．ライオン（オリオン座の α ＝ベテルギウス）がシマウマ（オリオン座の三つ星）を見張っているので男は怖くて戻れず，寒い夜に震えながらじっとしている（文献[2]p.461）．

星にまつわる神話や伝説

　サンのあいだには星をつくった少女の話がある．少女は木の灰の中に手を入れて「ここにある木の灰は皆天の川になりなさい」と放り投げた．灰は白く空にまたがって広がり，天の川になった．

　またサンは，オリオンの三つ星は11月の半ばに昇るが，このときはカワイノシシやイボイノシシのお産の季節で，三つ星はイボイノシシの子どもとされる．シリウスを含むおおいぬ座の3星は狩猟犬3匹で，イノシシ（オリオンの三つ星）を追うとされる．またシリウスは7人の娘とされるプレアデスを追うが，プレアデスは3月の終わりに北西の地平線が沈むと冬の到来を告げる．4月にプレアデスがもはや見えなくなるとすぐ落葉がはじまり，再出現すると耕作の時期と

なる.

　また南十字のαとγは狩りに出たガオの息子たちである2人の兄弟であった. しかし彼らはライオンに襲われた. それは「西の守り神」ケンタウルスのα, βである. ガオは1組の魔法の笛を木に隠しライオンをその木の下で踊るように誘うと, 角笛は木から落ちてライオンは死んだ. ガオはその後息子を蘇生させた. この話は10月に南十字が南西の地平線に沈むときに語られ, 2人の息子が死を表現する. 南十字はケンタウルス座に追い掛けられているがそれは罠にはまって死んだライオンが追い掛けている姿である. しかしその夜遅くまた南十字が昇ると少年たちが蘇生する (文献[1]p.243).

　コンゴの熱帯雨林に住むムブディにとって, コヌームは空にいる至上の神であって, 太陽が死に夜が来るごとにこの神は太陽の粉々になった破片 (星) を袋の中に集め, 次の朝再び現れることができるように壊れた太陽を修復する. またムブディは稲妻が1人の女と兄妹のように暮らしていたとする. 彼らはまだ生殖の方法を知らなかった. ある日月が稲妻を訪れ, 結婚するようにいったが, 稲妻はどうしていいかわからなかった. その後月は女性に月経をもたらした. それで稲妻は勇気をふるって女と寝て子どもをつくった. 女がやがて死ぬと月は自分が太陽とともに暮らしていた天国へ連れて行った (文献[3]p.109).

　ザンビアのロジ族にとって月は青白い輝きのない天体であった. 月は太陽のまばゆさに嫉妬して, 太陽が地球の向こうが分け消え去るまで待ち, 太陽の日の一部を盗み取った. これに怒った太陽は, 月の顔に泥を投げつけたので, 暗い断片で顔が覆われてしまった. 復讐の念に燃えた月は, 太陽が油断する千載一遇のチャンスを待ち, 月は太陽に泥を浴びせたので, 太陽は数時間にわたって輝きを止め, 全世界を不安と恐怖の底に陥れた.

　トーゴのクラチ族は, 太陽は月と結婚したくさんの星を産んだとする. やがて月は夫に飽きて, 愛人を持ったので太陽は怒って妻と別居した. しかし彼は財産を分け, 子どもたちのある者は彼とともにとどまり, ほかの子どもたちは月と一緒になった. 時々太陽は自分の領域に侵入した月を捕まえて食ってしまおうとした. それで人々は月食がはじまるのを見ると大声をあげたり太鼓を叩いたりして太陽を驚かし月を放免させようとする (文献[3]pp.151-152).

　ガーナ内陸部にあった王国アシャンティではアフリカ南部から東南アジア島嶼部に多い天地分離型神話が語られている. 昔, オニャンコポンは地上に住んでいたが, 女が杵と臼を使ってヤムイモをつぶすたびに杵でオニャンコポンを突き上

げた．オニャンコポンは怒って空に上がってしまった．女は子どもたちに命じて
ありったけの臼を集めさせた．そしてそれを積んでオニャンコポンに到達するま
で積み上げたが，後1個というところまで来たが最後の1個が見つからなかっ
た．それで女は子どもに，1番下の臼を取っててっぺんに積み上げよといったが，
そうすると積み上げた臼は崩れてしまい，たくさんの人が死んだ．

星と時間の運行や季節
****

　ケニアの遊牧民ポコット族は太陽の運行を制御して時間の流れを変えるやり方
があるとする．時間を早め，太陽が早く沈むようにするには，シラミを皮に串刺
しにして太陽に向かい「早く走れ，お前の子どもは死ぬところだ」と叫ぶ．旅を
していて太陽が沈むのを遅くしようとしたときは，石を木の股において太陽に向
かって「そこで私を待ってくれ」あるいは「ゆっくり沈め」「そこにとどまって
これを照らせ」などという．また彼らは距離をはかるのも太陽の運行と歩ける距
離を基礎にしている．距離を表現するのに，「夜明けから日没まで」とか，もし
太陽がまだそこにあるなら「私はゆっくり歩く」，もし沈みかけているなら「速
く歩く」，といった表現をする．

　南アフリカからジンバブエに住むズールー族（バントゥー語族）は，星は太陽
と空の子どもであるとし，また星を，ホタルを意味する言葉で呼ぶこともある
（コラム「バカ・ピグミーの星はホタル？」参照）．星は互いの位置が固定されて
太陽や月のように旅をしないという．空はいままで調理で出た雲が蓄積してでき
たといわれ，星はそのときの火の名残の閃光，あるいは星は空に開いた穴である
とする．また空に住むウシの群は雨が降り餌場に追いやられるとき，泥を足で掻
いてしまうとそこに光が見え星になる．流れ星は，餌場に急ぐウシが足で地面を
傷つけたために見えるが，泥がすぐその傷を覆ってしまうのですぐ消える（文献
[1]p.226）．天の川はウシの胃の中に似ているので，天の川は向きによって時間
や季節を知る指標である．また明けの明星と宵の明星は月の2人の妻とされる
（文献[1]p.228）．

　おうし座の星の並び，タウルス，またカノープス，アルゴ，スピカ，シリウス
なども暦や儀礼周期との関係で重要である．明けの明星が農耕や旅の開始を告げ
ると呪医は川に降りて清めをすべしとされる．また宵の明星は「ミルクを懇願す
る人」あるいは「ウシの乳房の中のミルクを置くように懇願する人」と呼ばれ
る．このように呼ばれる理由は星がミルクの時間に輝くように見えるからである

（文献[1]pp.235-236）.

　プレアデスは新年の 6 月に朝見えはじめると耕作シーズンを示す. また割礼の時期を告げる. この地では朝のプレアデスの出現は冬至を示し, プレアデスの旦出は雨に到来と耕作の開始を意味する. 5〜6 月頃見える, カノープスは「左手の求婚者」, シリウスは「右手の求婚者」という. この頃夜に西の空にこれらの星が沈むとき 2 つの星はだいたい低く同じくらいの高さに見える. この左右という表現は一夫多妻制の妻の小屋の位置と関係するかもしれない.

　プレアデスの出現や没入を季節の目安にすることは東部, 中央および南部アフリカで一般的であるが, どのような状況がはじまるかあるいは終わるかは地方によって異なる. プレアデスはさまざまな名前で呼ばれるが, その語根には「耕す」という意味が含まれているようだ. ただし実際にいつの頃にあたるのかについての情報には混乱が見られる. 例えばズールー族においてプレアデスの 6 月末の旦出を目あてにしたとすると実際の農耕サイクルに合わない. この頃は冬の最中で土地は乾き農業には適さないからである. ズールーの人々が仕事を終えビールを飲んで夜遅く帰るときにプレアデスを見るとしたら 9 月頃である. この頃なら春の雨が期待できるわけであり, プレアデスの観察は 9 月の真夜中近くに行われていた可能性がある.

　南天で最も目立つ星であるカノープスはボツワナのツワナなどバントゥー系集団のあいだでは「角の星」と呼ばれていた. カノープス（Naka）は年のはじめ（5 月後半）を知らせ, 自然の緑を燃え上がらせ草原を茶色くする. 最初にこの星を見た者は丘の上で角笛を吹くと, 褒美にウシを与えられるので, わざわざ夜に火を炊いてこの星の最初の出現を待った. またこの星は幸運の星で「ナカが出てきた, 少年が現れた！」と唱えられ, この星が見えると, 骨のサイコロを振ってその年の吉凶を占った.　　　　　　　　　　　　　　　　　　　　［後藤　明］

【主要参照文献】

[1] Alcock, P. G. *Venus Rising : South African Astronomical Beliefs, Customs and Observations.* P.G. Alcock, 2014

[2] Snedegar, K. "Astronomical Practices in Africa South of the Sahara" Selin, H. ed. *Astronomy Across Cultures : The History of Non-Western Astronomy,* pp.455-473, Kluwer Academic Publishers, 2000

[3] パリンダー, J.『アフリカ神話』松田幸雄訳, 青土社, 1991

コラム　バカ・ピグミーの星はホタル？

　熱帯雨林の広がるコンゴ盆地のあちこちに「ピグミー」と呼ばれる諸民族が分布している．カメルーン東南部の森にはその1つバカ・ピグミーが住んでいる．彼らは狩猟採集民である（あるいは近年までそうだった）．自然の中で生きるバカたちは誰もが森の動植物に関する豊かな知識を身につけている．

　ところがバカたちは星空にはまったく関心をしめさない．星や星座に名前がないというだけではない．バカ語の語彙には「星」という言葉がないのだ．正確にいうとバカたちは日本語の「星」と「ホタル」をひとまとめにして〈ゲレム〉と呼ぶ．もちろん完全に同一視しているわけではないだろう．空の〈ゲレム〉と地面の〈ゲレム〉という区別はちゃんとつけられる．夜に小さな光を放つ以外に共通点はないのだから当然である．しかしどうしてバカたちは「星」と「ホタル」をまぜこぜにしてしまって平気なのだろうか？

　この謎が解けたのはバカたちといっしょに森の中で暮らしているときだった．ある日の午後のことだった．キャンプ地を変えるために移動していた私たちはイノシシの足跡を見つけた．男たちは足跡を追って行った．森の夕暮れは早い．男たちが戻って来たときにはもう薄暗くなっていた．今日はここでキャンプだ．私は蓙を敷いて仰向けに寝転がった．大小さまざまな樹木が枝を広げてキャンプに覆いかぶさっている．陽の落ちた森の中でキャンプは闇につつまれようとしていた．樹木の影は漆黒に染まっていく．折り重なった枝葉の隙間から薄墨色の夜空が見える．まるで砕けたガラスのように夜空の欠片が不規則に散らばっていた．その1つに「星」が輝いているのが見えた．カノープスかもしれない．おもむろに起きあがると「星」は枝葉の向こうに隠れてしまった．

　そういうことか——私は立ちあがって頭上をぐるりと見まわした．いくつかの隙間から〈ゲレム〉が顔をのぞかせていた．後ろに1歩さがると〈ゲレム〉たちはいったん光るのをやめて各々べつの場所に移動した（ように見えた）．私はあたりをぐるぐる歩いてみた．すると私の頭上のあちこちで白い光が明滅しはじめたのだった——まるで「ホタル」の光のように．　　　　　　　　　　［安岡宏和］

【参考文献】

　[1]　安岡宏和『アンチ・ドムス—熱帯雨林のマルチスピーシーズ歴史生態学』京都大学学術出版会，2024

コラム　カナリア諸島の謎の遺跡

　ベルベル人は北アフリカから西アジアに住む民族であり，アフロ・アジア語の
ベルベル語を話す人々である．ベルベルとはローマ人が使った蔑称だといわれ，
アマーズィーグと自称する．彼らはエジプト，フェニキア，ローマ，あるいはイ
スラーム勢力などの下で傭兵として生き抜き，地域ごとの文化を発展させてき
た．

　モロッコ南部を故郷とするシュルーフ（Shluh）集団では，聖痕のある青年が
女性の天使に恋をして，ハトになって天界におもむき天使と結婚する話がある．
しかし地上の母親が盲目になっているのを見て天から飛び降りると，体がバラバ
ラになり，水と塩になってしまった．母親には一滴の血だけが届き，それによっ
て母親は再び目が見えるようになった[1]．

　ベルベル人の文化が継続している地の1つといわれる，スペインのカナリア
諸島では大麦と小麦の栽培やヤギ，ヒツジおよびブタの飼育が行われていた．そ
して司祭集団が太陽，月そして星の観察に基づく宗教的権威を持っていた．彼ら
は太陰暦と太陽暦の両方を用い，夏至の後の最初の新月を新年としていた．ユリ
ウス暦が農業の暦，ヘジラ暦が宗教的な暦，グレゴリウス暦は行政や現代的な生
活に用いられているが，月の名称よりベルベル独自の暦が存在した可能性があ
る．また，暦の目的でシリウスなど星座の出現と没入も観察された．

　グラン・カナリア（Gran Canaria）島中央のクァルト・プエルタス（Cuatro
Puertas）山（4つの入り口の意味）は独立峰の火山塊であるが，北から見る
と山頂に掘られた4つの並んだ洞穴の入り口が見える．この穴から洞窟内に光
が入るのは，夏至の日前後2，3日の日の出と日の入りだけである．冬至の日の
出で内部が照らされる人工の洞穴も南側にある．

　頂上には平らに削られた丸い空間があり，東に面した面には UUU のような規
則的な彫刻が施されていて，この空間の入り口付近の岩が日の出の陽光でつくる
影が季節によって彫刻の上を移動する仕掛けになっている．これは太陽の季節運
行を確認するためのものであったろう．このほかにカナリア諸島各地では同じよ
うな四角，三角あるいは丸で，色は赤，白，黒3色に色分けされた市松模様の
ような彩色が洞穴や建築物の内部に描かれ，太陽の運航に沿った陽光や影の移動
を観察していた．

　隣のテネリフェ（Tenerife）島に住むグアンシュ（Guanches）集団も8月
中旬の新月を新年とし，暦を確認するために大小のビーズないしディスクを通し
たネックレスを数珠のように使っていた．また，ここではキャンデラリア
（Candelaria）の処女が崇拝を集めている．処女はスペイン人が西暦15世紀後
半に征服に来る100年前に海岸に現れたという．その主要な祭りは8月半ば
で，後2つの重要な祭典は2月はじめと4月後半である．この3つの時期は

カノープスの旦出，アクロニカル出現，そして旦入のときである．いまはカトリックの儀礼として２月２日ないし３日に行われる．

　テネレイフェの西に浮かぶラ・ゴメラ（La Gomera）島は，遅くとも２世紀には居住されていた．島中央の山頂近くには，宗教的な隠遁場があり，そこから冬至の日の入りを観察し，また別の穴では南を向く窓から夏至の太陽の出現やカノープスの出現や没入が観察された[2]．

　ベルベル人の生活は可視世界と不可視世界の融合から成り立っており，不可視世界は祖先と「年の扉」と呼ばれる自然のリズムに基づいている．「年の扉」とは至点と分点である．一方，神話にはカノープスに関するものが記録されている．すなわち神は原初の星カノープスを爆発させることによって世界を創造した．カノープスから３匹のヘビが生まれ，それが世界を３つに分割させた．そしてカノープスの爆発で６つの星が生まれ，カノープスと併せて世界を７分割した．世界は英雄がヘビの首をはねたときにひっくり返り，この首の切断は割礼の起源となった．英雄は首のないヘビの体である三つ叉の木を伝って地上に降りた．英雄は再びその宇宙樹を伝って天界に戻ったが，それが結婚制度の端緒となった．これらのことは太陽とカノープス，および太陽とプレアデス（ときに金星）が特別な位置関係にあるときに起こった[3]．

　この神話は北西アフリカに共通の天文観を表現する．政治的，領域的，社会構造という社会的生活から天体の動きのリズムへの関係，特定の星座によって区切られた農耕暦と衣服，靴，棺などのデザインとの関係である．また神話や芸術に示される白，赤，黒という三原色は，それぞれがカノープスの中の三頭蛇に相当する．３は 60 日という数え方の基礎で女性と関係し，４は 80 という数え方の基礎で男性と関係する．そして３＋４＝７が男性と女性の結合を表す．

[後藤　明]

【主要参考文献】
　[1]　斎藤剛「ベルベル（Berbères, Imāzighn）人の神話」篠田知和基・丸山顕徳編
　　　　『世界神話伝説大事典』pp.405-406，勉誠社，2016
　[2]　Belmonte, J.A. "Pre-Hispanic Sanctuaries in the Canary Islands" Ruggles, C.L.N.
　　　　ed. *Handbook of Archaeoastronomy and Ethnoastronomy*, Vol.2, Springer,
　　　　pp.1115-1124, 2015
　[3]　García, J. B. "Mathematics and Astronomies of the Ancient Berbers" Selin, H.
　　　　ed. *Encyclopaedia of the History of Science, Technology, and Medicine in Non-
　　　　Western Cultures*, Springer, pp.1361-1368, 2008

第 5 章

ヨーロッパ
北ユーラシア

ケルト文化

ケルトの言語文化と地域

◆**「ケルト」の定義とインド＝ヨーロッパ語族**　「ケルト」とは人種ではなく，「インド＝ヨーロッパ語族」の「ケルト語」の話者とその文化を指す．インド＝ヨーロッパ祖語の文化集団は，ユーラシア草原西部のポントス・カスピ草原（黒海北岸からカスピ海北岸，カザフステップへ続く）を原郷とし，「車輪」と「ウマ」で拡散した．中核の「ヤムナ文化」の人々は前 3000 年頃にはコーカサスからウクライナを越え東ヨーロッパへ，続いて子孫が中央ヨーロッパに到達したことは最新の古代人骨 DNA 解析で証明されている（D. ライク『交雑する人類—古代 DNA が解き明かす新サピエンス史』日向やよい訳，2018）．また同様に鉄器時代の中央ヨーロッパと南フランス，北フランスとブリテン諸島，南フランスとケルトイベリアの人々に共通点や一致が見られる．

　「島のケルト文化」ではアイルランド島にも西暦前 4 世紀頃までにケルト語が定着し，鉄器文明の「ラ・テーヌ様式」は前 3 世紀頃までに定着した．大陸と同じく，曲線や渦巻文様の精緻な金工がブリテン諸島からも発見されている（「バタシーの楯」前 3 世紀，大英博物館蔵，「ブローターの黄金トルク」前 1 世紀，アイルランド博物館蔵等）．

◆**交易のネットワークと方位観**　古代大陸のケルト文化の人々は要塞や周辺集落に居住しドナウ，ライン，セーヌ，ローヌ等の水運で東西南北に交易圏を拡大した．前 6 世紀頃から現オーストリアのハルシュタット産の塩は地中海のワインと交換され，ブリテン島南西部コーンウォール産の錫は大陸へ輸出された．

　川は聖域でもありガロ＝ローマ時代，水運業者が奉納したセーヌ川（女神セクアナ）への安全祈願の石彫がパリのノートルダム大聖堂地下から発見されている（1 世紀，クリュニー美術館蔵）．

　アルプスを南に越えたエトルリア，マッシリア（マルセイユ）経由でギリシャやフェニキア産の装飾品も輸入された．ケルトの塩と地中海のワインや黄金装身具が交換され，工人はバルカン半島やオリエントの意匠にも触れた（図 1）．

◆鉄器文明:「天と地の光・黄金」　ケルトの工人は，星座と関係する動物図像にスキタイ，エトルリア，ギリシャ等の装飾品を通して触れていた．東地中海からセーヌ川上流に運ばれた，「ヴィクスの王女の墓」出土の「黄金のトルク（首環）」の「天馬」装飾は星座ペガススであろう（前500頃，シャティヨネ地方博物館蔵）．

大陸のケルト文化圏では冶金術・金銀細工の装飾表現に優れ，背景には「地中の光」である豊富な金銀銅鉄の鉱脈があった．

図1　黄金の首環
［ドイツ中部グラウベルク出土（前400），ベルン歴史博物館蔵，Photo by Rosemania CC BY 2.0 via Wikimedia Commons］

前1世紀シチリアのディオドロスは，ガリア人が黄金を身につけ（『歴史叢書』第5巻27章），北部ケルティカの神殿に黄金があると記し，ストラボンもピレネー山脈近くに金が豊富でガリア南西部の聖域トロサ（トゥールーズ）の財宝について伝えている（『地理誌』第4巻1章13節）．共和制末期の詩人G. V. カトゥルスはG. I. カエサルがガリアの黄金を大量に略奪したと歌った（『歌集（カルミナ）』）．

◆動物と星座の図像学　ケルトとトラキアの交流から生まれた銀99％の儀礼用「ゴネストロップの大釜」では，あぐらをかく鹿角の神を取り囲む動物たちが「黄道十二宮」を表すとも推測される（前1-紀元1世紀，1891年発見，デンマーク国立博物館蔵：図2）．

釜の内側，右パネルの動物は「獅子」「ヤギ（アイベックスの類）」「イルカ」等．大釜底部円盤の「牡ウシ」の額には「渦巻」状の「星」のような徴（しるし）がある．底部「円盤型」金工の動物像のらせん構図は，「黄道十二宮」の動物を表したスキタイやトラキアの儀礼用「円盤型献酒杯」からの影響も指

図2　ゴネストロップの大釜
［デンマーク国立博物館蔵，Photo by Rosemania CC BY 2.0 via Wikimedia Commons］

摘されている（「四葉の献酒杯」ポーランド西部，ヴィタシュコヴォ出土，前6-前5世紀；ケルト＝トラキア様式「円盤」，ガリア時代，前2-前1世紀：フランス国立図書館蔵）．「シカ」は，速い走りで地と天を往く者とされた．アイルランド神話の首領フィン（幼名デウネ＝ダマジカ）はシカから変身した女性を妻とした．ケルトイベリア文化にもシカ崇拝があった．

ケルト暦：農耕牧畜の周期・祭日

◆**月齢の「中間・あわい」の重視**　カエサルは『ガリア戦記』（第6巻18章）で，ガリア人は1日を「日の数ではなく，夜の数で計算」し「誕生日や朔日や元日も，昼が夜のあとにつづくという原則にもとづいて祝われる」（國原吉之介訳，講談社学術文庫，1994）と記した．「真昼と真夜中のあいだ」である「日没」から1日をはじめ，「1ヶ月・1年」も「中間点」を変わり目とした．1ヶ月は「新月・満月」の二極の中間の「上弦」からはじめる．穀物や家畜の命の成長を見守るには，「闇の相」と「光の相」が補完し合う「変容のあわい」を見つめた．「1年」も「冬至」か「夏至」かの至点ではなく，それぞれの約50日前に重要な祭日を置いた．

　冬至の約50日前の祭日が，1年のはじまり（以下，サウィン）である．自然界の「成長と衰微と復活」を見つめ，「死からの再生」を願うケルトの死生観は，繊細な天体観察と，つつがない生命循環への祈りを土台としている．

◆**コリニーの暦**　「コリニーの暦」のブロンズ板（ラテン文字，ガリア語，リヨン近郊，ルヴェルモン出土，1-2世紀，リヨン，ガロ＝ローマ文明博物館蔵）は，ガロ＝ローマ時代の人々の天文学と祈願の証である．太陽暦との誤差を埋める閏月を30ヶ月（2年半）ごとに設け，1年＝12ヶ月は「〈大の月：30日が7ヶ月〉＋〈小の月：29日が5ヶ月〉」の355日からなる太陰太陽暦で，月毎に「マット（良い/完全な）」と「アンマット（悪い/不完全な）」の名づけがあり，「吉」「不吉」の意味合いも推測される区別がある．

　暦に刻まれた「サモニオス」の暦日は，中世アイルランドの『コルマクの語彙集』（900頃）に記された「サウィン」に対応すると考えられる．11月1日前夜からの「サウィン」は農耕牧畜社会にとって「闇の半年」のはじまりで，5月1日「ベルティネ」から続いた「光の半年（夏）」が終わり「大晦日から元日へ」と転じる1年で最も重要な祭日である（後述「日月星にまつわる祝日」参照）．

天文学・祭司と修道士

◆**ドルイドと天文学**　古代ケルト社会の祭司「ドルイド」のガリアやブリタニアでの活動は古典古代のカエサル，M. T. キケロ，ディオドロス，ストラボン，G. プリニウス，C. タキトゥス等が伝えている．祭司・審判者・詩人であるドルイドは，魂の不滅，死後の転生，世界や大地，事物の本質，不死の神々について語り，「天体とその運行」に深い知識があると記されている（『ガリア戦記』第6巻14章）．ドルイドは年のはじまりの朔月6日目に，オークに生える薬効のヤドリギを黄金の鎌で切り牡ウシを供儀した（プリニウス『博物誌』第16巻95章249-251節）．

　ケルトの知者はトラキア（ブルガリア），ギリシャ，オリエントの天文学に間接的に接した可能性もある．前4～前3世紀ケルトが東方進出したダキア（ルーマニア）では，ゲタイ人祭司ディキネウス（西暦前1世紀）が数百の「星の名前」と「黄道十二宮を通る惑星の軌道と天文学全般」を教えていたという（ローマ人ヨルダネス，6世紀半ば『ゲティカ』：カッシオドルス典拠）．

◆**島のケルト文化圏の中世天文学**　ローマによるブリタニア支配（43-410）を免れたアイルランド島では早くも432年にキリスト教が受容され，大陸への活発な伝道活動から「聖人と学者の島」と呼ばれた．天文・暦に関する知識では聖コルンバヌス（614没）が「復活祭」の主日の算出をめぐる論争でローマ教皇グレゴリウス1世（在位590-604）に書簡も送った．一方中世ブリテンにおいて本格的にアラビアや古典の天文学が伝わる「12世紀ルネサンス」に先駆け，「ブリテン最初の天文学者」といわれるウォルチャー（1135没）が1091年イタリアで月食を観察，西ヨーロッパで最初にアストロラーベ（天体観測器）を用いた．

　このブリテンの天文学黎明期はアーサーの父の王位継承の予兆となった「星」を『ブリタニア列王史』（後述）に著したジェフリー・オヴ・モンマスの活動期（1129-1151〈オックスフォード時代〉；1155頃北ウェールズで没）と重なる．

星と天体の神話・伝説

◆**アーサーの父「ペンドラゴン」の星**　アーサーの父「ユーサー・ペンドラゴン」の異名と王権が「星」の出現に関係づけられていることは，ジェフリー・オヴ・モンマスの『ブリタニア列王史』（1136頃）や，ブルターニュ出身の修道士ギヨーム・ド・レンヌ（西暦13世紀中葉）の叙事詩に伝えられている．ヴォー

ティガンの悪政が招いたサクソン人のブリテン侵入の最中，空にドラゴンの頭のような彗星が現れ，魔法使いマーリンはユーサーに戦闘を開始せよと告げる．予言どおりユーサーは戦いに勝利し，兄アンブロシウス・アウレリアヌスの無念を晴らし，「ペンドラゴン」の名とともに王権を継承してブリテン王となった．

「ペンドラゴン」の「ペン」はケルト語（ウェールズ語）の「先端・高み・岬」の意で，字義どおりには「頭領であるドラゴン」であり，兄が名乗った「最高司令官」の称号を指しているとも，ローマ軍旗の影響ともいわれる．火球のような星の頭から出た二筋の光の1つは「ガリア」，1つは「アイルランド」の方位を指し，次代の王アーサーをも予言する，驚異の超常現象であった．

後世の17世紀，W.シェイスクピア（1564-1616）は戯曲『マーリンの誕生』（ロウリー，W.共作，1608以降：没後出版1662）で，この星の出現とマーリンの予言を描いた．シェイクスピアは星について『ジュリアス・シーザー』や『ジョン王』にも著しており，霊感源はケルトの「ペンドラゴン」伝説にあった可能性もある．なおシェイクスピアは「ケルト暦」を熟知していた．名作『真夏の夜の夢』は（一般によく誤解されているが，この「真夏」とは「夏至」ではなく）4月30日，夏の太陽が完全復活する「ケルト暦」の「ベルティネ」（五月祭の起源）前夜の妖精物語である．

◆アーサー王と「北極星」　現代天文学から見ればユーサーの「ペンドラゴン」の名は，「りゅう座」を思わせる．「りゅう座」は「こぐま座」（尾が「北極星」）を守るかのように，うねり輝いている（りゅう座の尾の傍には，ギリシャ神話では息子アルカスとともにクマに変えられ天に上げられた母親カリストの「おおぐま座：北斗七星」もある）（図3）．

ユーサーの息子「アーサー」の名は一説ではケルト語（ウェールズ語）で「クマ」を意味し，聖獣（ユーラシアの伝承では森の「蜜のありかを知っている者」）である．21世紀の我々が見ている「北極星」は「こぐま座」の尻尾に光るα星で，約5000年前は「りゅう座」のα星（トゥバーン：3等星）が北極

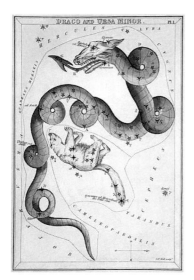

図3　りゅう座とこぐま座
[15世紀, リヨン市立図書館蔵, Public domain via Wikimedia Commons]

星だった．「北極星」は悠久の星座のめぐりの上で，「ドラゴンの父」から「こぐまの息子」へと，確実に「王位継承」されているといえよう．ウェールズ南部では，「りゅう座」がブレコン・ビーコンズの山中の湖沼スリン・クムスルーフの「アーサーの椅子」から仰ぐことができると伝承されている．

「りゅう座の息子＝こぐま座＝北極星＝アーサー王」のイメージは近代19世紀末～20世紀前半のケルト文芸復興期の児童文学にも著された．スコットランドのフィオナ・マクラウド（本名 W. F. シャープ（1855-1905））の「ペンドラゴンの息子がいかにして騎士の王となりしか」（「夢の庭」『子供年間』1905）は王位を継ぎ戦士王となるアーサーと「北極星」の神話的つながりが物語られた．

日本では芥川龍之介と交流した大正・昭和時代の歌人，松村みね子がマクラウド作品に学び，随筆「北極星」を著した．芥川もケルト神話に関心を抱いた（『燈火節』初版，1953/完全再録版，鶴岡真弓解説，月曜社，2004）．

◆アイルランド神話：英雄と太陽/光/熱　「太陽神ルグ」を神界の父とするアルスターの英雄クー・フリンは，「金色に輝く房毛」が肩まで垂れ「王者の威厳を放つ左右の目には宝石がまばゆく光っていた」（カーソン，C.『トーイン―クアルンゲの牛捕り』栩木伸明訳，東京創元社，2020）．戦闘で興奮し異常な「熱」を放ち，大樽の「水」も沸騰させるのは，天界の太陽熱と地界の水の冷却で鍛える「金属利器」の暗喩とも読める．

日月星にまつわる祝日・信仰・シンボル

◆冬至の太陽と古墳　アイルランド東部，ボイン川流域にある「ニューグレンジ」は，ヨーロッパ最大級の円墳（前3500，世界遺産「ブルー・ナ・ボーニャ」）．冬至の朝日が羨道入口上部の小窓から入り，死者が埋葬されていた玄室を射る構造から，「死からの再生」を祈る儀礼の聖地と考えられている．

◆4つの季節祭　アイルランドはじめスコットランド，ウェールズ等「島のケルト」の伝統社会には「4つの季節祭」すなわち，①冬のはじまり，②春のはじまり，③夏のはじまり，④秋のはじまりの祭日がある．至点や分点の日ではなく，秋分～冬至～春分～夏至～秋分～それぞれの「中間点」に設けられている．

1年の終わりの「①サウィン/万霊節/大晦日＝10月31日」は「秋分と冬至の中間点」で翌11月1日が新年・元日であり「闇の半年」のはじまり，②「インボルク＝2月1日」は「冬至と春分の中間点」，③「ベルティネ＝5月1日」（五月祭の起源）は「春分と夏至の中間点」で「光の半年」のはじまりである．北ヨーロ

ッパではここから3ヶ月が穀物と家畜の成長のピークで，7月末までに麦を刈る．「夏至と春分の中間点」が収穫祭の④「ルーナサ（8月1日）」，残りの3ヶ月で冬支度，食糧を備蓄し，サウィンを前に越冬できない家畜の一部も屠り保存する．

◆ハロウィンの起源　「サウィン」の夜，ケルト異教の信仰ではこの世とあの世の壁が取り払われ，祖霊や死者たちが年に1度回帰し「生死が大交流する」．祖霊や死者を供養する厳かな「万霊節」，浄化され一夜明けて元日となる．しかし西暦8世紀，737年，法王グレゴリウス3世が「万霊」供養の日をキリスト教「諸聖人の日」（11月1日）の前夜たる「ハロウィン」（聖人のイヴ）とした．

　しかしなお「サウィン」の伝統は島のケルト文化の民間に生き残り，死者や動物の仮装で冬の到来を告げ回帰する祖霊・死霊を表し，戸口に訪れる者に施しも行われ，墓参の日でもある．供物として収穫と生命の象徴である干しブドウ入り酵母菓子バーンブラックなどを焼き，来客にもふるまう（ジョイス，J.「土くれ」『ダブリン市民』1914）．アイルランドでは古代の埋葬地ウォードの丘で，供養のボンファイア（語源「骨の火」）を焚く儀礼が近年復活した．

◆天空雷神の車輪　大陸のケルトの首長や戦士の墓には，前450年頃から「車輪」や「荷車」が副葬され同じ形式はブリテン諸島にも見られる．ドイツ南部ホッホドルフの古墳の被葬者が横たわる「王子の青銅寝台」の図像には，4輪カートの上で戦士が剣を掲げ前進する図像もみとめられる．死後も車輪の前進が持続することが願われ，「車輪」は永遠の「天のめぐり」と「生命循環」を表象した．

　ガリアの「天空と雷電の神・タラニス」は「天と雷の車輪」を持つ．カエサルの『ガリア戦記』はタラニスをローマ神の「ユピテル」に比し，ルカヌスの『ファルサリア』では人身供儀を求める恐ろしいガリア神の1柱とされた．タラニスはヒスパニア，ラインラント，ブリテン，アイルランドでも崇拝されたが，特に古代ガリアの中心だった現代のフランスでは，国立宇宙研究センター（CNES）計画の地球観測衛星が「タラニス」と名づけられている．

◆太陽の象徴：「ウマ」と「車輪」　インド＝ヨーロッパ語族の神話では，太陽はウマが戦車で運ぶ．その典型的イメージはデンマーク，トルンホルム出土の「太陽の二輪戦車」（ブロンズ像＋黄金盤，前1400，国立博物館蔵）に見られる．黄金盤を被せた「太陽」には「昼と夜」の回転が「渦巻文様」で表されている．

　ケルト神話における「太陽とウマ」の強い結びつきは，ウェールズの『マビノーギ』（第1話）で，行方不明の赤子の王子プラデリが，夏の太陽が復活する「ベルティネ」祭の前夜に「馬小屋」で発見される．アイルランド神話『クー・

フリンの誕生』でも母親の夢の中で太陽神ルグが，生まれる男児を「仔ウマ」と一緒に育てよと告げる．また女武者スカータハの「影の国」へ向かう途中沼地で立ち往生したクー・フリンの前に，青年（実はルグ神）の「車輪」が現れ火花を発し沼地が乾いて通り抜けることができた逸話にも「太陽＝車輪」の象徴性が読み取れる．

◆護符のコインの星文様　ケルトの「コイン」は大西洋圏の島嶼（とうしょ）・半島から，大陸各地，黒海沿岸の東欧圏までに出土する．「護符」ともされ，セーヌ川などの源流の「聖所」にも奉納された．前51年，カエサルにガリアは敗北するが英雄ウェルキンゲトリクスの肖像は「黄金のスタテル」で伝わる（前1世紀，フランス国立図書館・博物館蔵）．「パリ」の語源「パリシー族」のコインの図像は20世紀のシュルレアリスト，A.ブルトンを魅了し，有名なブルトン・コレクションが存在する．民間信仰では，ボヘミアや南ドイツ出土の打刻コインが「虹の小鉢」と呼ばれ，幸運の徴とされてきた．

ケルトの硬貨の鋳造（ちゅうぞう）や打刻はヘレニズム期マケドニアのフィリッポス2世のコインの模倣からはじまったが，金・銀・銅・錫や合金で多様につくられた．なかには「星座」と見まがう「光の粒」や「三つ巴（トリスケル）」が「ウマ」「騎士」「車輪」「御者と二輪戦車」とともに表された図像もある（図4）．東欧では，前3世紀頃から現セルビアやクロアチアで活動した，スコルディスキ族の作例が際立つ．

図4　スコルディスキ族のコイン，ウマの周囲に星座型や三つ巴の文様［バルカン半島出土，前2世紀，THE ATLANTIC RELIGION 提供］

ケルトの金工の匠は，闇から浮かび上がる光に「生命の輝き」を象徴させた．その装飾性の真髄は中世ケルト美術にも継承される．　　　　　［鶴岡真弓］

【主要参考文献】
[1]　新谷尚紀・関沢まゆみ『ブルターニュのパルドン祭り―日本民俗学のフランス調査』悠書館，2008
[2]　鶴岡真弓『ケルト 再生の思想―ハロウィンからの生命循環』ちくま新書，2017
[3]　ピゴット，S.『ケルトの賢者ドルイド―語り継がれる「知」』鶴岡真弓訳，講談社，2000

東欧スラブ

スラブの天空

　ヨーロッパの北東，バルト海から，南東のバルカン半島までの東欧，さらにその東のロシアまで広く展開しているのがスラブ民族である．スラブ民族は西暦9世紀後半以降，キリスト教受容の過程ではじめて文字を持ったので，それ以前の民族固有の神話は文献として残っていない．複数の異教神の中で唯一星座との関連がうかがわれるのが，商業や家畜の神ヴォロスである（本書119頁参照）．

　スラブ人は星空を仰ぎ見て何を思い，伝えてきたのであろうか？　フォークロア資料や古文献に表れるその多様な，ときには矛盾する世界観を見てみよう．

　天空は神がつくり神の住まう「上の」世界であり，ときに山頂や山そのものと同一視された．また天空は，大地をおおう丸くふくらんだ覆い，あるいは平らな屋根とされ，その天蓋の内側にライトのようにつけられた星や月が各々の軌道に従って空を動き，天地を温めているという．こうした星の動きを見て，スラブ人はほかのユーラシア諸民族同様，北極星と関連する天の柱や紡錘，釘の周りを星が回転しているからだと説明した．この「天の軸」を「大地の臍」と結びつけ，その臍からは世界樹が天まで伸びていると語る伝説もある．一方，天空を回転する球体と考え，その球体が北極星を通る軸に支えられている，鉤で空中にぶら下がっているとする場合もある（ポーランド：以下，事例はおもに『スラブ古代百科事典　全5巻』（1995-2012，ロシア語）と文献[3]による）．

　天空がいくつもの層，特に7つの天からなるという観念は広く知られている．「山上の」天には神の玉座があり，天使，聖人，義人の魂が住まう．神と「天の軍勢」は神の目である太陽を通して，あるいは天の鏡に映して地上の生活を見守っている．低層には罪深い魂がおり，低い天蓋には星が接合され，雨，雹，風など自然の諸力もそこにいる．通常，天空は硬い殻とされるが，その素材は大地と同一，あるいは石，厚ガラス，水晶，粘土，金属，牛皮，麻布などさまざまである．ベラルーシに「私は毛皮の外套を広げ，えんどう豆をまき，大きな丸パンを置く（それは何か？）」という謎々があるが，その答えは「空，星，月」である．

日々の生活の中で

次節で述べるように，オリオンの帯を指す「草(麦)刈り人」はスラブ独自の名称と考えられるが，それには実用的な理由がある．オリオン座は朝方に地平線に近づくので，農家の低い窓からもその星が見えるようになり，それを見て草刈り人は起き出し，日の出前の朝露のあるうちに草を刈ろうと急ぐのである．一方北ロシアと，ウラルやシベリアにおけるその方言では，オリオンの帯は「(朝の)キチーガ(打穀棒)」と呼ばれている(図1)．キチーガとは脱穀のための先の曲がったプリミティブな棒で，三つ星は1列に並んで脱穀する3人の人物とみなされている．命名の動機は「草刈り人」と同じで，やはりオリオン座が地平線に近づき，起床して脱穀に向かうべき時間を教えるからだ．草刈りが脱穀に変わったのは偶然ではない．この地域

図1　キチーガ(打穀棒)：オリオンの帯　[文献[3]p.72]

では，草刈りの行われる夏，北の空(白夜)は明るくて星が見えない．それに対して脱穀の行われる晩秋(10〜11月はじめ)なら星を見て時刻がわかるのだ．早朝，打穀場は凍てついて硬くなり打穀が容易になる．そこで暗いうちに起き出し，火力乾燥小屋で乾かした穀束を打穀場に運んで広げ，キチーガで叩くのである．

プレアデスには，その季節的な移動と関連して多くの予兆が語られている．晩春の夜現れると，春雨のために空を開くといわれ，種まき開始の合図となる．夏や秋に現れれば秋まき作物の種をまき，草刈りをしなければならない．地平線に現れれば夜の訪れ，天頂に来れば真夜中，と時刻を表し，また南北の方位も示す．銀河は天気占いに使われた．明るい銀河は夏なら乾燥，冬なら冷え込み(ウクライナ)，星でいっぱいの銀河は晴天(ロシア)，ぼんやりした銀河は悪天候(ウクライナ)，北から南へ流れているなら好天(セルビア)などと伝えられている．ほかにも特定の行事のときに，さまざまな星や星座が見えているかどうかで，天候や農作業の時期を判断するのがスラブ人の習いであった．

さまざまな名称とその由来

印欧語族の星や星座の名称は，農耕，狩猟，あるいは神話に関連しているが，

スラブ人の場合は農耕にまつわるものが大半を占める．さまざまな労働の道具，人間，家畜・家禽（かきん）から名づけられ，農耕定住生活を反映した日常的なものが多い．

　東スラブの人たちが注意を向けた天体は数少なく，それはおおぐま座，プレアデス星団，オリオンの帯，銀河，北極星，金星に限られている．ヨーロッパ全域に特徴的な名称としては，おおぐま座の「動物/馬車」，プレアデスの「メンドリ（とヒナ）」，オリオン座の「人間（狩人）」，銀河の「道」がある．しかし北ロシア以外のスラブ人の天体名には，狩猟民的な「動物」や「狩人」は見られず，スラブ共通のオリジナルな名称としては唯一，オリオン座の一部である帯（三つ星）の「草（麦）刈り人」が認められる．M. E. ルートによれば，ロシアの天体名称では人間のイメージの利用があまり活発ではなく，星は1人の人間，星座は人間のグループと解釈される．スラブにはオリオン座全体を1人の人間とする名称は存在しないのである．

　ロシアの天体名称は北東ゾーン（シベリア，アルタイを含む）と南西ゾーンに分かれる．前者はこの地域に多く住むウラル語族などの影響が大きく，おおぐま座の「ヘラジカ」，プレアデスの「カモの巣」，オリオンの帯の「キチーガ」（前節参照），銀河の「鳥の道」が特徴的で，後者はほかのスラブ語族との類似性が高く，おおぐま座の「馬車」，プレアデスの「ヴォロソジャールィ」（後述），オリオンの「草刈り人」，銀河の「タタールの道」が特徴的である．

　それでは，星座ごとに名称の種類や由来を見てみよう．

◆おおぐま座　　北の空に1年中，一晩中見えるが，朝方に少し北斗七星の柄の部分が下がるので，それが時刻の目安とされる．北極星と一体の星座とみなされることもある．

　最も知られた名称は上述のように「馬車」であるが，スタンダードな「クマ」の名前も使われている．「馬車」は「ひしゃく」の4つの星を車輪と荷台，ひしゃくの柄を轅（ながえ）（ウマをつなぐ長い棒）に見立てる（二輪の場合もある）．柄の端から2つ目の星ミザールに小さく寄り添う星があるが，このアルコルは馬具をかじるネズミ，あるいは馬と馬車をつなぐ馬勒（ばろく）とされ，「馬勒が切れるとき，世界の終わりが来る」と語られている（ウクライナ）．

　一方北ロシアでは，前述のように「ヘラジカ」が最も多く，ウラル語族のフィン・ウゴル語派などの影響と見られる．「くいにつながれたウマ」は，くいや干草架けの支柱（北極星）につながれ空をぐるぐる回るウマで，こちらはチュルク語派の影響が考えられる．北半球で広く知られる「ひしゃく」は，ロシアでもい

まや最も一般的な名称になった．

◆オリオン座　東欧では秋冬に南の空に見える．スラブではオリオンの一部である帯に注目し，一列に並んだ3人の草刈り人，鎌，犂（すき），犂の持ち手，横長のライ麦の稲叢（いなむら）などの名前をつけているが，ロシアの北部と東部ではキチーガ（打穀棒）が最もよく使われる（前節「日々の生活の中で」参照）．1列の三つ星を棒，杖，物差し，天秤棒とも見立てている．天秤棒は東欧やバルカン，ヴォルガ川中流域に特徴的で，中央の星が人間で2つの桶を運んでいる，または兄妹が耳のついた桶を棒に通して運んでいるなどとされる．「天秤棒は三つ星さ，娘が水を汲みに行って，月に迷い込んじゃったのさ」（北ロシア）という話には，「月の影は水桶を持った娘」という伝承との関連が見られる．帯以外の星も含む形としては，三つ星を熊手の刃とし，その南側のオリオンの剣へ伸びる線を熊手の柄とするモチーフがある．ポーランドではオリオンの剣を，落穂拾い，お弁当を運ぶ料理女と呼び，空の草（麦）刈り人（三つ星）の後を，手伝いの女たちが穂を集めたり，食べ物を運んだりしながらついて行くという情景に見立てている．

◆プレアデス星団　多くの星が集まっているので，「山」「かたまり」「輪」「ハチの巣」といった名前がついている．西スラブやロシアでは「かみさんたち」という名前が広まっており，井戸端会議の様子だと説明されたりする．「兄弟」「7人姉妹」「家族」も同じタイプの名称であろう．

　「ヴォロソジャールィ（Volosozhary）」は非常に多くの異形を持つ名称で，スラブに広く知られ中世の文献にも登場するが，その語源は議論の的となってきた．有力な候補は「ルーマニア人，農民（vlah）」「髪の毛（volosy）」「ヴォロス神（Veles, Volos）」である．一方で「干草架け（の支柱）（Stozhary）」（図2）という名称も有名なので，ルートは「ヴォロスの干草架け（Volosostozhary）」という原形がVolosozhary，Vosozharyと単純化したのではないかと推測している．

　西スラブ，南スラブでは古代アラブ人の命名による「メンドリ（とヒナ）」という名称が知られている．「ふるい」「かんむり」「（カモの）巣」といった丸い形状のものも名称として多い．ロシアでは「ふるい」の分

図2　ストジャールィ：干草架けと支柱
［写真：Erlend Bjørtvedt , CC BY-SA 4.0 via Wikimedia Commons］

布は北部に限定されるが，これはバルト東部に特徴的で，ヴォルガ中流域にも見られる．人類史に照らしながら世界中の天体名称の比較研究を行った Yu. E. ベリョースキンはこれをバルト基層文化の影響と推測している．「カモの巣」は東欧北部，北ロシア，ヴォルガ中流域，西シベリア，極東に広まっていて，ウラル語族と強い関連があると見られる．

◆銀河　東欧では，冬は北西から南東へ，3，4月の夕方には北から南西へ空を横切り，さまざまな形容詞がついた「道」という名称で呼ばれることが多い．そこには「あの世」との架け橋とする信仰も反映している．

　一般的なのは「ミルクの道」「白い道」「星の道」などで，「月/太陽の道」という名称もある．宗教に関連する神や聖人の道（「イエス・キリストの道」など），聖地や首都への道（「エルサレムへの道」など）はヨーロッパと共通で，広く知られている．ロシアの農民は「モーゼが黒海かカスピ海を渡った後に，約束の土地へ行く道を示してくれた雲が銀河だ」と語っている．

　銀河は魂や祖先の道でもあり，ウクライナでは，二股に分かれた銀河の道の一方は天国へ，他方は地獄へ続いていると考えられた．魂は鳥となって銀河を飛んでいくとも語られた（ポーランド）．そして鳥の道（「コウノトリ/ガン/ツルの道」）という名称は，銀河が渡り鳥にイレイ（鳥が越冬する神話的な国）への道を示すという観念を反映している．ベリョースキンによれば，「鳥の道」が最も特徴的なのはフィン・ウゴル語派だが，その分布域はバルトからキルギス，カザフスタンまでの西ユーラシアに広がり，北米の五大湖周辺にも見つかる．つまり「鳥の道」は，語族が形成される以前に生まれた太古のユーラシアの天体名称ではないかと推測している（図3）．

　南ロシアの戦争の道（「バトゥの道」「タタールの道」）はモンゴル軍のロシア襲来の記憶に基づいているが，ロシアの空では銀河が南東から北西に走り，ちょうど侵略と同じ方向を示しているのである．銀河の方向は交易の道とも重なり，南ロシア，ウクライナ，ブルガリアには「チュマーク（塩の運び屋）の道」という名称がある．銀河は塩の調達先であるクリミアを指しており，荷車からこぼれ落ちた塩で銀河ができたのだという．

　南スラブには，盗まれた藁の話に関連する「名づけ親/司祭の道」という名称がある．名づけ親や司祭が藁を盗んでばらまいたので，神が罰として銀河を空に置き，永遠に悪行の記憶が残るよう銀河に火をつけたという話である．ベリョースキンによれば，銀河が何か農耕に関係する，ばらまかれたものであるという観

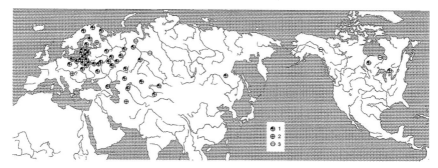

図3 「鳥の道」としての銀河の分布．1⊕鳥の道が銀河の主要な名称となっている地域，2⊕20世紀にこの名称が消滅した地域，3⊖銀河と渡り鳥の連想が認められる地域［文献［2］p.147］

念の分布は，イスラム文化の影響圏と重なるところが多い．

◆**金星** 「朝星」「宵星」は日の出前に現れ，日没後すぐに沈むことから名づけられ，2つは別の星とみなされていた．「狼星」はいまめったに見つからないが，古い名称で多くのスラブ語族，リトアニア人に知られている．金星が空に現れると暗くなり，獣たちがうごめき出すので，急いで家畜を小屋に追い込まなければならない．関連する名称として，宵星の「ウシの星」（セルビア），アラブやチュルクとも共通の「牧童の星」などがある．

◆**北極星** 「干草架け」「柱」「軸」といった名称があり，いずれも不動性を表している．「みなしご」については次節参照．

星にまつわる伝承

　天空の世界は地上の世界に似て，その鏡像，複製であると考えられた．「神は地を花で飾るごとく，空を星で飾られた」（ポーランド）．一方で天空は地下の「下層」世界（祖先の霊，水の力）とも相関，交信しているので，天空の現象は人間の生活にとって決定的な意味を持つ，災難や豊作の予兆であるとみなされた．

　人間が誕生すると，その分身が空に現れ，その人の星となって灯る．星は人とともに成長し，人が死ぬとその星も落ちて消える．「星が空から（落ちたら），魂は空へ」（ポーランド），星は死人の出る家に落ちる（ウクライナ）といわれた．星は人を見守ってその行為をまねし，人が寝れば星も寝て，人が旅をすれば星も移動する（セルビア）．「あの人の星は強い」「幸せな星のもとに生まれた」といった表現があり，星の大小，明るさなどで，その星に属する人の幸不幸，健康，

善悪などが判断された．逆に，首を吊った人や溺死した人が死後，星になり，罰として永遠に空をさまよおうとする信仰もある（ウクライナ）．

　流れ星に願いを唱えるとかなうとされる一方，流れ星は洗礼を受けずに死んだ子どもたちで，イワンやマリアと名前をつけて十字を切ってあげないと，子どもたちが地獄に落ちてしまうとも信じられた（ウクライナ・ベラルーシ国境）．流れ星は地獄を脱け出した魂（ボスニア），あるいは地上に降りる悪魔でもある．流れ星を見たら3回アーメンを唱えないと地に落ちた星が悪魔になってしまうという（ウクライナ）．その一方，流れ星を追ってはいけない，続けて次の星が落ちるのを見てしまうと，見ていた人が死んでしまうというタブーもあった（ボスニア）．

　星を数えたり指を差したりするのもタブーで，これを破ると皮膚病や盲目になる．たまたま自分の星を差してしまうと，その星は落ちて人も死んでしまう．彗星（尻尾のある星）は疫病，飢餓，戦争，皇帝や国の破滅を予言する神の知らせである．スラブ全体に星の姿で飛ぶズメイ（神話的大蛇）の俗信がある．ズメイは主人に金や穀物を運び，愛人を訪ね，気に入った娘をさらう．魔女や魔術師は誰かの星を見つけては，その人を殺すために星を奪ったり地に投げ落としたりする．日照りの原因は魔女が金星を盗み，新しい壺の中に隠しているからだとされた．

　キリスト教の民間伝承は，星の起源を次のように語っている．幼な子キリストは泥団子で遊びたくて地上に降りた．父なる神はキリストに泥団子を地上高く投げさせた．大きな団子は太陽に，ほかの団子は星になった（ブルガリア）．星々は神と悪魔が石投げ競争をした結果生まれた，あるいはイエスが世界を思って流した涙だといった言い伝えもある（ポーランド）．一方でスラブのフォークロアや俗信では星が擬人化され，太陽と月の子どもたち（まれに姉妹）とされることもある．

　個別の星座や星にも伝説がある．プレアデスの由来については「神が子だくさんの未亡人に洪水が来ると警告したが，彼女は町を出るとき，振り返ってはいけないというタブーを破り子どもとともに石になってしまった．唯一の財産であったメンドリとヒナだけが助かり，神に星に変えられた」と語られている（ブルガリア）．北極星には「みなしご」という名称にまつわる，おおぐま座が一緒に登場する伝説がある．8人姉妹のうちの1人が「私が1番明るい」と自慢して何もしなかったので，ほかの7人（おおぐま座）に追い出され，ポツンと離れているのだという（ロシア）．金星は太陽，月に次いで明るいので，太陽や月が実の姉妹である金星と結婚しようとする，あるいは，朝星と宵星は自分たちが双子の兄妹であることを知らずに結婚してしまったなどと語られた（ブルガリア）．

星の魔力

スラブ人のあいだには，七夕のような星に関連する祭日は特に見られない．しかし星による占いは盛んで，人の運命，かけられた呪い，農耕に適した時期などを占った．星読みと呼ばれる特別な呪術師がいて，ある人の星を空に見つけ，その星によって未来を予言することができた（ブルガリア）．星による泥棒探しも行われた．特別な呪文を唱えると，悪者の星がまたたき，痙攣しその人の家に落ちるのだ（ウクライナ）．娘たちは結婚占いをするとき，空に星の三角形を見つけ，「1，2，3，私のことを思う人が私の夢に現れますように」と唱えた（ポーランドの少数民族，カシューブ）．

星の光が地上のものに魔力を発揮するという俗信は，特にブルガリアとマケドニアに広まっており，種まき用の穀粒や（病人などの）衣服，薬草，占いの道具を星空の下に一晩置いた．そうすれば，魔女に収穫を盗まれたり，衣服に呪いをかけられたりすることはなく，薬草は特別な力を得ると考えられた．聖ヤン（ヨハネ）の日には星が自ら地上に降りて，草に薬効を与えるとされた．子どものいない女性がその瞬間に草を集め，その煎じ汁を飲めば妊娠する．逆に，星が呪いをかけるので，衣服を夜中外に出してはいけないとする地域もあった．

ロシアでは2月15日に「星に呼びかける」儀礼があった．牧童は「大空の星に数限りないように，それ以上のヒツジが（然々の）しもべに生まれますように」と星の夜に呪文を唱えた．昼と夜が入れ替わる神聖な時間にも呪文を唱え，病が癒えるよう，邪視から逃れられるよう，愛が成就するよう願った．多くの呪文で，金星は擬人化され名前をつけて呼ばれる．「朝焼けのマリアさま，夕焼けのアナスタシアさま，不眠を取り去り，男の子を眠らせてください」（ロシア）．

スラブ人は壮大な神話絵巻を空に描くことはなかったが，身近な経験を，切実な日々の願いを，ときにはユーモアに乗せて星空に投影し，満点の星の瞬きに癒されてきたのではないだろうか． [直野洋子]

【主要参考文献】

［1］ 栗原成郎「スラヴの天空神話」『アジア遊学 121 特集 天空の神話学』勉誠出版，2009

［2］ Березкин, Ю.Е. "Рождение звёздного неба：представление о ночных светилах в исторической динамике" МАЭРАН, 2017（ベリョースキン，Yu. E.『星空の誕生―天体観念の歴史的発展』）

［3］ Рут М.Э. *Словарь астронимов. Звёздное небо по-русски*, АСТ-ПРЕСС, КНИГА, 2010（ルート，M. E.『天体名称辞典―ロシア語の星空』）

ギリシャの天文学

ギリシャへのメソポタミアの影響

　天体への関心は時間の単位の計測とつながっている．農耕の場合には種まき，収穫の時期を知るうえで天体の規則的な動きからの予測が重要だったのでメソポタミアやエジプトでは天体観測が行われ，太陽，月，星の動きの記録がつくられた．星については観測や記憶の便宜から「星座」としてまとめられ，名前がつけられた．こうした天体の観測とそれに基づく未来予想は占星術，天文学を生み出し，その有効性によってメソポタミアとエジプトから交流のあった古代ギリシャにも伝わり，さらに独自の発展を遂げた．

　西暦前8世紀頃につくられたとされる英雄叙事詩『オデュッセイア』の第5巻には，主人公たちが夜に星を目印に航海する場面がある．狭い国土を出て地中海をあちこち航海して植民都市をつくり，また交易によって経済活動をしていたギリシャ人が星座に無関心であったはずはない．ギリシャは近隣の先進文化から多くを学んだが，最も多くを学んだのは天体観測や占星術が進んでいたバビロニアであった．天体についての知識は交易を通じてバビロニアから近隣のフェニキア人に伝わり，さらにギリシャ人に伝わったのである．こうした交流が最も盛んだった時期の1つはギリシャ史で「オリエント化期」と呼ばれている前8世紀であり，もう1つは時代が下ってアレクサンドロス大王の死後，その将軍たちが領土を分配し，エジプトがギリシャ的なプトレマイオス朝となり，その首都アレクサンドリアが世界最大の都市となった前3世紀である．

　バビロニアでは惑星や星座は神々の住まいと考えられ，神意を知るためにも惑星や星座の観察が盛んで，すでに星座という考え方もそれぞれに名前をつけることも行われていた．それがさらに洗練されて現在まで伝わったのが，ギリシャの星座の神話である．現在一般に用いられている星座の名称の多くはギリシャ神話から採られている．

　このことはギリシャ神話が多くの人々に愛されている理由の1つであろう．ではいつ頃からそうなったのだろうか．現在知られている形にまとめられたのは，

2世紀で当時エジプトの首都であったアレクサンドリアでのこととされている．前4世紀にマケドニアのアレクサンドロス大王がエジプト，ペルシャといった東方世界を征服し，ギリシャ語とギリシャ文化を広めた．彼が若くして亡くなると広大な領土は大王の部下の将軍たちによって分割されたが，将軍プトレマイオスが支配者となったエジプトは，前3世紀にはギリシャ文化の中心となり，世界最大の図書館もつくられた．星座についてのギリシャ神話の中にアフリカを舞台にするものが比較的多いのはそのためとも考えられている．

　フェニキアを経由してオリエントから伝わった星座の姿や名前はギリシャではギリシャ神話の存在へと置き換えられたのだが，しかし元来はメソポタミアの産物である星座をギリシャ神話で説明しようとした結果として，星座の姿と神話とのあいだにはある種の不自然さが生じる場合も見られることにもなる（なお，以下のギリシャ語の表記では簡易化のために長音はすべて省略してある）．

生活の中の星

　ギリシャ人の文字記録で星に言及している最も古いものは，ホメロスがトロイ戦争を詠った西暦前8世紀以前に遡る叙事詩『イリアス』である．その第18巻では，金属加工の神ヘパイストスが女神テティスの頼みに応じて，女神の子，英雄アキレウスのために新しい盾をつくるのだが，その盾には世界の様子が大地，天，海に分けて描かれていて，太陽，月，昴（プレ（イ）アデス），雨星（ヒュアデス），オリオン，おおぐま座などの名前があがっている．

　少し時代が下り，前700年頃になったとされる詩人ヘシオドスの教訓詩『仕事と日』の後半部では農事暦と航海について語られており，星や星座を行動の目安とすべきと述べられている．

　英雄オデュッセウスのトロイ戦争終了後に故郷のイタケ島まで苦難の帰還の旅を描く叙事詩『オデュッセイア』は，『イリアス』と同じ前8世紀—つまりヘシオドスよりやや古い時代—に成立したと考えられている．こうした作品群からは，古代ギリシア人にかなり多くの星座が知られていたことがわかる．もちろんそれは，星座の姿と呼び名がバビロニアからまとまって伝わってきたからであろう．

星の名称の由来と特徴

　ここではよく知られている黄道十二宮の星座を紹介し，それ以外の星座は次の節で紹介したい．先にも述べたように，ギリシャの12星座は古代オリエント，

特にバビロニア人の呼び名をもとにしている．ふたご，しし，うお，おうし，さそり，おひつじ，かに，みずがめの8つはバビロニア由来である．おとめ，いて，やぎは新たにつけられたもので，そしててんびんはバビロニアではさそりの爪とされていたもののようだ．

　こうしてギリシャに入って来た星座の呼び名は，ギリシャ神話の神々や英雄と，場合によっては強引にでも結びつけられた．星座の由来として，神話としては特に有名でないエピソードが見られるのはそのためである．つまり重要な神話だから星座に名前がつけられたとは必ずしもいえないのだ．ヘラクレスにまつわる星座が多いのは事実だが，それは彼が成し遂げた功業の中に動物が多く登場してきて，それがバビロニア起源の星座の名前と結びつけやすかったからとも考えられる．星座のほうからギリシャ神話を分析するというのは，正しい研究法とは言い難い．

◆おひつじ座（Aries, Ram；3月21日〜4月20日）　ギリシャ神話で最も有名なヒツジは英語でゴールデン・フリース（Golden Fleece）と呼ばれる金羊毛皮を残した1頭である．この宝を手に入れるため英雄イアソンに率いられたアルゴ船の英雄たちが，黒海の奥の国コルキスに向かったという神話が，ロドスのアポロニオスの叙事詩『アルゴナウティカ（アルゴ船の冒険）』に書かれている．

◆おうし座（Taurus, Bull；4月21日〜5月21日）　ゼウスは多くの女神，ニンフ，王女と交わり英雄たちをもうけたが，多くの場合にさまざまな動物に変身して正妻ヘラの眼を欺いた．フェニキアの都市テュロス（現レバノン）の王女エウロペ（エウロパ）を見初めたゼウスは，牡ウシに変身して油断させて彼女を背中に乗せたまま海中を進み，クレタ島に上陸して彼女とのあいだに後にクレタの王となるミノスと死後に冥府の裁判官となったラダマンテュスをもうけた．おうし座はそのときのゼウスの姿だという．

◆ふたご座（Gemini, Twins；5月22日〜6月21日）　ギリシャ神話で双子といえば，ゼウスがハクチョウの姿になってレダと交わり，卵の中から生まれた双子カストルとポリュデウケスが最も有名である．バビロニアに由来する双子の星座にこの「ディオスクロイ」とも呼ばれるゼウスの息子たちを充てることは当然であった．この双子の伝統はギリシャ以前に遡るもので，インド神話の双子の神アシュヴィンと共通の起源を有している．

◆かに座（Cancer, Crab；6月22日〜7月22日）　カニもバビロニアに由来する．ギリシャ神話でカニが登場するのは唯一，ヘラクレスが行った英雄行為として有名な12の仕事の2番目としてヒュドラの沼に住むミズヘビを退治した

ときである．このとき，同じ沼に住む大カニのカルキノスがミズヘビの加勢をしたが，ヘラクレスによって殺された．しかしヘラクレスを嫌う女神ヘラはカニの加勢を称賛し，星座にしたという．

◆しし座（Leo, Lion；7月23日〜8月23日） ギリシャ神話で最も有名なライオンはヘラクレスに退治されたネメアのライオンであろう．ヘラクレスの12の仕事の1番目に退治された怪物である．不死身の怪物で武器が使えなかったので，ヘラクレスは素手で窒息死させ，その武勲の徴としてその毛皮を鎧の代わりに纏っていた．ゼウスは息子ヘラクレスの武勲を祝してこのライオンを星座にしたという．

◆おとめ座（Virgo, Maiden；8月24日〜9月23日） 乙女とは誰かについては決定的な神話がないようで諸説がある．1つ目は穀物女神デメテルの娘神ペルセポネであるというもの．しかし彼女は冥界神ハデスの妻となっており乙女ではない．しかし娘として有名な女神なので，こういう説が唱えられたのだろう．2つ目は酒の神ディオニュソスとかかわる説である．ディオニュソスはイカリオスという男にブドウ栽培とワインづくりを教えた．こうしてつくったワインをイカリオスは人々に呑ませたが，呑んだ人の酔った姿を誤解した者が毒を飲ませたと勘違いして，イカリオスを殺してしまった．イカリオスの娘のエリゴネは父の死を知ると悲しみのために自殺してしまった．その後神々によってエリゴネは星座にされたという．3つ目は掟の女神テミスの娘の1人のアストライアである．アストライアとは「星の乙女」という意味なためおとめ座にふさわしいが，神話は何もないので，文芸的な創作の可能性が高い．いずれにせよ，1つに定めることができなかったということは，この星座が実質的な役割はあまりなかったことをうかがわせる．

◆てんびん座（Libra, Scales；9月24日〜10月23日） 前述したようにバビロニアではこの星座はさそり座の一部，爪であったらしい．それをギリシャ人が独立させて，てんびんとしたのであろう．この星座の名前は西暦前2世紀になってようやく登場している．てんびんとされた理由としては，この時代，世界最大でかつ世界の頭脳が集まっていた都市はエジプトのアレクサンドリアであったが，エジプトは死者の世界への関心が高く，『死者の書』のパピルスにも描かれているように死者の裁判ではてんびんによってその運命が定まっていた．またてんびん座がおとめ座と隣り合っており，おとめ座の説明の1つに掟の女神テミスの娘アストライアの姿というのがあった．この説も正義の秤としてのてんびんのイメージの形成に寄与したのかも知れない．

◆さそり座（Scorpio, Scorpion；10月24日〜11月22日）　バビロニア時代からすでにさそりとされていた．ギリシャ神話には巨人オリオンを殺したサソリが知られている．実際，オリオン座があるので，サソリはオリオンと結びつけやすかっただろう．

◆いて座（Sagittarius, Archer；11月23日〜12月21日）　バビロニアの図像では下半身はウマで上半身が人間，そして弓矢を構えた姿が残っている．これに適合するのはケンタウロス族である．ケンタウロスの姿自体もバビロニアが起源で，ギリシャに伝わった可能性が考えられる．見た者を石にしてしまう怪物メドゥーサあるいはゴルゴン3姉妹の図像は明らかにオリエント起源だからである（『ギルガメシュ叙事詩』に登場する森の怪物フンババも同じような恐ろしい顔で造形されている）．しかし普通のケンタウロス族は野蛮とされ，弓矢を用いるとはされていない．その唯一の例外が賢者のケンタウロスである，ケイロンである．彼は英雄たちの教育者であり，アキレウスやイアソンの文武の師匠とされている．そこで弓矢を構える半人半馬の姿のケイロンがいて座とされたのだろう．

◆やぎ座（Capricorn, Goat；12月22日〜1月20日）　こちらもバビロニアの像では上半身はヤギで，下半身は魚になっている．ギリシャ神話で有名なヤギは，クレタ島でゼウスをその乳で養ったとされるアマルティアである．またその角の一方が折れて，それが豊穣の角コルヌコピアとなったという伝承もある．やぎ座の名前のカプリコルンとは「ヤギの角」であり，これはギリシャ語の呼び名アイゴケロスのラテン語形である．ただこのゼウスの養い手の牝ヤギでは下半身が魚であることの説明ができない．これについてはゼウスをはじめとするオリュンポスの神々がティタン族と戦ったときに，アイゴケロスが吹き鳴らしたホラガイの音にティタン族が驚いてパニックに陥ったので，オリュンポス神の側が勝利し，ゼウスはこの勝利の記念にアイゴケロスの下半身を魚にしたという．ただしいかにもつくり上げた印象の強い話である．

◆みずがめ座（Aquarius, Water-Pourer；1月21日〜2月19日）　黄道十二宮はほとんどが動物，半人半動物，人間であり，ものの名前はこのみずがめ座だけである．しかしバビロニアではこれも液体を持った人間の姿となっている．そこでギリシャ神話では液体の入った容器を持つ有名な人物としてガニュメデスが選ばれた．彼はトロイの王子だったが，その美貌ゆえにワシに変身したゼウスによってオリュンポスに拉致され，そこで神々の宴会でのゼウスの酒杯の給仕役（あるいはゼウスの愛人）となった．ただしガニュメデスがゼウスに給仕する飲料は，

人間の場合のようなワインではなく，神々のための不死の飲料，ネクタルである．

◆うお座（Pisces, Fishes：2月20日〜3月20日） バビロニアの図像では2匹の魚がヒモで結ばれている．これに類する神話はギリシャでは知られていなかったので，オリュンポス神がティタン族と戦ったときに，アフロディテとその子どものエロスは敵の怪物テュポンの姿に怯えて，魚に姿を変えてユーフラテス川に飛び込んだという話がつくられた．

黄道十二宮以外の有名な星座

次に黄道十二宮以外の有名な星座を紹介していく．

◆オリオン座 巨人の狩人のオリオンについては，意図的，あるいは偶然に，狩猟の女神アルテミスによって射殺されたという説と，アルテミスが遣わしたサソリに刺されて死んだ（→さそり座）という説がある．

◆おおぐま座 変装したゼウスによって強姦されたニンフのカリストは，処女でなくなったために仕えていた処女女神アルテミスの怒りを受け，クマに姿を変えられてしまう．彼女はアルカスを生むが，やがて成長して狩人となったアルカスと出会うことになる．

◆こぐま座 アルカスに出会ったカリストは嬉しくて彼に近寄っていくが，アルカスは出会ったクマが母とは知らないため，射殺そうとする．これを見た神々は憐れんで2人を天に上げ，おおぐま座とこぐま座にした．

◆こと座 楽師オルフェウスの楽器である竪琴は，彼が殺された後に天に上げられた．

◆りゅう座 ヘスペリデスの園で黄金のリンゴを守っていた竜とする説とアポロンに殺されたデルポイの竜ピュトンとする説がある．

◆カシオペア座 エチオピアの女王カシオペアは自分（あるいは娘のアンドロメダ）が海のニンフであるネレイスたちよりも美しいと自慢したので，ネレイスたちは怒ってこのことを海神ポセイドンに訴えた．ポセイドンは罰として怪物を送った．

◆アンドロメダ座 カシオペアの娘がアンドロメダである．怪物をなだめるにはアンドロメダが怪物の餌食にならねばならないという占いに従い，アンドロメダは岩に縛りつけられる．しかしそのとき英雄ペルセウスが現われて，ゴルゴンの首を使って怪物を岩に変え，アンドロメダを救う．

◆くじら座 ゴルゴンの首によって岩に変えられた怪物が天に上げられたのがくじら座である．

◆みずへび座　ヘラクレスに殺されたミズヘビとする説とアポロンが射殺したピュトンとする説がある.

◆天の川　ヘラクレスが赤子のときにヘラの乳房を強く吸ったので，ヘラが痛みのためにヘラクレスを突き放したところ，乳が飛び出して天の川（ギリシャ語でガラクサス・キュクロス，英語でミルキー・ウェイ「乳の道」）になったとされる.

　ギリシャの星座のうち，英雄ヘラクレスの仕事につながるのがカニ，シシ，竜，ミズヘビ，天の川と多い. しかしそれらがほかの星座の神話とつながっているとは必ずしもいえない. またカシオペア，アンドロメダ，クジラとエチオピアを舞台とする1つの神話から多くの星座名がつけられている. これらはエジプトでまとめてつけられた星座名かもしれない. 夜の空の星座が1つのまとまった神話を語っていると考えるのは難しいようだ.

惑星

　星座を構成しているのは配置が変わらない恒星の星々である. 他方，動きまわるように見える星が惑星である. 惑星は英語でプラネットというが，これはギリシャ語のプラネテス・アステレス（planetes asters：さまよう星々）に由来している.

　古代ギリシャで知られていた惑星は7つあり，それらはそれぞれ神の名で呼ばれた. これは星座の場合と同様に古代メソポタミア（バビロニア）から伝えられ，バビロニアの神々の名前がギリシャの神々に置き換えられたのである. 古代メソポタミアでは神としての惑星が世界を司るという星辰信仰（astronomical belief）が盛んであった. 古代ギリシャではメソポタミアのような星辰信仰はなかったが，それでも惑星を神の名で呼ぶことは変わらなかった. さらにギリシャがローマに征服されてローマ帝国の一部になると，ギリシャの惑星の神々の名前はローマで同一視されていた神の名前となり，現在我々がよく知っている惑星の名前となった.

◆木星　木星はバビロニアの最高神マルドゥクの星であったため，ギリシャの最高神ゼウスの星とされた. ローマの最高神ユピテルがゼウスと同一視されていたので，現在英語では木星はジュピターと呼ばれる.

◆金星　バビロニアで天空の女王と呼ばれ金星の女神とされていたのはイシュタルである. イシュタルはギリシャのアフロディテ，そしてローマのウェヌスと同一視されたので，金星はヴィーナスと呼ばれる. 金星は明け方と夕方にのみ観測

でき，太陽，月に次いで明るく見える星であることから，明け方に見えるものを「明けの明星」，夕方に見えるものを「宵の明星」と呼んで，別の星であると認識されていた．ギリシャ時代に両者が同一であるという発見がなされた．

◆**水星**　マルドゥクの息子の神ナブは知恵の神で水星とされた．ギリシャでは同じく知恵の神とされたヘルメスの星となり，ローマではメルクリウスの星と呼ばれ，英語のマーキュリーのもととなった．

◆**火星**　血を連想させる赤色からか，戦の神ネルガルとされていた．そこでギリシャでは同じく戦の神アレスとされ，ローマではマルスとされた．英語名はマーズである．

◆**土星**　ニヌルタは農耕神かつ戦闘神で，土星の神とされた．ギリシャではクロノスが同一視され，ローマではサトゥルヌスがあてられた．この結果，土星はサターンと呼ばれている．

　神々とされたのは肉眼で観察できる惑星に限られていたから，水星，金星，火星，木星，土星であった．そしてこれら5つの惑星に大きさは異なるが月と太陽も加えられて，7惑星がひとまとまりとされたのである．現代の私たちは地球もまた太陽の周りを回っている惑星であると知っているが（地動説），古代においてはギリシャの一部の例外的な学者以外は皆，地球が宇宙の中心と思っていたから（天動説），太陽も惑星とされていた．

　肉眼での観察によって地球から遠い順で土木火日金水月という順番が知られていた．しかしこれは私たちが知る曜日の順とは異なる．ユダヤ・キリスト教がギリシャ・ローマ文化に入って来たことがその理由のようだ．旧約聖書では神が6日で世界を創造し，7日目は休んだとされている．このためユダヤ教では安息日（サバト）以外の6日は特別の名前はなしで，単に数字で表されていた．同じことがキリスト教でも行われていた．しかし7日1週のサイクルがギリシャやローマに入ると，7惑星をひとまとまりとする見方と融合し，7日のそれぞれに惑星の名前がつけられたと考えられる．その際には惑星の実際の並びは考慮されなかったのだろう．

［松村一男］

【参考文献】

　[1]　近藤二郎『星座の起源―古代エジプト・メソポタミアにたどる星座の歴史』誠文堂新光社，2021
　[2]　原恵『星座の神話―星座史と星名の意味』恒星社厚生閣，1997
　[3]　野尻抱影『星の神話・伝説集成』恒星社厚生閣，1988

シベリア・極東ロシアの先住民族たちの星の世界

はじめに
✳✳✳✳✳✳✳✳✳

　「シベリア」と聞くとどのような地域をイメージするだろうか？「シベリア抑留」で日本人捕虜が多数命を落としたという歴史もあり，寒くて暗い，自然が厳しい，恐ろしいなどというイメージが先行するのではないだろうか．でもそれは西暦 16 世紀以来この地域を征服し，領有してきた帝政ロシアやソ連（ソビエト社会主義共和国連邦）がシベリアを流刑地や抑留地に利用したことから生まれたイメージで，実際には豊かな自然に育まれたあたたかい心を持った人々がさまざまな文化を築いてきたところである．

　現在でこそロシア人，ウクライナ人などヨーロッパ系の移民が多数を占めているが，彼らはほとんどが 17 世紀以降シベリアに移住してきた人々であり（特に 20 世紀に急増した），本来シベリアに暮らしていた人々は彼らとは言葉も文化も異なる人々だった．言語的にはウラル系，チュルク系，モンゴル系，ツングース系，そしてそれらのグループには属さず，相互に言語的親縁関係が認められない諸言語をまとめて呼ぶパレオアジア系の諸民族に分かれている．現在は人口的に移民に圧倒されていて，各民族の人数は少ない．シベリアには 3000 万人近い人が住んでいるが，移民ではないもともとからの住民は，最も人口が大きい民族でも 40 万人を超える程度で，多くが数千人から数万人である．特に人口 5 万人以下の民族はロシア連邦の法律に従って「先住少数民族」と呼ばれる．彼らをそのような立場に追いやったのは，帝政ロシアとソ連の植民地政策の結果であることはいうまでもない．

　この地域は 1 年を通じておおむね寒冷であるため，農業は不可能ではないが，難しく，彼らの多くは，狩猟，牧畜（あるいは遊牧），漁撈，採集をおもな生業として暮らしてきた．また，彼らはその南隣にいる農耕・牧畜地域の国々とも交易や紛争などの形で交流を続け，独自の豊かな文化を築いてきた．だいたいはこのようにいえるが，シベリアは広大で，自然環境も多様で，それに適応するように生活様式もさまざまなため，星の世界といってもすべてを網羅的に語ることはできない．したがって，ここでは特に筆者が集中的に調査した極東ロシア（行政

的にはサハ共和国とアムール州よりも東の地域）のアムール川下流域に暮らすツングース系の先住民族，特にウデヘとナーナイの事例を中心に彼らの星の世界を紹介していきたい．

アムール川下流域の先住民族の世界観

現在ウデヘとナーナイという民族が暮らす地域は，行政的には現在ロシア連邦ハバロフスク地方南部から沿海地方北部にかけての地域にあたる．そこは中国とロシアの国境ともなるアムール川が中心を貫き，そこに松花江（スンガリー川），ウスリー川，アニュイ川，フンガリー川が右岸から，ツングースカ川，ゴリン川，アムグニ川などが左岸から注いでいる．さらにやはり中口国境をなすウスリー川には右岸にイマン川，ビキン川，ホル川といった河川が注ぎ込む．これらの川の流域がウデヘとナーナイの本来の居住地域である．ウデヘはおもにウスリー川支流のイマン，ビキン，ホルとアムール右岸に注ぐアニュイ，フンガリーといった河川の流域に暮らし，ナーナイはアムール本流とウスリー本流，そしてツングースカ，ゴリンといった支流の流域に暮らしている．2010年の国勢調査の結果では，ウデヘは1496人，ナーナイは1万2003人とされている．ロシアの国勢調査には所属する民族についての質問項目があり，この数値はその回答者の人数である．そのほか，話す言語についての質問項目もあるが，ウデヘとナーナイの場合，それぞれ自分たち独自の言語を自由に話す人の割合は低く，大半がロシア語を日常的に使用するようになっている（図1）．

ウデヘもナーナイも現在は多くの人がハバロフスク，ウラジオストクといった都市に暮らすが，それでも本来の居住地である上記の河川流域の村に暮らす人も少なくない．そのような人々は，ナーナイの場合はサケ漁を中心とした漁業がおもな生産活動であり，ウデヘの場合は漁業とともに狩猟業も重要である．また，ソ連時代（1917-91）に定着した家の敷地内での菜園農業（おもにジャガイモと野菜，ハーブ類の栽培）も盛んである．

◆**ウデヘとナーナイの世界観**　このようなウデヘとナーナイの世界観は複合的である．まず，彼らを取り巻く観念的な世界は精霊に満ちあふれている．彼らのあいだにはセウェ（sewe；あるいはセウェン：sewen）と呼ばれる精霊群と，エンドゥリ（enduri）と呼ばれる天界にすむ神々のような存在の2つの体系が見られる．

セウェは家の守護霊や病気の精霊など，人を守るものから害をなすものまでさまざまな種類があり，それらは木彫りや草を束ねた偶像によって表される．その

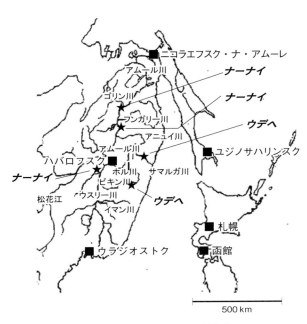

図1 ウデヘとナーナイの居住地

姿は人型のもの，動物をかたどったもの，人と動物が組み合わされたものなどさまざまである．例えば，家の守り神は人型の木像で，家の奥に祭壇をつくって祀られる．その前には小さなテーブルがあって，そこには常に食べ物や酒が供えられている．また，時々お香の代わりにイソツツジの葉を焚いてその煙で浄めるため，真っ黒になっている．病気をもたらす精霊は人々に真剣に恐れられており，病気になるとシャーマンの力を借りてそのもとになる精霊を偶像に乗り移らせ，袋の中に封じこめることで，治療できると考えられている．

　エンドゥリはウデヘ語で「ミャオ(myao)」やナーナイ語で「ミョー(myo)」と呼ばれる紙や布に描かれる絵画や，漢字で書かれた名前で表されることが多い．漢字を使うということからわかるように，この神々には中国文化の要素が多く入っている．人々は家に幸運を招くために，正月など特定の日にその図像を家の奥の聖なる場所にかかげ，その前にやはり小さいテーブルを置き，そこに食べ物や酒などの供物を捧げて祈る．後で触れるように，星に対しても同じような祈りを捧げることがある．星も天界にあり，エンドゥリに近いものといえるかもしれない．

◆**うやまわれる動物と星**　動物に対する崇拝ではヒョウとトラとクマが顕著である．ヒョウはめったに人前に姿を現さないが，トラとクマはウデヘ，ナーナイにとって身近な存在である．圧倒的な力を持つトラはクマよりもうやまわれていて，トラを撃たない，トラが先に手をつけた獲物には触れないなどの禁忌がある．それと同時に猟運をもたらす動物としても知られ，トラに出会った後にシカが何頭もとれたという話もある．クマも特別な動物だが，狩猟の対象であり，そ

れがとれると儀式や祭りを行い村中で肉を分け合って食べる．筆者の調査でも，ウデヘの民話でトラとクマがその賢さと力を競うが，クマは人に撃たれてしまい，トラはそれをうまくかわして助かるという話を聞いたことがある．

しかし，星空の世界ではクマがしばしば登場する．例えば，「クマの頭」と称する星座がウデヘにもナーナイにもある．ウデヘ語では「ザイ（zai）」，ナーナイ語では「ジャリ・ホシクタニ（dyari hosiktani）」といい，クマの頭の星という意味である．ナーナイではその見え方によって暦の月が分類されているという．おそらく「クマの頭」の見え方によって漁や猟に出掛けるタイミングをはかっていたと考えられる．この星座は地平線の下に沈む期間があるた

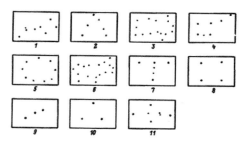

図2 サマルガ川流域のウデヘの星座とその名称．1 ザリ・バンニャニ（天の物置小屋，北斗七星*）2 ナフタ・デイニ（イノシシの下顎）3 オグデ・ニャエニ・ホクタニ（ヘラジカの皮の半分）4 ナデ・アジガ（7人の少女，こぐま座*）5 ガインタ・アンガニ（人食いたちの鍋）6 オグデ（ヘラジカ）7 クヒ（イェグジガがハクチョウをいる）8 ナタ・タルニ（クマの毛皮）9 イラ・ワイクタ（三つ星，オリオン座の三つ星*）10 ザイ（クマの頭骨）11 ハタ・ウグダ（アザラシとボート，カシオペア座といわれる*）

*筆者が調べる限りで比定できる星座

［Крушанов А.И. История и культура удэгейцев, об. ред., Наука, ленинградское отделение, p.70, 1989（クルシャノフ，А.И.編『ウデヘの歴史と文化』）］

めに，西洋のおおぐま座とは異なる．星が正三角形をなすように並ぶ星座のようなのだが，西洋の星座のどれに相当するのかはわからなくなっている（図2）．

ウデヘとナーナイの天空の世界

ウデヘにとってもナーナイにとっても，天体の動きは，狩猟漁撈活動に必要な気象，時刻，時間，方角などをはかるための大事な自然現象である．彼らは，天体を太陽や月のほかに恒星，惑星，星座，銀河などに分類して名前をつけ，その動きや形の変化を生活に利用したり，崇拝したりする．また，それにまつわる民話や伝承でその理由を説明する．

◆**ウデヘとナーナイの星**　ウデヘ語で太陽はス（su），月はビャ（bya），星はワイクタ（waikta），ナーナイ語で太陽はシウン（siun），月はビア（bia），星はホシクタ（hosikta：方言によってはホサクタ；hosakta，ホシアクタ；hosiakta と

もいう）という．月を意味する言葉はどちらの言語も暦の月をも意味する．彼らはまた伝統的に日本の旧暦とよく似た太陰太陽暦を使っていた時代がある．現在は彼らも西洋風の太陽暦を使用しているが，漁や猟には旧暦や星座の暦のほうが使いやすいという人もいる．

　星を意味するワイクタ（ウデヘ語），ホシクタ（ナーナイ語）は，ほかのツングース系の言語でも，オシクタ（osikta；エヴェンキー語），オシカト（osikat；エヴェン語），オシクタ（osikta；ネギダール語），ホサクタ（hosakta；オロチ語），ホシタ（hosita；ウリチ語），ワシクタ（wasikta；ウイルタ語），ウシハ（usiha；満洲語）など相互に関係がある言葉が使われる．これらの言葉は日本語の星（hoshi；ホシ）とつながりがありそうである．

◆**生きている太陽，月，星**　ウデヘにとってもナーナイにとっても太陽，月，星は「生きた」存在である．ウデヘの世界観では太陽は毎日生と死をくり返し，星は互いに訪問し合っており，木星は悪霊を追い払う力を持つ存在である．ナーナイの世界観では星は天の人が持つ自ら光る大きな石で，流れ星はこの天の人が花嫁のもとにいくところだと考えていた．

◆**木星の名前**　木星はウデヘにとって重要な惑星のようで，この惑星はウデヘ語で「フタフタ（hutahta：明るく輝くものという意味）」と呼ばれるが，ほかの惑星はこの木星の名称に何かつけ加える形で呼ばれる．例えば金星は「サグジ・フタフタ（sagdi hutahta：大きい明かり）」，水星は「ニサ・フタフタ（nisa hutahta：小さい明かり）」，火星は「フラリギ・フタフタ（hulaligi hutahta：赤い明かり）」という具合である．

　ナーナイの場合は少し違い，木星は「ホラクタ・ホシクタニ（horakta hosiktani）」という．ホラクタは樹皮や卵の殻のような外側を覆う，かたい殻のようなものを意味するから，殻の星という意味になるのだが，なぜ木星を殻に見立てるのかはわからない．そのほか火星は「ガルピ・ホシクタニ（garpi hosiktani：矢を射る星）」，金星には「エリンク・ホシクタニ（erinku hosiktani：直訳すると「ときの星」だが，明けの明星を指す）」と「エリン・トキカク（erin tokikaku：「ときの橇」という意味のようだが，宵の明星を指す）」という２つの名前があるという．ナーナイは宵の明星が夕食の時間を知らせると考えていた．

星への崇拝

　ウデヘやナーナイにとって，いくつかの星は崇敬の対象である．ウデヘにとっ

て全天の中でもひときわ明るく輝く木星は悪霊をはらう星として崇拝されている.

◆ナーナイの三つ星信仰　ウデヘやナーナイにとってオリオン座の帯にあたる3つの星は特に大事な星である. ウデヘ語で「イラ・ワイクタ (ila waikta)」, ナーナイ語では「イラン・ホシクタ (ilan hosikta)」と呼ばれる.「イラ」または「イラン」は3という意味,「ワイクタ」「ホシクタ」は星なので, いずれも文字通り3つの星という意味である. この三つ星について, 西暦20世紀はじめにナーナイを調査したI.ロパーチンは次のように述べている.

> 「ナーナイはこの三つ星を使って, ザバイカル, アムール, ウスリーのコサックたちとまったく同じように夜の時刻を正確に知ることができた. この三つ星に対してはウォッカ, 肉, かゆなどの供物を捧げてお祈りをした. この祈りは毎年新年の祝日（中国暦で）の前の夜から行われ, 一晩中眠ることなく続けられたという. この三つ星が昇ってくると, ナーナイたちは家の外に小さいテーブルを持ち出し, 供物を並べ, 中国製のろうそくを灯し, 三つ星に対してひざまずいて, 自分の願いなどの祈り言葉をとなえた[1].」

旧暦の大みそかから元日の朝にかけて一晩中供物を捧げて祈るというのは, エンドゥリが描かれたミャオやミョーに対する祈りと共通する. ナーナイは大晦日の夜から元旦の朝までエンドゥリやイラン・ホシクタにその年の幸福を祈ったわけだが, 実はナーナイはこの三つ星の動きによって月の満ち欠けでだけは正確にはわからない1年のサイクルをはかっていた可能性がある[1].

星にまつわる物語

ウデヘとナーナイには天空の星を信仰の対象とするだけでなく, そこからさまざまな民話や説話, つまり口承文芸をつくり出してきた. ここでは銀河と北斗七星にまつわる物語を紹介する.

◆銀河の物語　日本語ではその名のとおり銀河を川とみなしているが, 北方の人々ではそのように考える人々は多くない. それは満洲（満族）, ホジェン（赫哲）族, オロチョン（鄂倫春）族など中国の北方地域や, アイヌなど日本列島の北部の民族に限られている[2]. そのほかの北方の民族では道, あるいはスキーの跡とみなす人々のほうが圧倒的に多い. ウデヘやナーナイもそうである.

銀河はウデヘ語で「バ・ズニ (ba zuni：天が向かうところ, あるいは天の道を意味する)」, あるいは「イェグダ・ドゥクテモホニ (yegda duktemohoni：イェグダが打った跡)」という. イェグダというのは神話上の狩人で星の話に時々登

場する．ウデへのあいだで伝えられている神話の1つに次のようなものがある．
「あるところに兄と妹がいた．兄が狩りに出かけている間，妹は日がな一日髪
をとかしていた．昼までに頭の半分を昼過ぎに残りをという具合だった．天に
はソロンコ・チンダという鉄の鳥が住んでいた．しかしそれは単なる鳥ではな
く，ソロンコ・チンダに変身できる天の人だった．そして彼はこの少女に恋い
焦がれてしまった．ある時彼は鉄の鳥となってこの兄妹の家に飛んできて，頭
の半分をとかしていた少女を天にさらっていってしまった．兄が家に戻ると妹
がいない．兄はスキーを履いて大急ぎで二人を追って走り始めた．彼の走りが
あまりに速かったので，その後に雪煙が高く舞い，それは天まで届いて，そこ
に残った．それが銀河である．兄は天まで駆け上り，妹を見つけたが，そこで
妹をさらった人物がソロンコ・チンダになれる天の人であることを知った．妹
は結局天の人と一緒に暮らすことにし，兄も天に残ることになった[3]．」

　この伝承では銀河は狩人（おそらく文化英雄で，イェグダという名前という説
もある）がスキーで勢いよく走ったときに舞い上がった雪煙の跡であるとされて
いる．「イェグダ・ドゥクテモホニ」というのは，おそらくスキーの後に雪煙が
舞っている様子を意味する名称だったのかもしれない．

　別の神話ではカンダ・マファという老人と若い猟師のイェグダあるいはイェグ
ジガが競ったスキーレースの跡だという．大昔，天はずっと低いところにあり，
カンダとイェグダは容易に天にも登ることができた．しかし，それから天は地か
らどんどん離れてしまい，彼らのスキーの跡は天に残されたというのである[3]．

　銀河はスキーで走った跡である，と伝える伝承は，ナーナイ，オロチ，ウイル
タなどアムール川流域やサハリンのツングース系の人々のあいだで共通に語られ
ている．ナーナイ語では銀河はいくつかの名称で呼ばれるが，その名称の1つに
「ウジェン・ソクシナシハニ（ujen soksinasihani）」というものがあるが，それ
は英雄ウジェンのスキーで走った跡という意味である．オロチ語の「マンギ・ト
ゥリョ・タガニ（mangi tulyo tagani）」はマンギという猟師がスキーで走った跡，
ウイルタ語の「クモルタ・ポクトニ（kumolta poktoni）」は毛皮のうらばりをし
たスキーで走った跡という意味である[2]．

◆北斗七星の物語　おおぐま座の北斗七星も北方の人々の伝承や民話に彩られて
いる．ウデへは「ザリ・バンニャニ（zali bangnyani）」，あるいは「ザリ・バン
ハニ（zali banhani）」「ザリ・バンギャリ（zali bangyali）」などと呼んで，クマ
猟の伝説と結びつけている．「ザリ」というのはウデへ語で高床式の倉庫を意味

する．伝説では北斗七星の四角く並ぶ4つの星が倉庫で，その倉庫にクマが忍び寄ろうとしており，その後を狩人イェグダとその兄弟が追っているというのである．残りの3つの星のうち，倉庫である4つの星に1番近いのがクマで，次がイェグダ，最後の星が彼の兄弟というわけである．そしてイェグダの星の近くの小さく暗い8つ目の星（アルコル）は彼に従う猟犬とされる[3]．

　ウデヘはアムール川やウスリー川の支流域の比較的上流に住み，森での狩猟を最も重要で格の高い仕事とする文化を持つところから，北斗七星の伝説がクマ猟と結びついている．それに対して，アムール本流でおもにサケ漁を中心とした生活をするナーナイの場合には，北斗七星の伝説が漁撈と結びつく．ナーナイ語で北斗七星は「ダーイ・ペウレン（dai peulen）」と呼ばれる．ペウレンとはナーナイの主食である魚の干物づくりのための2層に分かれた魚をつるす台のことである．ダーイ・ペウレンとは大きな魚干し台という意味になる．

　先にも紹介したロパーチンは次のような面白い説話を採録している．それによれば，あるところに婿と舅と姑が住んでいた．あるとき舅が婿に網を乾かすために杭を立てておくように命じた．婿はそれに従い，杭を立てた．しかし，4本の杭を真四角に立てるところを，婿はいい加減に立てたので真四角ではなかった．それを怒った舅が婿をたたこうと追いかけた．婿は姑に助けを求めてそのほうに走った．それが北斗七星になったというのである．つまり，四角い4つの星が網を干すために立てられた4本の杭（たしかに真四角ではない），残りの3つの星は，4つの星に近いところから，追いかける舅，逃げる婿，そして先端が助けを求められた姑にあたるというのである[1]．

　ウデヘとナーナイにとっても，多くのシベリアや北東アジアの諸民族と同様に，天空の星は信仰の対象であるとともに，生活のサイクルを知るための指標であり，豊かな口承文芸の宝庫でもあったわけである．　　　　　［佐々木史郎］

【主要参考文献】

[1]　ウノ・ハルヴァ『シャマニズム―アルタイ系諸民族の世界像』田中克彦訳，三省堂，p.180，1971

[2]　大林太良『銀河の道 虹の架け橋』小学館，p.116，p.122，1999

[3]　Березницкий, С.В. *Этнические компоненты верований и ритуалов коренных народов амуро-сахалинсого региона*, Издательство Дальнаука, pp.80-81, 2003（ベレズニツキー，S. V.『アムール・サハリン地域の先住諸民族の信仰と儀礼の民族的構成』）

コラム　旧石器時代の天文学

　人類はいつ頃から空を見上げ，天体に規則性を見出し，意味づけを行ってきたのだろうか．アフリカで700万年前に発生した人類の祖先，猿人が，原人そして旧人へと進化し，現在の人類に直接つながる集団は30万～20万年前にアフリカで新たに出現した現世人類であるホモ・サピエンスである．

　後期旧石器時代（約5万～1万年前）には計画的な狩猟がはじまった．そして4～5万年前に遡るヨーロッパやインドネシアで発見されている洞窟壁画には，動物やさまざまな記号が描かれ，象徴的思考や物語を語る言語が存在したと思われる．動物の生殖期や発情期，あるいはサケなどの遡上（そじょう）期には規則性があり，人類は季節的なサイクルを理解する必要がある．そして季節の最も確実な指標は天体であり，そのような思考能力が天文学の起源であろう．さらに国立科学博物館が行った3万年前の航海実験では，台湾から与那国島まで目標の島が見えない時間帯は夜であれば天体を指標にして進んだ．このような思考に天文学の起源を考えることは不可能でないだろう．

　後期旧石器時代に属する骨，角，牙ないし石製の人工物に彫られた模様は太陽や月齢，あるいは女性の妊娠期間を表す暦だったいう考察がある．さらにクロマニオン人（約3万～1万年前）の残したラスコーの壁画は太陽の至点と主要な星を含んだ黄道帯を描いていると主張する研究者もいる．それによると壁画に描かれた古代のウシ，シカ，あるいはウマの祖先上に重ね書きされた点は星座，プレアデス，アルデバラン，アンタレスなどの星を表しているとする．またその星座は対応する季節の動物の色や毛皮の色などに該当するという．

　フランスの旧石器時代の壁画が描かれた洞窟のうち122ヶ所が，夏至あるいは冬至の太陽の沈む方位を向き，これらの洞窟は夏至や冬至のときの光が内部まで入って照らすような場所が選ばれているという．例えば1万7000年前の夏至の沈む太陽の光が，入り口が北西に開いたラスコーのウシの部屋を照らした可能性を指摘する研究者もいる．それに合わせて狩猟の儀礼あるいはイニシエーションの儀式などが行われていたのかもしれない．

　またラスコーの「傾いた死者」の絵はシャーマンがトランス状態になり倒れている姿だと解釈されてきた．しかしこの絵は天空図であり，1万7000年前は夏の時期，傾いたシャーマンの姿が指す先には当時の天の北極（はくちょう座のデネブ）があった．またその隣に描かれている鳥を頭につけて直立した棒は天頂を指していたとする研究者もいる．

　旧石器時代の天文神話だが，この時代は文字がないため直接的な証拠はないが，世界神話学の方法を使って推測することができる．すなわち現生人類はアフリカから拡散したため，遠く離れた地域で類似した神話があれば，初期移住の結果であると仮定し，その原型として旧石器時代に遡りうる「ゴンドワナ型神話」

を探っていく神話学の方法論である.

そこから共通に浮かび上がるのは,太陽や月のような天体も,かつて動物や人間と同じように地上に住んでいたという思想である.神話はなぜそれらが天体になったのかの説明をしている.

旧石器時代にしばしば描かれる動物の図像であるが,カラハリ砂漠のサン集団やオーストラリアのアボリジナルの思考方式から推測されるように,星座1つがそれぞれ動物や人間を表し,線で結んで星座を見るような思考はなかった可能性がある.「サハラ以南のアフリカの星文化」で紹介したように,サン集団ではオリオン座のそれぞれの星を獲物やそれを狙うライオンあるいは狩人の矢などに見立てる神話があった.またシリウスは狩猟犬で7人の処女プレアデスを追う,あるいは3匹のイノシシを追う.プレアデスが北西の地平線に低く見えるのが3月終わりで冬の到来を告げる.この星の追いかけっこの話は遠くシベリアから北米まで人類の初期移動ルートに沿って存在する,いわゆる「宇宙の狩り(コズミックハント)」の神話である.その影響はモンゴルから北海道アイヌ民族まで及んでいる.たとえばモンゴルでは狩人に追われた3頭の鹿が空に駆け上がってオリオン座の三つ星に,ベルトの下に斜めに3つ並んでいる小さな星(オリオンブレード)は3匹の子鹿である.オリオン座の左上に見える赤い星はベテルギウスで鹿を傷つけた矢で,この星が赤いのはこの牝鹿の血で染まったからである(「アジアの星」国際編集委員会編『アジアの星物語』,2014).

また永遠に鹿を追いかけているのがシリウスである.アイヌ民族ではオリオン座が鹿の姿をした森の王のシヤプカ,それを追いかけるのがシリウスで,オリオン・ブレードが腹に受けた矢の姿であるという(末岡外美男『人間たちのみた星座と伝承,2009』).

金星は太陽や月の妻あるいは恋人という同格の考え方がアフリカやアボリジニ,南米セルクナム族などに見られる.また太陽と月は子だくさんだったが,月が扶養のために子どもを食い殺してしまったと騙したので太陽も子どもを殺し,そのため恨んで月を追い掛けているという「騙されて親族を食らう」神話モチーフがアフリカ,インドのドラビダ系,東南アジアのネグリト系,アボリジニなど現生人類の南回りルートに沿って分布する.　　　　　　　　　　　　[後藤　明]

【主要参考文献】
　[1]　後藤明『世界神話学入門』講談社,2017
　[2]　後藤明「人類最古の天文学と天文神話」角南聡一郎・丸山顕誠編著『神話研究の最先端』笠間書院,2022
　[3]　Marshack, A. *The Roots of Civilization : The Cognitive Beginnings of Man's First Art, Symbol, and Notation*, McGraw-Hill Book, 1972

コラム　サーミの天文観と天文神話

　サーミ人（Sápmi）は，スカンジナビア半島北部ラップランドおよびロシア北部コラ半島に居住する先住民族で，フィン・ウゴル系のフィン・サーミ諸語に属するサーミ語を話す．かつては「ラップ人」とも呼ばれていたが，現在では蔑称とされ，彼ら自身はサーミ，あるいはサーメと自称している．古い記録では西暦1世紀のローマの文献『ゲルマーニア』（タキトゥス，西暦98）に登場し，狩猟採集として描かれているが，しだいにトナカイの遊牧を中心とする移動生活に移行していった．

　多くのシベリア民族と同様，サーミのあいだではシャーマニズムが盛んであった．特に天文図とも思われるシャーマンの太鼓は有名である．それはシャーマンが使う楕円形の太鼓で木の枠にトナカイなどの皮を張って図像が描かれる．典型的なのは中央に十字ないし鉤十字が描かれ，太陽バイヴ（Biei've）とされる．十字によって4区分された世界は上が天界，下が外界であり，その中間は現世である．そして太陽を真ん中に神々，人々，動植物，星々などが描かれる．長いあいだキリスト教徒との接触もあり，上のほうには教会が描かれる場合もある．

　シャーマンは太鼓を叩きながら憑依状態になるが，その魂は憑依の最中に宇宙を旅し，あるいは外界に降りる．人々は何か大事なことをなしたり病気になったりするとシャーマンに占いを頼む．太鼓の上には輪，あるいはトナカイの骨を金属で飾った三角の物体が載せられる．太鼓を叩くにつれてその輪の場所が変わり，最終的にそれがとどまったところで占いをする．例えば旅行を計画するとき，輪が朝あるいは夕方の部分で止まったら出発の時間が決まる．あるいはその物体が動き止まった場所で，移動の経路や方向，あるいはトナカイの群れの場所を占う．もし魚ないし水の部分で止まったら，供犠をして神は豊漁を祈る．

　サーミのシャーマン太鼓を集成したマンカー（Manker）によると，バイヴが描かれた部分は太陽に向かう道を示している（図1）．地上での祈りがこの道を通って太陽に向かうように，光，暖かさ，豊饒もまたこの道を下って地上にやって来る．高山で暗くなり，トナカイや家畜の行き先がわからなくなるとサーミはひざまずいて太陽に光を求め，もし照らしてくれるなら生贄を捧げることを約束する．

　太陽を主神としてその周りの図像は風，雨，雪などさまざまな神々を意味する．しばしば向かって右側に描かれる太い線は天の川であるが，天の川は鳥の道であり，ほかの北方民族と同じく，天の川の中の北に近いところにワシとハクチョウの星座が描かれる．極北から見てサーミのいるラップランド海岸は南の太陽の世界，昼の息子の世界とされる．一方，極北地帯は北の月世界で夜の息子の世界である．サーミが太陽を肯定的に，月を否定的に捉える傾向は次の神話にも現れている．

　太陽と月の子どもたちはトナカイを飼育していた．しかし月の娘がトナカイを

酷く扱い殺してしまったので，トナカイがいなくなった．そのため罰で月に連れ去られてしまった．一方，太陽の娘はトナカイをよく育てたので大きな群れになった．

　太陽の子どもたちとされる，カーラ（Kalla）族の神話的な祖先は，太陽の娘，そして夜の子どもたちは月の娘の子孫である．太陽の娘から，雪靴を得て，シカを狩り，サーミに飼育をすることを教えた老人が彼らの祖先とされる．カーラ族は，いまは空に住んでおり，それがオリオン座である．またシリウスをはじめほかの星々も太陽の子どもという語源に由来する名前を持っている．おおぐま座は彼らの弓であり，プレアデスは貯蔵庫である．カシオペアの星は彼らが狩ったトナカイである．木星は輝くエルク，金星は多彩な牝ジカである．

　神話では昔，太陽の子どもがカーラの血族を開いた．最初の子どもは生まれてすぐゆりかごを蹴って粉々にする力持ち

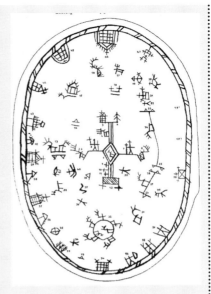

図1　シャーマンドラム
[Manker, E.M. *Die Lappische Zaubertrommel*, Bokförlags Aktiebolaget Thule, 1938]

であった．成長すると配下とともに北極星の彼方にある巨人の国に航海をした．何年もの航海でその国に着くと，海辺で洗濯をしていた巨人の娘に見初められる．

　娘の盲目の父親は婿候補に力比べを要求した．娘は婚約者に鉄の錨を与え，それを父親が触ると，彼は硬い指をしていると思い結婚を承諾した．娘が婚約者の船で出発すると巨人の息子たちが狩りから戻って来て妹がいないことに気づき，追い掛けた．その船が迫って来たので，太陽の息子は弱い風，そして最後には嵐を起こすと，追い掛けてきた兄弟たちはとうとう岩になってしまった．それがロフォーデン（Lofoden）諸島である．太陽の息子と娘は結婚し幸せに暮らした．

　この神話は亜極北の地で寒い季節には短い時間しか見えない太陽が，いかにほかの厳しい自然を凌駕していくか，そして太陽の熱が貴重かを語っていると思われる．

[後藤　明]

【主要参考文献】

　[1]　Billson, C.J. "Some Mythical Tales of the Lapps, *Folklore* 29(3), 1918
　[2]　Bo Sommarström "The Saami shaman's drum and the star horizons" *Scripta Instituti Donneriani Aboensis* 14, 1991

第**6**章

西アジア
中央アジア

古代メソポタミア

古代メソポタミアの宇宙観

　現在のイラク共和国が位置する地域は，チグリス川とユーフラテス川の2つの大河に挟まれた場所で，ギリシャ語の「川と川のあいだ」を意味する「メソ（中央）＋ポタミア」という語に由来し「メソポタミア」の名称で呼ばれる．メソポタミア南部の沖積平野では，前3500年頃のウルク期後期になると急速に都市化が進み，ウルクやエリドゥ，ニップルなどにシュメール人の都市国家が誕生した．これらのシュメール人の都市国家では，複数の神々が崇拝されており，それぞれの都市で最も重要な神が，その都市を支配するとされた．

　シュメール人は，宇宙は天（アン：AN）と地（キ：KI）から成り立つと考えていた．エリドゥのエンキ神殿が天と地である宇宙の根源として讃えられた．混沌から天と地が分かれ，天はアン神の領域に，そして地はエンリル神の領域とみなされた．シュメール人の宇宙論では，地の下にエンキ神が支配する地下世界があるとされていた．地下はアブズ（深淵）の古代セム語の文献にも広く見られる．

古代メソポタミアの暦

　当初は，都市ごとで独自に暦が作成されていたが，バビロン第1王朝時代（前1894-前1595頃）になり，ようやく統一暦が使用されるようになった．一般的に，30日からなる大の月と29日からなる小の月を交互に置く，1年が354日の太陰暦であった．暦と実際の季節のずれを調整するために，約3年間に1度の割合で13月からなる閏年を設けた．ウル第3王朝時代（前2112-前2104頃）になると，8太陰年に3閏月を規則的に挿入する方法が行われたとされる．すなわち8年に99ヶ月を設け，その中の51ヶ月が30日の月で，残りの48ヶ月が29日の月とすると8年間で2922日となり，1年の長さの平均が365.25日と1太陽年の長さに非常に近似した値となる．ただし，この方法が正式に採用されるのは，アケメネス朝ペルシャの西暦前6世紀とする説もある．また，同じアケメネス朝

の前5世紀になると，19太陰年に7回閏月を挿入する方法が採用され，19年を235ヶ月とし，その中の125ヶ月が30日の月，残りの110ヶ月が29日で，19年間で6940日となり，1年の長さの平均が365.263158日になる．この置閏法は，前5世紀のギリシャ人天文学者メトンの名をとり，メトン周期の名で呼ばれている．

星の名称の特徴

メソポタミア最古の文字である楔形文字は，都市国家のウルクでウルク期後期（前3500頃）に誕生したものである．最古の楔形粘土板の「ウルク古拙文書」が前3250年頃の層から発見されている．発見された古拙文書にある文字の総数は5000点に及ぶとされる．そうした最初期の楔形文字は，象形的な絵文字であった．図1（左）は，初期の象形的な文字で表現された「星」を示す．4本の線が交差する星形で描かれ，これを3つにすることで星を意味する．1つは天（AN）を表し，

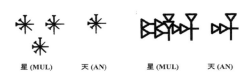

図1　象形的絵文字（左）と楔形文字（右）の星と天
［文献［1］pp.213-214］

それを3つにして星（MUL）を表す．楔形文字は，こうした象形的な絵文字から粘土板に刻む楔形文字へと改良された．図1（右）は，楔形文字の星（MUL）と天（AN）である．

境界石（クドゥル）に描かれた天体のシンボル

境界石（クドゥル）の表面には，神々のシンボルとしての図像が描かれている．特徴的なシンボルのいくつかは，今日，私たちが知る星座の図像と非常に類似しており，境界石の図像が星座の起源ではないかとされたこともあったが，現在では否定されている．理由としては，境界碑の最古のものは，西暦前14世紀のものとされ，その後，前7世紀のバビロニアのシャマシュ・シュム・ウキン王（在位前667-前648）時代まで700年間もつくられ続けた．しかしながら，後述するが，古代メソポタミアの星座のリストである「ムル・アピン」粘土板文書は，新アッシリア時代のものが残されているが，おそらく，その起源は，少なくともバビロン第1王朝（前1894-前1595頃）の後期まで遡ると考えられることから，境界石の図像が星座の起源を表すと考えることは難しい．図2は，メソポ

図2 エアンナ・シュム・イディナの境界石［大英博物館所蔵（BM102485），筆者撮影］

図3 境界石の天体のシンボル

タミア南東部に存在したと考えられる「海の国」の総督エアンナ・シュム・イディナの境界石で，石灰岩製，高さ36.2cm，幅22.9cm，厚さ12.7cmの大きさである．境界石の最上部には，ほかの境界石と同様に太陽・月・金星の3つの天体のシンボルで，太陽神シャムシュ・月神シン・金星の女神イシュタルを表現している．その下に2段で動物や植物，図形などのシンボルが描かれ，それぞれの神々を表現している．下段には，楔形文字で，エアンナ・シュム・イディナにより土地がグラ・エレシュ（Gula-eresh）に授与されたことが刻されているが，文書の中で，この境界石を取り除いたり，無視したり，破壊したりする者に対して呪いが及ぶと刻されている．図3は，境界石に描かれた天体のシンボルであり，1は太陽神のシャマシュ，2は月神のシン，3は金星の女神イシュタルを表している．古代メソポタミアでは，天体の中で太陽，月，金星の3つが別格であり，太陽神，月神，金星の女神がほかの神々の上位にランクしている．

「ムル・アピン粘土板文書」の星のリスト

　メソポタミアで全天の星や星座を記したリストに，「ムル・アピン」粘土板文書が存在する．その内容を最もよく示しているものにロンドンの大英博物館に所蔵されている粘土板（No.86378）がある（図4）．この粘土板は，縦8.4cm，横6cm，厚さ1.9cmという小型のもので，粘土板の両面には2段ずつ横書きの小さな楔形文字のテキストが刻まれており，表面の左段に44行，右段に47行，裏面の左段に50行，右段に44行（ただし最後の3行は欠損）の合計185行のテキストが，びっしりと刻まれた粘土板である．刻まれた楔形文字の形状から，前

500 年頃にバビロンでつくられたものとされる．

古代メソポタミアでは，しばしばテキストの最初の部分をとってそのテキストの名前とすることがある．例えば，有名なバビロニアの創成神話である「エヌマ・エリシュ（Enuma Elish）」は，テキストの冒頭の部分に刻された 2 語で，「上には……であったときに」を意味するアッカド語の「エヌマ・エリシュ」に由来する．同様に「ムル・アピン（MUL. APIN）」も粘土板の冒頭の語の「犁の星（すき座）」に由来

図 4　大英博物館粘土板（No.86378）
　　［文献［1］p.217，写真 1-3］

したものである．現存する最古の「ムル・アピン粘土板文書」は，前 687 年のもので新アッシリアのセンナケリブ王（在位前 704-前 681）治世に刻されたとされる．近年，ムル・アピン粘土板文書の起源は非常に古く，少なくとも西暦前 3000 年紀の半ばまで遡るとする説があるが，まったく根拠のないものである．現在までのところ，バビロン第 1 王朝（前 1894-前 1595 頃）後期まで遡ると考えられているが，詳細は不明である．ウィーン大学の H. フンガーとブラウン大学の D. ピングリーは，1989 年に「ムル・アピン」粘土板文書の詳細な研究を共著で発表し，冒頭に刻された 71 個の星や星座の同定を行った．以下にフンガーとピングリーの研究を参考にして 71 個のリストの詳細を紹介していこう．「ムル・アピン」粘土板文書では，71 個の星々を天空の 3 つの地域に分割して記している．3 つとは，「エンリル（Enlil）の道」「アヌ（Anu）の道」「エア（Ea）の道」であり，「エンリルの道」が最上層，「アヌの道」が中層，「エアの道」が下層になっている．エンリルは，シュメールおよびアッカドの最高神であり，元来はニップル市の主神で大気の神であった．アヌも天空神であり，古代メソポタミアにおける最古の最高神であった．シュメール語ではアンと呼ばれ，天を意味する語でもあった．アヌ（アン）神は，前 3000 年紀のはじめまでに最高神の地位を息子のエンリルに譲ることになる．エア（シュメール語ではエンキ）神は地下にある大洋アブズ（深淵）の神であり，アヌ（アン）神に次ぐ地位にあった．エンリル，アヌ，そしてエアの 3 柱の神々は，バビロニアでは最高神を占める神々であった．このことから，「ムル・アピン」粘土板文書は，古代バビロニアと密接な

関係があることが判る．71 個の星と星座は，エンリルの道には天の北極の星座 6
つと木星を含む 33 の星と星座，アヌの道には金星，火星，土星，水星の 4 惑星
を含む 23 の星と星座，そしてエアの道には 15 の星座が含まれる．フンガーとピ
ングリーによる各星座の同定を以下に紹介する．

◆**エンリルの道**　①犂：さんかく座 α 星，β 星，アンドロメダ座 γ 星，②オオ
カミ：さんかく座 α 星，③老人：ペルセウス座，④杖：ぎょしゃ座，⑤大きな
双子：ふたご座 α 星（カストル），β 星（ポルックス），⑥小さな双子：ふたご
座 ζ 星，γ 星，⑦カニ：かに座，⑧獅子：しし座，⑨王：しし座 α 星（レグル
ス），⑩獅子の尾：しし座 5 星，21 星，⑪Eru の葉：かみのけ座 γ 星，⑫ŠU.
PA：うしかい座，⑬豊富な者：かみのけ座 β 星，⑭威厳ある者：かんむり座

◆**天の北極の星座**（15〜20）　⑮荷車：おおぐま座，⑯キツネ：おおぐま座 80〜
86 星？，⑰牡ヒツジ：うしかい座北部，⑱くびき：りゅう座 α 星，⑲天の荷車：
こぐま座，⑳荘厳な神殿の相続人：こぐま座 α 星（北極星）？，㉑Ekur の立て
る神々：ヘルクレス座 ζ 星，η 星，㉒Ekur の座す神々：ヘルクレス座 ε 星，π
星，ρ 星，θ 星，㉓牡ヤギ：こと座，㉔イヌ：ヘルクレス座南部，㉕Lamma：
こと座 α 星（ベガ），㉖2 つの星：こと座 ε 星，ζ 星，㉗ヒョウ：はくちょう座，
とかげ座，カシオペア座，ケフェウス座の部分，㉘ブタ：りゅう座頭部，とぐろ
部，㉙ウマ：カシオペア座 α 星，β 星，γ 星，δ 星，㉚牡ジカ：アンドロメダ座
東部，㉛虹：アンドロメダ座 18 星，31 星，32 星，㉜抹殺者：アンドロメダ座 β
星，㉝木星

◆**アヌの道**　㉞野：ペガスス座 α 星，β 星，γ 星，δ 星，アンドロメダ座 α 星，
㉟ツバメ：ペガスス座 ζ 星，θ 星，ε 星，こうま座 α 星，㊱Anunitu：うお座東
側，㊲雇夫：おひつじ座，㊳星々：プレアデス星団（昴），㊴天の牡ウシ：おう
し座，㊵牡ウシの顎：おうし座 α 星（アルデバラン），ヒアデス星団，㊶アヌの
真のヒツジ飼い：オリオン座，㊷双子星：オリオン座 $\pi3$，$\pi4$，㊸牡鶏：うさぎ
座，㊹矢：おおいぬ座，㊺弓：おおいぬ座 ε 星，σ 星，δ 星，ω 星，㊻ヘビ：う
みへび座，㊼渡り鳥：からす座，コップ座，㊽畝：おとめ座 α 星（スピカ），㊾
天秤：てんびん座，おとめ座の部分，㊿星：へびつかい座，へび座，わし座の部
分，51ワシ：わし座，52死者：いるか座？，53金星，54火星，55土星，56水星

◆**エアの道**　57魚：みなみのうお座，58偉大なる者：みずがめ座，59Eridu：とも
座，60Ninmaḫ：ほ座，61Ḫabaṣirānu：ケンタウルス座，みなみじゅうじ座，62
まぐわ：ほ座東部，63Šullat と Ḫaniš：ケンタウルス座 μ 星，ν 星，64Numušda：

ケンタウルス座η星，㊻狂犬：おおかみ座，㊻サソリ：さそり座，㊻ Lisi：さそり座α星（アンタレス），㊻サソリの針：さそり座λ星，υ星，㊻ Pabilsag（パビルサグ）：いて座，㊻船：いて座ε星，㊼山羊魚：やぎ座

　ムル・アピン粘土板文書の星座の同定に関しては，古代メソポタミアでは図像資料が非常に乏しいため，正確に確定することは非常に難しい．しかしながら，星座リストには，現在の私たちも使用している黄道十二宮なども含まれており，リ

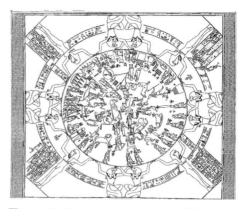

図5　エジプト，デンデラのハトホル神殿の円形天体図
[Cauville, S. *Le Temple de Dendera: Les Chapelles Osiriennes*, le Caire, planche X 60, IFAO, 1997]

ストの記載順などを参考に星座を同定している．エジプト・プトレマイオス朝のクレオパトラ7世（在位前51-前30）治世のデンデラのハトホル神殿にある円形天体図（図5）に黄道十二宮など古代バビロニアの星座が描かれていることが判明している．天の北極を中心とする円形に描かれた天体図であり，その中に黄道十二宮などの古代バビロニアの星座とウシの前脚，牝カバ，シリウス星を表す船に乗った牝ウシなどの古代エジプト固有の星座が一緒に描かれている．図の中心の牝カバとウシの前脚とのあいだには，犂に乗ったオオカミが描かれ，ムル・アピン粘土板文書の星座リストの1番目と2番目の星座の犂とオオカミとの関連が指摘できる．前述したフンガーとピングリーによる同定では，犂はさんかく座α星，β星，そしてオオカミはさんかく座α星としているが，エジプト，デンデラのハトホル神殿の円形天体図に描かれた星座の位置が正しいものであるとすると，「犂」と「オオカミ」の星座は，さんかく座などではなく，天の北極に位置するものである．図像資料の乏しい古代メソポタミア（バビロニア）においては，こうした古代エジプトの図像に描かれた星座イメージは，これまで不明であったメソポタミアの星座を明らかにする突

図6　デンデラのハトホル神殿の，円形天体図中心部の星座（拡大）[文献[1]p.277, 図3-3]

図7 古代バビロニアの弓と矢
[文献[1] p.309]

図8 しし座と周辺の星座
[文献[1] p.263, 図2-27]

破口を与えてくれる（図6）．図6の中央の犂の上に乗るオオカミの図像は，明らかに古代バビロニアの「ムル・アピン」粘土板文書に刻された「犂」と「オオカミ」であり，古代エジプトの北天の星座である牝カバと牡ウシの前脚で表されたメスケティウ（北斗七星）のあいだに描かれている．ハトホル神殿円形天体図のしし座の右側に，星を頭に載せた船にうずくまる牝ウシが描かれている．これは古代エジプトで女神として崇められているシリウス星である．船の左には矢をつがえた弓を手に持つ女性が描かれている（図7）．古代バビロニアでは，シリウス星は矢を意味する語で呼ばれていた．弓はその対となる星座である．弓をかまえた女性は戦いの女神イナンナ（アッカドではイシュタル）とされる．奈良県明日香村で発見されたキトラ古墳の天体図に描かれている弧矢という星座が，古代バビロニアの弓と矢の星座と同じ位置にあり，非常に興味深い．デンデラのハトホル神殿の円形天体図には，黄道十二宮（獣帯）が図像として詳しく描かれており，いくつかの星座の特徴を明らかにすることができる．まず，しし座と周辺の図像では（図8），ライオンがヘビの上に乗る．このヘビがうみへび座で，ライオンの尾の所に描かれた鳥がムル・アピンの渡り鳥を表す，からす座の原型である．ライオンの尾を両手で掴む女性とその後ろで片手に葉を持ち立つ女性が，おとめ座にあたり，畝と葉という星座が原型である．

星にまつわる祭礼

星にまつわる祭礼としては，新年祭があげられる．現存する『バビロン新年祭』という文書の写本は，セレウコス朝時代（前305-前64）のものであるが，その起源は西暦前2000年紀まで遡るとされる．『バビロン新年祭』によれば，新年祭は，バビロニア暦正月のニサンの月（3，4月）第1日目から第12日まで催された．写本によると第4日目の夕方に，最高神であるバビロンの主神マルドゥ

クに賛歌と祈りが捧げられ，高位の祭司により天地創成神話『エヌマ・エリシュ』が朗誦され新しい年の新たな秩序が確立された．そして第5日目の明け方に，月と太陽，5惑星（7惑星と呼ばれる），そして14の恒星または星座の名が唱えられた．第5日目から第12日目には，悪霊を追放しバビロンの神殿や都市を浄化する儀礼が行われた．バビロン新年祭は，マルドゥク神による天地創造と年ごとに王権を更新して，国家の秩序を再創造するための重要な祭儀であった．

『バビロン天文日誌』と星占い

　本格的な天体観察は，遅くてもバビロン第1王朝後期までにはじまっていた．一方，現存する最古の『天文日誌』は西暦前7世紀半ばのものとされる．前7世紀の新アッシリア時代には天文予兆占いが盛んとなり，為政者や国家の将来が占われた．このような天体占いで最大の凶事は天体の食であり，日食や月食は，国土に災いをもたらすものと考えられていた．新アッシリア時代には，アッシリアに凶の月食が起こることが判ると汚れを払うために，代替王が立てられた．エサルハドン王（在位前680-前669）の治世に起きた皆既月食の際にも代替王が立てられ，エサルハドン王に替わり100日間の務めを果たし，後に殺されたという記録が残されている．代替王が王位に就いていたあいだ，エサルハドン王は「農夫」と呼ばれていた．天体占いで最も重要な天体は，「7惑星（月，太陽と5惑星）」であった．天体占いの報告書には，月と太陽，そして5惑星の位置が頻繁に記されている．太陽の位置から個人の星占いをする際の重要な要素として「黄道十二宮」が明瞭な形となるのはかなり新しく，前5世紀になってからのことである．セレウコス朝時代には，個人の誕生した日に7惑星が占める黄道十二宮の位置を記した文書が数多く残されている．　　　　　　　　　　　　　［近藤二郎］

【主要参考文献】
　[1]　近藤二郎『星座の起源―古代エジプト・メソポタミアにたどる星座の歴史』誠文堂新光社，2021
　[2]　月本昭男『古代メソポタミアの神話と儀礼』岩波書店，2010
　[3]　Hunger, H. & Pingree, D.E. "MUL.APIN: An Astronomical Compendium in Cuneiform", *Archiv für Orientforschung: Beiheft* 24, 1989

アラビア

　アラビアは星の名前のふるさとである．冬のオリオン座のベテルギウス，リゲル，夏のこと座のベガ，はくちょう座のデネブ，わし座のアルタイルなど，私たちが親しんでいる星の名前の多くは，もとはアラビアから来たものであった．

　※本項では，アラビア語のカナ表記は定冠詞を省略した．

アラビアについての予備知識

　「アラビア」とは，本来は「アラブ（アラビア語を話す人たち）が住んでいる地域」すなわちアラビア半島辺りを指す言葉である．しかし，西暦7世紀はじめにイスラーム教が生まれると，まもなく中央アジアからスペインに至る広大な地域に広がる「アラビア文明」ができあがった．そこで「アラビア」という言葉も，広くこのアラビア文明を指すことが多い．ここでもそういう意味で使っている．

　イスラーム以前のアラブの人たちのあいだでは，特定の石や木，鳥や動物などの自然物が神聖なものとして崇められていた．各々の部族が，それらに宿る神の像をつくって拝むことも行われていた．北方のメソポタミアで非常に盛んだった天体信仰はここではあまり目立たないが，ウッザー（al-ʿUzzā）と呼ばれた神は金星を神格化したものだとされている．

　イスラーム以後はそのような自然崇拝的な信仰は失われ，世界観も大きく変わった．イスラーム教はユダヤ教・キリスト教と同じ神（「アッラー」という特別な神がいるのではない）を信じる同系統の宗教であるので，全知全能で唯一の神がこの世界を創造したとする，ユダヤ教・キリスト教の人たちと基本的に同じ世界観を持つようになった．また，8世紀後半〜9世紀の大翻訳活動によってギリシャの学術書のほとんどすべてがアラビア語に翻訳され，ギリシャ文明の「ものの見方や考え方」がアラビアに取り入れられて，アリストテレスに代表されるギリシャの世界観もほぼそのまま受け継がれた．アラビアというと特殊なものと思われがちだが，そうではないのである．アラビア文明はギリシャ文明やヨーロッパ文明と基本的なところで共通するものであり，"東洋の"，"西洋の"などといって区別しようとするのは偏見である．

星と生活

イスラーム以前のアラブの人たちは，季節を知ったり，旅の目印としたりするために，星についてさまざまな知識を持ち，生活の中で役立ててきた．イスラーム以後，ギリシャの数理天文学が入ってきた後も，それらの知識は生き続け，それに注目した（おもにペルシャ系の）学者たちが記録することによって，アラビア文明の一部となった．

◆**暦**　アラビアの暦というと，月の満ち欠けだけに基づく完全な太陰暦の「イスラーム暦」（ヒジュラ暦）が有名であるが，イスラーム以前は，閏月を挿入して季節と合わせる普通の太陰太陽暦であった．イスラーム暦の月名のうちには季節を示唆するものもある．しかし，それは単純ではない．例えば「第1のラビーア（*rabīʿ al-awwal*：第3月）」「第2のラビーア（*rabīʿ aṭ-ṭānī*：第4月）」の「ラビーア」は"春"と訳される語であるが，「ラビーアはハリーフ（*ḥarīf*：秋）のことである」といっている伝承もある．季節の捉え方は地域や時代により，異なっていたらしい．実際，アラブの季節の分け方には，1年を大きく2つに分けるもの，4つに分けるもの，6つに分けるものがあったと伝えられている（表1）．

イスラーム以後のアラビアでは，「エジプト暦」や「イラン暦」など各地の暦が知られるようになったが，なかでも「シリア暦」がよく使われている．これはローマのユリウス暦の月名をメソポタミアのバビロニア暦の月名で置き換えたもので，4年に1度，1日を加えて季節と合わせる太陽暦である．

◆**月宿**　アラビアでは季節を知るのに，暦とは別の方法も持っていた．「月宿」

表1　アラブの伝統的な季節

2つに分けた季節	4つに分けた季節		6つに分けた季節
冬 （シター *aš-šitāʾ* あるいはラビーア）	秋 （古くはラビーア，後にハリーフ）	9月 10月	秋（ハリーフ）
		11月	冬（シター）
	冬 （シター）	12月	
		1月 2月	初春（第1のラビーア）
夏 （サイフ *aṣ-ṣayf*）	春 （古くはサイフ，後にラビーア）	3月 4月	春（サイフ）
		5月	夏（カイズ *al-qayẓ*））
	夏 （古くはカイズ，後にサイフ）	6月	
		7月 8月	初秋（第2のラビーア）

＊この表であげている現代の月は，その月の21日頃～翌月の21日頃を指す

156　第6章　西アジア・中央アジア

と呼ばれる28個の星座（星または星群）の体系である（表2）．月は星空の中を
およそ27.3日で1周するので，毎晩1つの星座に宿ると考えると，28個（ある
いは27個）の星座ができる．これが月宿である．月宿は中国やインドにもあり，
アラビアのものはインドから来たらしいが，独自の発展をして，アラブの伝統的
な星の知識の中でも特に重要な要素となった．
　　それは次のようなシステムである（図1）．例えば，春のはじめには太陽が「シ
ャラターン」（表2の1）に来るが，太陽の光でそれとその1つ前の「バトン゠フ

表2　アラビアの月宿（※別名があるものもある）

春の星	1. シャラターン aš-šaraṭān	おひつじ座 β γ （あるいは β α）	秋の星	15. ガフル al-ġafr	おとめ座 ι κ λ
	2. ブタイン al-buṭayn	おひつじ座 ε δ ρ		16. ズバーナー az-zubānā	てんびん座 α β
	3. スライヤー aṯ-ṯurayyā	プレアデス		17. イクリール al-iklīl	さそり座 β δ π
	4. ダバラーン ad-dabarān	おうし座 α（アルデバラン）またはヒアデス		18. カルブ al-qalb	さそり座 α（アンタレス）
	5. ハクア al-haq'a	オリオン座 λ φ[1,2]		19. シャウラ aš-šawla	さそり座 λ υ
	6. ハンア al-han'a	ふたご座 γ ξ		20. ナアーイム an-na'ā'im	いて座 γ δ ε η σ φ τ ζ
	7. ジラーア aḏ-ḏirā'	ふたご座 α β		21. バルダ al-balda	いて座 π の下方の星の無い場所
夏の星	8. ナスラ an-naṯra	かに座 ε	冬の星	22. サアド゠ザービフ sa'd aḏ-ḏābiḥ	やぎ座 α β
	9. タルフ aṭ-ṭarf	かに座 κ＋しし座 λ		23. サアド゠ブラア sa'd bula'	みずがめ座 7（あるいは ν）＋μ ε
	10. ジャブハ al-ǧabha	しし座 ζ γ η α		24. サアド゠スウード sa'd as-su'ūd	みずがめ座 β ξ ＋やぎ座 c¹
	11. ズブラ az-zubra	しし座 δ θ		25. サアド゠アハビヤ sa'd al-aḫbiya	みずがめ座 γ π ζ η
	12. サルファ aṣ-ṣarfa	しし座 β		26. ファルグ・ムカッダム al-farg al-muqaddam	ペガスス座 α β
	13. アウワー al-'awwā'	おとめ座 β η γ δ ε		27. ファルグ・ムアッハル al-farg al-mu'aḫḫar	ペガスス座 γ＋アンドロメダ座 α（＝ペガスス座 δ）
	14. シマーク as-simāk	おとめ座 α（スピカ）		28. バトン゠フート baṭn al-ḫūt	アンドロメダ座 β

ート」(表2の28)は見え
ないので,日の出前に東の
地平線に昇ってくるのは
「ファルグ・ムアッハル」
(表2の27)である.その
ときは西の地平線では,それ
に向かい合う「アウワー」

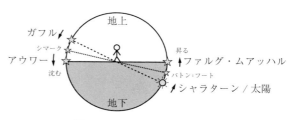

図1　出没が対になる月宿の星

(表2の13)が沈みつつある.この出没が対になる2つの月宿の星が季節や天候に関係する.昇るほうは季節変化の目印となり,沈むほうはその後13日間の天候(雨や風)を支配するとされた.その支配のことを「ナウ(naw')」,複数形で「アンワー(anwā')」というが,この言葉はアラブの伝統的な天文や気象の知識を広く指すものとなり,それをまとめた書物は「アンワーの書」と呼ばれた.イブン=クタイバ(西暦9世紀)の『アンワーの書』は完全な形で残っており,アブー=ハニーファやイブン=クナーサなどの失われたものは,後にマルズーキー(10～11世紀)の『時と場所の書』やイブン=シーダ(11世紀)の百科全書『ムハッサス』などに引用されて,その一部が伝えられている.

◆**農業や遊牧,旅と星**　月宿の昇りと農作物の関係を,マルズーキーが述べている.《「ファルグ=ダルウ・ムアッハル」(表2の27)が昇るとき,それは春のはじめであるが,草がしげり,空豆やイラクでは知られていない果物が熟す.……「バトン=フート」(表2の28)が昇るとき,イラクで最初の大麦が収穫される.……「シャラターン」(表2の1)が昇るとき,小麦のファリーク(未熟の小麦を乾燥させ,ローストした後,擦って殻を除いたもの)が食べられる.……》

また,アラブの遊牧民も,いつ遊牧に出るか,いつ戻るかを,日の出前に昇る星を見て決めていたようである.イブン=クタイバは次のようにいっている.《遊牧の最初は夜明けに「スハイル(suhayl:りゅうこつ座α,カノープス)」が昇る〔とき〕である.それはヒジャーズ(アラビア半島の中西部,マッカやマディーナのある地域)では〔シリア暦の〕アーブ月(現代の暦の8,9月)のうち14夜が過ぎたときに昇る.イラクではアーブ月のうち4〔夜〕が残ったときに昇る.……「シャラターン」(表2の1)が昇るとき,最初の者たちが"ハダラする",すなわち彼らの本拠地,彼らの水場に戻って来る.シャラターンが夜明けに昇るのは,〔シリア暦の〕ニーサーン月(現代の暦の3,4月)から16夜が過ぎ去るときである.》

158　第6章　西アジア・中央アジア

　旅をするときに星を目印にすることについては，例えば目的地が東であるとき
には，月宿〔が出る方向〕を向き，「ジャドイ："子ヤギ"（al-ǧady：こぐま座 α，
北極星）」と「バナート=ナアシュ（banāt naʿš：北斗七星）」を左に，「2つのシ
アラー（aš-šiʿrayān：双数形，単数は aš-šiʿrā：おおいぬ座 α，シリウス　と
こいぬ座 α，プロキオン）」とスハイルを右にする，といっている．また，ラク
ダで旅するとき，星が沈むたびに1人が乗り，別の1人が降りるというふうに，
星の出没によってラクダに乗るのを交代するという．

星の名前の特徴

　星の名前の研究はヨーロッパでは西暦1600年前後からはじまっているが，ド
イツの P. クーニチュ（1930-2020）がヨーロッパおよびアラビアの星名について
徹底した調査を行い，それまでの多くの誤りを正して，信頼できる学問的基礎を
築いた．その著書『ヨーロッパにおけるアラビアの星名』（1959），『アラブ人た
ちの星名語彙の研究』（1961），『「アルマゲスト」—アラビア語・ラテン語での伝
承におけるプトレマイオスの「マテーマティケー・シュンタクシス」』（1974）な
どは，星名研究の基本書として必ず参照すべきものになっている．

◆**スーフィーの『星座の書』**　アラビアの星の知識といっても，前に述べたアン
ワー，すなわちアラブの人たちの，生活に密着した実用的知識と，プトレマイオ
スの『アルマゲスト』に代表される，ギリシャから受け継いだ数理天文学はまっ
たく別のものである．アラビアの星の名前も，それぞれに応じた「アラブ固有の
名前」と「ギリシャ系の名前」がある．両者に通じた10世紀の学者スーフィー
はそれらを統合し，『星座の書』（『恒星の図像の書』）を著した．『アルマゲスト』
の恒星表は48の星座ごとに各星の短い説明と経度・緯度・大きさの数値を記し
た表であるが，スーフィーは，その表を修正するとともに，各々の星を詳しく解
説した本文を新たに加え，アンワーの書に伝えられていたアラブの星名や伝承を
そこで紹介したのである．すべての星座に図が添えられているのも画期的であ
る．また，数理天文学の学者として，アンワーの書の著者たちが実際に星を見ず
に誤りを犯している，とも指摘している．この本はアラビア世界で広く知られ，
その後の天文書の多くは何らかの形でこの書の影響を受けている．

◆**アラブ固有の名前**　現代の星名になっていないので私たちにはなじみがない
が，アラビアでは広く知られ，文学作品などにもよく登場するものがいろいろあ
る．「スライヤー（at-turayyā：プレアデス星団，（すばる；昴））」「シアラー」「ス

ハイル」「アイユーク（al-'ayyūq：ぎょしゃ座 α，カペラ）」「シマーク（as-simāk：おとめ座 α，スピカとうしかい座 α，アルクトゥールス）」「バナート＝ナアシュ」などである．これらの名前は詩人たちの詩に詠み込まれて伝えられてきたが，なかでもスライヤーは 400 以上の詩に現れ，装飾品などの物品，花，動物や鳥，人間およびその身体など，さまざまなものになぞらえられている．

　これらは非常に古い名前で，その意味は不明である．伝統的な星名を伝えた 8〜9 世紀のアラビアの伝承者たちにも，すでにわからなくなっていた．シアラーはシリウスの語源であるギリシャ語の「セイリオス（seirios；これも意味不明で，俗にいわれている "焼き焦がすもの" ではない）」と関係があり，両者に共通の語源がありそうである．アイユークもギリシャ語名の「アイクス（aiks："ヤギ"）」と共通する語源があるかもしれない．

　意味不明の古い名前でも，アラビアの伝承者によって解釈が試みられ，それが辞典などにも取り入れられて定着してしまったものもある．バナート＝ナアシュは，北斗七星の柄の 3 星がバナートで "娘たち"，枡の 4 星がナアシュで "柩" という意味であると解釈されている．私たちになじみのものでも，例えば「ダバラーン（アルデバラン）」（表 2 の 4）は "（プレアデスの）後を追うもの" という意味であるとされている．しかし，いずれも本当のところはわからない．

　月宿の「サアド」なども意味不明の古名である．一方，黄道十二宮はメソポタミア起源で，その多くの名前，例えば「アサド："ライオン"（al-asad；しし宮/座）」「アクラブ："サソリ"（al-'aqrab；さそり宮/座）」などは意味がはっきりしている．この 2 つは月宿の名前の背後にもあり，表 2 の 7〜11 はライオンの「腕」「鼻の頭」「眼」「額」「たてがみ」で，16〜19 はサソリの「爪」「冠」「心臓」「針」を意味している．また，ふたご宮を指した「ジャウザー（al-ǧawzā'）」は意味不明のアラブの古名であるが，実際はオリオン座の星々を指していて，アラビアで最も知られた星名の 1 つであった．「ヤド＝ジャウザー："ジャウザーの手"（yad al-ǧawzā'；オリオン座 α，ベテルギウス）」「リジュル＝ジャウザー："ジャウザーの足"（riǧl al-ǧawzā'；オリオン座 β，リゲル）」など，ジャウザーを含む名前がたくさんある．

　比較的新しい名前では，意味がはっきりとわかるものがほとんどである．ヒツジ・ヤギ・ウマ・ロバ・ラクダなどの家畜，ガゼル・オオカミ・ヤマネコ・ハイエナなどの野生動物，ダチョウ・カター鳥・ムッカー鳥などの鳥，鍋・鉢・かき混ぜ棒・首輪・投げ縄などの物品，そのほか，牧人・牧草地・池・テントなど，

アラブの人たちの生活をうかがわせるものにあふれている．

◆**ギリシャ系の星の名前**　『アルマゲスト』の48星座に基づく名前である．星座図の中での位置によって名づけられたものが多い．「ザナブ＝ダジャージャ："鶏の尾"（ḏanab ad-daǧāǧa；はくちょう座α，デネブ．プトレマイオスでは「白鳥座」ではなく「鳥座」である）」「ファム＝フート＝ジャヌービー："南の魚の口"（fam al-ḥūt al-ǧanūbī；みなみのうお座α，フォーマルハウト）」「アーヒル＝ナハル："川の最後"（āḫir an-nahr；エリダヌス座θあるいはα，アケルナル．プトレマイオスでは「エリダヌス座」ではなく「川座」）」など，非常にたくさんある．ここにあげた例は星の名前として定着していたことがはっきりしているが，単に位置を述べているにすぎないものも多く，名前といえるのかどうか，線引きが難しいこともある．

　わずかだが，プトレマイオス星座の図とは別系統のギリシャ星名に由来するものもある．「マアラフ："飼葉桶"（al-maʿlaf；かに座ε，プレセペ星団）」はギリシャ語の「パトネー（phátnē）」を訳したものである．（ラテン語の「プラエサエペ（praesaepe）」もギリシャ語からの翻訳語．）同じ「マアラフ」でもコップ座全体の星を指すものもあり，こちらはアラブ固有の名前である．

星の神話や伝説・伝承

　アラビアには星に関する伝承はたくさんあるが，多くは生活に直接かかわるようなものであり，ギリシャ神話のような文学的な神話はほとんど見あたらない．しかし，星の名前の由来を説明するような伝説はいくつかある．

図2　スーフィー『星座の書』より
[University of Oxford, Bodleian Library MS. Huntington 212]

◆**おおぐま座の星々の伝説**（図2）

　スーフィーによると，クマの左後ろ足，右後ろ足，右前足にそれぞれ2つずつある星（おおぐま座νξ，λμ，ικ）は，ガゼルが跳ねた足跡とみなされ，「カファザート＝ザブイ："ガゼルの〔3つの〕ジャンプ"（qafazāt aẓ-ẓaby）」などと呼ばれていた．スーフィーは《アラブの人たちは「ライオンが尾で地面を打ったので，ガゼルが跳びはねた」といっている》と伝えている．「カフ

ザ・ウーラー：“第 1 のジャンプ”(*al-qafza al-ūlā*（νξ）)」の後ろに「フルバ：“〔ライオンの尾の先の〕毛”(*al-hulba*；かみのけ座 15, 7, 23)」があるのである.

また，首と胸と両膝にある 7 つの星（おおぐま座 τ, h, υ, φ, θ, e, f）は「サリール=バナート=ナアシュ：“バナート=ナアシュのベッド”(*sarīr banāt naʿš*)」あるいは「ハウド：“池”(*al-ḥawḍ*)」と呼ばれ，眉毛，両目，耳，鼻にある 6 つの星（おおぐま座 ρ, σ², A, π², d, o）は「ジバー：“ガゼルたち”(*aẓ-ẓibāʾ*（*ẓaby* の複数）)」と呼ばれていた．スーフィーは《アラブの人たちは「ガゼルたちは（ライオンの尾の先の）毛から跳びはねて，池に戻った」といっている》と伝えている.

◆**シリウス・プロキオン・カノープス・オリオンをめぐる伝説**　これはイブン=クタイバとスーフィーが伝えているものである．2 人のシアラー（シリウスとプロキオン，女性）とスハイル（カノープス，男性）は兄弟姉妹であった．スハイルはジャウザー（オリオン座，女性）と結婚したが，ジャウザーの背骨を折ってしまった．そこでスハイルは南のほうに逃げ，シアラーの 1 人（シリウス）はスハイルについて行って銀河を南に渡った．しかし，もう 1 人のシアラー（プロキオン）は北に取り残されてしまい，スハイルがいないのを嘆いて泣き続けて，目がただれてしまった.

シリウスは「シアラー・アブール：“渡ったシアラー”(*aš-šiʿrā al-ʿabūr*)」あるいは「シアラー・ヤマーニヤ：“南のシアラー”(*aš-šiʿrā al-yamāniya*)」と呼ばれ，プロキオンは「シアラー・グマイサー：“ただれ目のシアラー”(*aš-šiʿrā al-ġumayṣāʾ*)」あるいは「シアラー・シャアーミヤ：“北のシアラー”(*aš-šiʿrā aš-šaʾāmiya*)」と呼ばれているが，それを説明する物語である．しかしそれが名づけの本当の由来なのかは疑わしい.

◆**「スハー」のことわざ**　同じくイブン=クタイバやスーフィーが紹介していて，古典や現代のアラビア語辞典にも引用されている有名なことわざがある．「私は彼女にスハーを見させ，彼女は私に月を見させる」というものである．「スハー：“見落とされたもの”?（*as-suhā*；おおぐま座 80, アルコル）」は北斗七星の柄の中央の星の近くにある小さな星で，「この星は人々が目を試すものである」とも伝えられている．マイダーニー（1124 没）の『ことわざ集成』などに解説があるが，それによると，これは男女の情事での話で，男が「スハーはどこ？」と尋ねると，女は「ほら，そこに」と月を指したというのである．「見当違いな答えをする」のたとえである.

[鈴木孝典]

モンゴル

モンゴルの世界帝国 (1206-1368)

　「モンゴル」と聞いて何を想像されるだろうか．角界を席巻する力士たちを別にすれば，日本の教科書にも掲載されていた『スーホの白い馬』に描かれるような，千里一望の大草原とそれを駆けるウマ，それらを自在に操る人々とその天幕．こうしたイメージを体現する「遊牧」が，その第1のイメージとなるのではないだろうか．このような遊牧世界としてのモンゴル高原は，しかし現在，中華人民共和国の一部である内モンゴル自治区とその北側に広がるモンゴル人民共和国とに分かたれている．内モンゴルにおいては，漢人の入植とともに草原の農地化が不断に進行し，草原は区画ごとにフェンスで分かたれてしまった．一方，依然として草原が広がる外モンゴルにおいても，その産業の中心は，いまは鉱業であり，国家の総人口の約半分が首都ウランバートルに集中している．遊牧世界としての「モンゴル」はいまや大きな変化を遂げているのである．しかし現在も，特に外モンゴルにおいては都市の外には草原が広がり，天幕を開けば満天の星空が眼前に広がる．モンゴル人は古来，草原の海を駆けながら空を見上げ，無限に広がりゆく星空に想いを馳せていた．この項では，モンゴルにおける星の文化史を，特にモンゴル帝国に焦点をあてて論述する．この時代はモンゴルがその征服活動によってユーラシアに史上空前の陸上帝国を建設した時代であり，モンゴルが世界各地の星の文化をつないだ時代でもあった．

　西暦12世紀の中ほど，モンゴルに現れた1人の英雄はやがてモンゴル高原の諸勢力を糾合し，チンギス・ハンの称号を帯びて草原に帝国を建設する．彼の帝国はその後，彼の息子たち，孫たちによって拡大し，その創設から半世紀以内のうちに，北はシベリアから東は朝鮮半島，西はハンガリーから南はインド亜大陸の北端に至る大帝国となった（図1）．モンゴルは自らの世界統治が，天（モンゴル語でテングリ）の命によるものだとみなしていた．そのためモンゴルは天の動きに格別の関心を寄せ，その導きを知ろうとしたのである．彼らはもともと土着のシャーマンを介したアニミズム信仰を有していたが，その征服活動の過程

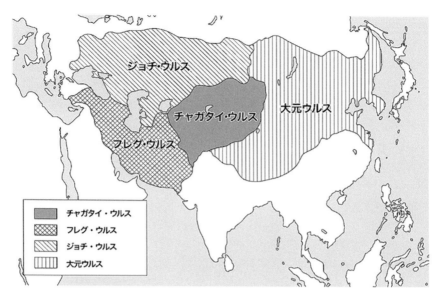

図1 モンゴル帝国の版図（13世紀後半）．ウルスはモンゴル語で「くに」の意味［ささやめぐみ提供］

で，世界宗教たる仏教・キリスト教・イスラーム教をはじめとするさまざまな宗教に接し，彼らの星の文化に触れることにもなった．その結果，モンゴルの宮廷にはさまざまな宗教・文化的背景を有した天文学者/占星術師たちが集い，それぞれの方法で星空を見ていたのである．

モンゴル人の星の見方

　では当のモンゴル人自身はどのように星空を見ていたのだろうか．実のところ，それを知るすべは多くない．彼らは当時ももちろんモンゴル語を話していたわけだが，モンゴル語が書き言葉として広く普及するのは，モンゴル帝国時代よりも数世紀後のことであった．したがって，西暦13〜14世紀のモンゴル帝国の状況について知るには，彼らに征服された，特に定住世界の人間が書いたものに頼るしかない．それは例えば東方では中国語の史料であり，西方ではペルシャ語の史料ということになる．しかし，例外もわずかながら存在している．その1つが，『モンゴル秘史』と呼ばれる作品である．その原典が成立した時代については諸説あるものの，1228年と，その後に十二支が2回りする1252年との2段階

の編纂を経ているとする説が有力である．これはまさに，モンゴル帝国時代にモンゴル人自身が語り継いできた歴史の書なのである．

　そしてこの『モンゴル秘史』の中には，当時のモンゴルが天をどのように捉えていたのか，彼らの星の文化にかかわる貴重な情報が散りばめられている．ここではそのいくつかについて，モンゴル学を専門とするB.バウマンの論文に沿って見ていきたい．

「科学」として星を観る

　『モンゴル秘史』の記述の中で，まずはバウマンの論文にあげられている3つの節を見ていきたい．

【蒼き狼と白き牝鹿】
　チンギス・ハンの元祖は，上天からの命によって生まれた蒼き狼であった．その妻は白き牝鹿であった．みずうみを渡ってきた．彼らはオノン河の水源にあたるブルカン嶽に住まい，そこで生まれたバタチカンがいた．

『モンゴル秘史』第1節

【白き隼の夢】
　縁者たるイェスゲイよ，私はこの夜，夢を見た．白き隼が太陽と月とを掴んで飛んできて，私の手の上に止まったのだ．私はこの夢を人に語り「太陽と月とは，ただ仰ぎ見られるものである．しかし今，この隼が［それらを］掴んで，私の手に止まった．白きものが降りた．何らかの吉事を示すものか」と言った．

『モンゴル秘史』第63節

【喋る牡牛】
　私たちはジャムカから離れられないでいた．しかし，我々にお告げが来て，私の眼に見せたのだ．白き牡牛が来て，ジャムカの周りを歩き，天幕を載せた彼の荷車を何回も角で突いて，ジャムカも突くと，片方の角を折って不揃い角の牡牛となり，「私の角をよこせ」と言い言い，ジャムカに向かって吼え吼えしながら，埃を巻き上げ巻き上げ立っている．角なしの白き牡牛は大きな天幕の下床を上に持ち上げ，付けて牽きながら，テムジン（後のチンギス・ハン）の後から大きな道を吼え吼えして近づくと「天と地とが合意した．テムジンが国の主になるようにと，国を載せて持って来ている」と眼に見せて，私に告げるのだ．

『モンゴル秘史』第121節

これらを読んで，どのような感想を抱かれるであろうか．もちろん，オオカミとシカとが交配することはなく，ハヤブサは太陽や月に爪を立てず，ウシが喋ることはない．『モンゴル秘史』に数々現れるこのような寓話は，モンゴル古来のシャーマニズムの発露として解釈されるのが常である．こうした解釈の中では，この種の寓話は「迷信」であり非科学的なものでしかない．これは，当時のモンゴル人たちが生活する中で抱いていた，理解できない自然に対する恐怖の表れなのだ．しかし，本当にそうなのかとバウマンは問う．近代以前においても，帝国期のモンゴルのような，世界を征服する権利を天が与えてくれたと信じていた人々の知とは，原始的な「迷信」以上のものではなかったのだろうか．彼らは，「科学」的な思考を欠いていたのだろうか．

　ここで問題となるのが「科学」である．そもそも「科学」とは何であろうか．私たちのイメージする「科学」といえば，それは客観的に実証された知となろう．しかしこれは実のところ，近代以降の考え方である．自然には不変の秩序があり，それは探求によって見出される．近代科学はこのような信仰の上に立つ「科学」である．それではこうした考え方が生まれる以前には，「科学」は存在しなかったのだろうか．「科学」をこのように狭い範囲で捉えてしまうと，近代以前——あるいは近代以降においてすら——日々の生活の中で不断になされてきたさまざまな知の営みが捨象されてしまう．そこで，ここでは「科学」をより広く，「“何かを”知るための方法」，あるいはそれによって獲得された知と捉えたい．そう考えると，人類史における「科学」とは多くの場合，何か客観的に実証された知というよりは，主観的に理解された知であったことがわかる．いま「人類史」という言葉を使ったが，そのような「科学」を実践していたのは，人間にすら限られない．動物もまた「科学」を，例えば自らの環境に対する感覚的な知として有している．バウマンはその例として，マスクラットをあげている．高緯度帯に生息するこの齧歯類について，それらが例年になく大きな巣をつくる年は厳冬になるとされている．

　こうした感覚知が動物の「科学」であり，当時の人々は動物がこうした「科学」を通じて，天からの命令を知ると考えていた．ここに，『モンゴル秘史』の寓話に出てくる動物と天とのつながりが見える．蒼き狼と白き牝鹿は天からの命令を体現し，白き隼は太陽と月とを掴むほどに力強く，喋る牡牛は天の声を代弁している．動物と人間との共生の「科学」は，近代世界の人間がその進歩とともに完全に失ってしまったものだとバウマンは述べる．

166　第6章　西アジア・中央アジア

　そして人間の文化における天と動物とのつながりはもちろん，モンゴル文化に限られたものではない．古来，文化ごとに動物は星空に存在していた．メソポタミアに起源を持つ黄道十二星座はこの種の有名な，しかし一例にすぎないのである．例えばイランにおいては，ヒツジ，太陽が春分点に入るおひつじ座は新年を告げるものであった．クマ，北に位置するおおぐま座は陸路・海路を問わず，旅人に方位を告げるものであった．動物によって表現される天と地とのつながりは，この種の寓話が「迷信」などではなく，むしろ「科学」的思考の産物であったことを示している．この意味での「科学」，つまり自然界に秩序を見出そうとする主観的な知の営みにおいて，星空の動物は，「科学」の象徴として重要な意味を持つのである．近代科学は時間と空間を知るための方法を，抽象的で合理的で客観的なものに限定し，それこそが絶対だと信じた．天体現象や天体運行を数値やメカニズム，モデルに置き換えることで，近代は天と地とのつながりを破壊した，バウマンはそのように表現している．

　モンゴル人の星の文化は原始的なものではなかった．さらに，モンゴル帝国がユーラシア規模に拡大するに伴い，モンゴル人は各地の星の文化とも触れ合う．帝国の宮廷では，天への信仰を基盤としながらも，それをそれぞれの文化で解釈する多種多様な人々が集っていた．さまざまな星の文化が混ざり合う星空の中に，当時のモンゴル人は動物のイメージを映し出した．この当時のモンゴル人の文化においては，象徴的な意味を有しているとされた動物はすべて，星空にも何らかの位置を占めている．これらの動物は，一方では龍や鳳凰のように天のみに住まう神獣であり，他方ではクジャクのようにモンゴル在来でなかったものも含まれている．そして後者のすべてではないにせよほとんどのものは，外来の星の文化にその起源を有しているのである．

『モンゴル秘史』に見える帝国の星の文化

　再び前節の冒頭に掲げた『モンゴル秘史』の3つの節に戻りたい．バウマンはこれらの3つの節に現れる動物を，天の文脈で読み解いていく．まずは冒頭，【蒼き狼と白き牝鹿】の節である．蒼き狼と白き牝鹿とが意味するものが星であれば，その交配や渡河を問題視する必要はない．むしろ，天の川をはじめとして天には多くの川が流れている．モンゴル勃興期の拠点は，モンゴル高原東部のヘンティー山脈にあった．分けても，この節で言及されるブルカン嶽はモンゴルの霊峰であった．この山を参照点とすると，ここで「蒼き狼」に擬えられるのはお

そらくシリウス（おおいぬ座のα星）であるとバウマンは見ている．この星は中国の伝統では「天狼」として知られているのだ．蒼い色をしたシリウスは中国の天において，狩り場に位置している．さらにシリウスは，オリオン座を追い掛けて星空を飛ぶ．中国の星宿（「中国」参照）では参として知られるオリオン座中央の三連星は西洋と同じく，手練れの猟師にたとえられ

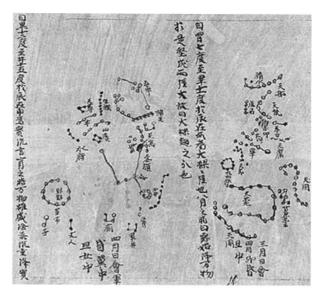

図2　敦煌星図(7世紀中葉)中央の三連星がオリオン座のもの
〔Qiu, J. "Charting the Heavens from China" Nature 459, p.778, 2009〕

る（図2）．そしてこの節に出てくる牝鹿は，モンゴル語で「マラル」といい，モンゴル高原西部に住むアルタイ種のシカを意味する．モンゴル語で「3つのマラル」といえば，それはオリオン座を意味するのである（村上正二訳注『モンゴル秘史1―チンギス・カン物語』平凡社，p.9，1970）．蒼き狼と白き牝鹿はそれぞれ，シリウスとオリオンとして星空に住まう動物であり，彼らは天からの命令を享けて地上に降り立つ．

　次に【白き隼の夢】について，夢の啓示は多くの場合，意図した行動に変更を促すために用いられた．この夢の逸話も同じく，テムジンの父イェスゲイは，当初の計画を曲げて，夢を見たデイ・セチェンの娘を，テムジンに娶らせる．この夢に出てくる白き隼はモンゴルの伝統においては男性と権力の象徴であった．ハヤブサに限らず，猛禽類の権力の象徴としてのイメージは，エジプトのホルス神をはじめとして古今東西に広く見られる．そしてエジプトのケースではハヤブサもタカも太陽を象徴していた．その後イランを勢力圏としたペルシャ帝国ハカーマニシュ/アケメネス朝の時代（前550-前330）になると，猛禽類はさらに，天の力そのものを象徴する存在となっていく．すべてを包含する天は，ゾロアスタ

図3 ハカーマニシュ朝都市スーサ壁画上のフワルナフ
[Soudavar, A. "FARR（AH）ii. ICONOGRAPHY OF FARR(AH)/XᵛARƎNAH," *Encyclopædia Iranica*, online edition, 2016]

一教の伝統では光輪を意味するファッル（中期ペルシア語ではフワルナフ）として称えられた．そしてこのフワルナフも，当時の図像の中で猛禽類として描かれる（図3）．こうした図像の中でその爪は，往々にして天体を掴んでいるのである．このイメージはおそらく，イラン世界を通じて，モンゴルの遊牧世界にも流れ込んでいた．すでにチンギス・ハンの時代，1219年には旧ハカーマニシュ朝領に到達していたモンゴル人は，1256年のフレグ・ウルス——イランのモンゴル政権——の成立後，自らのイラン支配を正当化すべく，かつてのペルシャ帝国のフワルナフの伝統を再興する．『モンゴル秘史』の夢の逸話に出てくる白き隼は，王権をもたらす象徴としてのフワルナフの伝統を意識したものなのかもしれない．

最後に【喋る牡牛】の逸話である．モンゴル帝国は遊牧民のつくった帝国であり，その「首都」は定住国家のような都市にはなかった．その政治の中心は，彼らとともに移動する天幕にあったのである（図4）．この意味で天幕を牽く牡牛はまさに「国を載せて持って来ている」．

「天と地とが合意した．テムジンが国の主になるようにと」吼える「片角」の牡ウシについて，バウマンはそこに西域の星文化を見る．おうし座はβ星とζ星の2つの角を持つとされるが，前者は「片角」でぎょしゃ座の右足にあたるγ星でもある．このことは，ヘレニズム世界の天文学のバイブルであった『アルマゲスト』（C. プトレマイオス，2世紀中葉）にも，イスラーム圏の星座集成である『星座の書』（スーフィー，903-986）にも出てくる．片方の角が欠け，それは荷車を先導する馭者の足でもある．このことはこの天幕の主で，テムジンのライバルであったジャムカの敗北を，天意として表わしているのである．

『モンゴル秘史』に現れる動物の寓話は，このように天とのかかわり，天の意

思の表れとして読むことができる．チンギス・ハンによる帝国は，天意のもとにつくられた．『モンゴル秘史』はそれを，自然の秩序に対する理解のもとで，つまり「科学」として語っているのだ．ただしその語りは，モンゴル古来の星の文化にのみ基づいたものではなかった．ユーラシア規模に拡大した帝国は，多地域の星の文化を吸収していった．『モンゴル秘史』における天意を体現する存在としての動物は，モンゴルのみならず，中国，イランやさらに西方の星の文化に由来する存在であった．モンゴル帝国時代以降，モンゴルはチベット仏教に接近し，その星空には仏教色が濃くなる．モンゴル帝国時代とは，モンゴルが地上だけでなく天上でもユーラシアの多文化を包摂した時代だったのである．

図4　モンゴル帝国，ハンたちの夏営地の1つウルクメト[筆者撮影]

[諫早庸一]

【参考文献】

[1] 諫早庸一『ユーラシア史のなかのモンゴル帝国』みすず書房，2025
[2] 矢野道雄『星占いの文化交流史』新装版，勁草書房，2019
[3] Baumann, B. "Animal Signs: Theriomorphic Intercession Between Heaven and Imperial Mongolian History," Kowner, R., et al. eds. *Animals and Human Society in Asia: Historical, Cultural and Ethical Perspectives*, Palgrave Macmillan, pp.391-419, 2019

コラム　オマーンの農業暦

◆**農業暦**　オマーンはアラビア半島南東部オマーン湾とアラビア海（インド洋）に面する王国であり，古代より乳香の産地として「海のシルクロード」の要衝であった．全土が砂漠気候に属し，ワジを除き通常の河川が存在しない．北部にある首都マスカットの年間降水量は 100 mm で，降雨は 12〜4 月にある．南部のドファール地域はインド洋のモンスーンの影響を受け 6〜9 月にかけ降雨が多く，海岸で霧が発生し，ココヤシの成長を助ける．

　オマーンには西暦前 2 世紀頃にアラブ系住民が移動し，7 世紀にはイスラームに改宗した．水を確保するためにつくられた水路アフラージュ（aflāj）は前 1000 年に遡ってつくられた可能性がある．アケメネス朝の時代に発展が見られ，サーサーン朝のときに耕地が拡大されたようである．そして，1970 年代までは伝統的な太陽や星を使う暦が生活の中心であった[1]．

　1 日の 24 時間は 2 つに分けられ，さらに昼間は 48 区分のアサル（athar）に区分される．アサルは約 30 分に相当する．さらにアサルは 24 に細分されるが，その 1 分少しの単位が灌漑を計画するときの最小の時間単位である．また 45 分に相当するサーム（sahm）という区分が使われる場合もある．直立した棒と南北にアサルやサームに沿った線が引かれ，それに落ちる棒の影で時間経過が推測された．

　農民が時間を知るために使われたのは，プレアデス，アルデバラン，シリウス，プロキオン，アルクトゥールス，スピカなどである．これらはおおむね北の星であるが，インドから来た農民がよくわかるように，プロキオンからシリウスに使う星を変えたという事例もある．

　星の観察は村によって異なる．地平線に昇るところが観察される村もあるが，建物に付属する壁，ヤシの木，あるいは柱を基準にして出現，没入あるいは南中が観察される村もある．クァリャ・ベニ・スブー（Qaryah Benẕi Ṣubḥ）村ではおもに 40〜90 分間隔で昇る 21 の星座と，補助的に使われる星座を合わせて約 50 個の星座の出現の間隔が水の分配時期の目安に使われる．村には 3 ヶ所観察する場があり，灌漑をする農民が誰でも使えるようになっている．農民は自分で時間をはかることができないときは専門家である星観測人に頼る．

　主要な星の選択は必ずしも明るさだけではない．例えばオリオン座のベテルギウスは，オリオンの三つ星とふたご座のγという主要星のあいだを分けるディバイダー，ふたご座のポルックスはふたご座のγとプロキオンのディバイダーであるが，特定の名称は与えられていない．アルクトゥールスとコロナ・ボレアリスのあいだは 2 つの星によって分けられる．最初のディバイダーはアルクトゥールスの 20 分後の昇り，次のディバイダーはまた 20 分後に昇るが，それはコロナ・ボリアルスが昇る 30 分前である．この細分がアサルに相当する．

一方，ムダイビー（Muḍaybī）地方では建物を利用して星の観察が行われる．特定の柱の上に見える星によって出現や南中を定めて，時間の経過を知るのである．また，人間が観察場所を動いて同じ星の動きを認識するという方法が使われる．例えばモスクの外壁に印がついており，その印が星の高さの目安となる．観察人は入り口に近いところから西を見て，ほぼ真上に星を見る．しばらくして東に動いて同じ星を見ると，少し沈んだ同じ星が見える．このようにして，東に動きながら西の空に低くなっていく同じ星を観察して時間を決めるのである．星をいつ観察したかという問題であるが，オマーンの農業用の用水の暦では最後に星が昇るのを観察するということなので，明け方の旦出を観察したのであろう[2]．

◆漁民の季節も星から　漁民も星を使った暦を持ち，ドファール（Dhofar）の漁民は星座と海況によって4つの季節を認識していた．カリーフ（Kharīf）：南東モンスーン期（6月27日〜9月25日），サーブ（Sarb）：収穫の季節（9月2日〜12月26日），シター（Shitā'）：冬期（12月27日〜3月27日），カイズ（Qayz）：暑い時期（3月28日〜6月26日）である．

　南東モンスーンの季節，アラビア海では波は高く港は閉じられるが，カリーフの風がおさまる9月の末になると安全になって漁ができる．サーブの季節はイワシ網漁の季節で冬のあいだ中続く．漁はカイズのあいだも行われるが，非常に暑く魚は少なくなる．この暦ではだいたい12日おきに見える星が28個くらいリストされている．例えばスハイル（Suhayl）は，7月第3週くらいに明け方に昇るカノープスで，南の方角の目印になる．スラーヤ（Thurayaa）はプレアデス，カルブ（Qalb）はアンタレスであり，夜更けから明け方に沈むのが観察されたのであろう[3]．
[後藤　明]

【参考文献】
[1]　Nash, H. *Water Management: The Use of Stars in Oman*, Society for Arabian Studies Monographs 11, BAR PUBLISHING, 2011
[2]　Nash, H. "Stargazing in traditional water management: a case study in northern Oman" *Proceedings of the Seminar for Arabian Studies* 37, pp.157-170, 2006
[3]　Nash, H., et al. "Star Use by Fishermen in Oman" *Nautical Archaeology* 46(1), pp.179-191, 2016

第7章

南アジア
東南アジア

インド

多様性のインド

　インドは多様性を特徴とする国，地域である．2023年半ばには人口14億3000万となり，中国を抜いて世界最大の人口規模を持つに至った．日本の約8倍にあたる297万km^{2}の面積はEU全体の7割にあたる．自然環境も多様で，北はヒマラヤ山脈から南はインド洋に突きだしたカンニャクマーリ（コモリン岬）までを含み，気候も寒帯から熱帯までカバーしている．行政的に比較的独立性が高い28の州と7つの連峰直轄地に分かれていて，公用語も中央政府のヒンディー語，英語のほか22の地方公用語が認められている．これもまた27ヶ国からなり24の公用語を持つEUに匹敵する．宗教も，最大のヒンドゥー教以外にも，イスラーム（14%），キリスト教（2.3%），仏教（0.7%），インド固有のシク教（1.7%），ジャイナ教（0.4%）などがある．当然星の文化も多様で，一般化するのは不可能であり，以下に示すのは，ヒンドゥー教，仏教などの伝統に見られる限られた例にすぎないことをお断りしておく．

◆メール山　ヒンドゥー教の宇宙観（コスモロジー）は，世界の中心にそびえるメール山をとりまく同心円状の構造を持っている（図1）．このメール山を中心とする宇宙観は，インドに発祥した仏教，ジャイナ教にも共通している．ヒンドゥーの宇宙観では，メール山の頂上に最高神ブラフマーの領域があり，それをとりまくように世界を守護する神々（八方神）が配置されている．また，仏教では須弥山（メール山）の頂上が三十三天の神域で中央に帝釈天が住まう．何ごとに関しても規模雄大なインドでは，須弥山の高さ

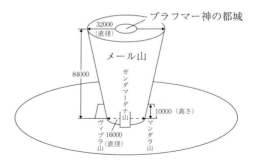

図1　ヒンドゥー教の宇宙観（鳥瞰図）［定方晟『インド宇宙誌：宇宙の形状 宇宙の発生』春秋社，1985をもとに作成］

は約 56 万 km に及ぶという．こうした宇宙観を図像化したものがマンダラ（曼荼羅）である．マンダラは「聖なる世界の縮図」であり，これを実現させるために，都市，建築の計画手法を整理したものが『アルタシャーストラ』や『シルパシャーストラ』と呼ばれる文献群で，西暦 3，4 世紀頃に集成されたといわれる．インドの都市，とりわけ王都の構造には，これらの文献に基づいている例が見られ，さらにはワラナシーのような宗教都市やヒンドゥー寺院なども，宇宙観に基づく配置，構造を持っていることが知られている．『アルタシャーストラ』も『シルパシャーストラ』もながらく一般には知られていなかったが，20 世紀に入ってサンスクリット訳や英訳が公刊されることで世に知られるようになり，学問的な研究も進んだ．

◆**ヴァーストゥ**　インドの方位観で特徴的なのは，日本でも広く知られている中国の風水と同様のシステム，ヴァーストゥを持つことである．ヴァーストゥは正確には「ヴァーストゥ・シャーストラ」と呼ばれる住居，寺院の建築についての知識の体系であり，現在では特にその方位観が注目されている．その成立は非常に古く，ヴェーダ時代（前 1200〜前 500 頃）以前からのものとする説もある．ヴァーストゥを支える自然観によれば，自然は地，水，火，風，空の 5 要素からなり，その均衡が崩れると災いがもたらされるとされる．ただ，ヴァーストゥ自体は細々と伝えられてきたにすぎないが，20 世紀に入って西欧で再評価され，特にビートルズが心酔した聖者マハリシ・マヘーシュ・ヨーギーを通じて広く知られるようになった．現代ではもっぱら住居の建築の際に応用されているとともに，風水ブームに伴って特に注目されるようになっている．

◆**星の文化**　何ごとにつけ多様なインドでは，星の文化もさまざまであるが，古代から独自の科学を発展させただけでなく，西方のペルシャ，アラブ，ヨーロッパ世界との交流によって，さまざまな知識を取り入れ，高度な体系を育んできた．特に星に関する科学は古代から発達しており，これにギリシャの伝統をつき

表1　サンクラーンティと朔望月の対応関係

サンクラーンティ	朔望月
おひつじ宮	チャイトラ
おうし宮	ヴァイシャーカ
ふたご宮	ジャイシュタ
かに宮	アーシャーダ
しし宮	シュラーヴァナ
おとめ宮	バードラパダ
てんびん宮	アーシュヴィナ
さそり宮	カールッティカ
いて宮	マールガシールシャ
やぎ宮	パウシャ
みずがめ宮	マーガ
うお宮	パールグナ

混ぜて独自の占星術の体系をつくり上げた.

インドにおける星の文化にとっては,「黄道十二宮」の概念が重要である. これは天球上での太陽の動き（黄道）を12分し,それぞれに近くの星座の名前をつけたものである. 太陽が各宮（ラーシ）に入るときがサンクラーンティで,それぞれ朔望月に対応している（表1）. 明らかに西方起源であるが,座標原点が微妙に異なっていて,西洋の十二宮とは少しずれている. さらに,高度な天文学的知識を背景に体系化された占星術,占星表（ホロスコープ）は人の一生の運命を左右している.

いま1つには,人生の吉凶,運不運を星の善し悪しに帰する災因論に基づく星神（星辰,宿曜）信仰があげられる. とりわけ太陽（スーリヤ/ラヴィ）,月（チャンドラ/ソーマ）,および火星（マンガラ/クジャ）,水星（ブダ）,木星（ブルハスパティ/グル）,金星（シュクラ）,土星（シャニ）の5惑星,さらに日食,月食を形象化した龍頭（ラーフ）,龍尾（ケートゥ）を加えた「9星神」（9曜）への信仰として体系化されている.

多様な暦法

インドの暦法には,太陽暦,太陰暦,そして,暦月は月の満ち欠けにより,年は太陽の動きによる太陰太陽暦,の3種類が混在している. ヴェーダ時代はすでに太陰太陽暦を基本としていた. さらにヴェーダ時代後期（前1000～前500頃）には黄道に沿った27または28の星宿（ナクシャトラ）の体系も確立していた. 同じ頃中国で同様の二十八宿の体系ができているが,両者に直接の関係があるかどうかは定かではない. 西暦2世紀頃にはヘレニズムの天文学と占星術が伝えられ,1200～1757年のあいだはイスラームの太陰暦が採用された. 1556～1630年までのムガル帝国初代のアクバル帝時代にはイラン風のイスラーム太陽暦（Jelali）を採用し「神の暦（ターリキー・イラーハー）」と称した. 1757年に英国が本格的な植民地支配体制を確立しはじめてからはグレゴリオ暦が標準となった. 独立後,インド中央政府は1957年にヒンドゥー暦を統一した国民暦「ラーシュトリーヤ・パンチャーンガ」を制定したが,実効性がなかったばかりでなく,かえって混乱を大きくした. 特に伝統的な太陰太陽暦ではなく太陽年に基づく純然たる太陽暦を採用したことが混乱を助長したとされる.

◆代表的な暦法　ノーベル賞を受賞したインド出身の経済学者アマルティア・センは,インド起源の代表的な暦法7種を紹介している.

①カリユガ（Kaliyuga）暦（前 3101-2 年紀元）

②仏暦（仏陀入滅：Buddha Nirvana）（前 544-3 年紀元）

③ウィクラム・サムヴァット（Vikram Samvat）暦（前 57 年紀元）

④シャカ（サカ：Saka）暦（紀元 78 年紀元）

⑤ヴェーダーンガ・ジョティシャ（Vedanga Jyotisat）暦

⑥ベンガル（Bengali San）暦（ヒジュラ暦の修正版）

⑦コッラム（Kollam）暦（紀元 825 年紀元）

　これらのうち，③ウィクラマ（ウィクラム）暦（太陰太陽暦）と④シャカ暦（太陽暦）はインドに広く普及しており，両者を合わせて「ヒンドゥー暦」と総称する．センは上記の 7 種のほかに，ジャイナ（開祖マハーヴィーラ入滅）暦（西暦前 527 年），パールシー暦（西暦 632 年紀元），ネパール暦（太陰太陽暦，西暦 879 年紀元），それにケーララ州に残るユダヤ暦などの存在にもふれている．

◆**年・月・日**　インドの「年」は黄道十二宮（ラーシ）の中での太陽の動きに基づく「恒星年」である．恒星年は，特定の恒星（インドでは白羊宮メーシャ）を基準に，地球が太陽を 1 周し同じ恒星の位置に戻るまでの平均時間 365.2564 日である．同じ太陽年でも，春分点から春分点までのグレゴリオ暦などよりおよそ 20 分長くなる．1 年のはじまりは太陽が白羊宮（メーシャ）に入った時点，つまりメーシャ・サンクラーンティであるが，これは現在では西暦 4 月 13 日にあたる．もともとは春分の 3 月 21，22 日に対応すべきところであるが，半月以上ずれている．

　「月」は月の運行に基づく太陰月（朔望月，チャンドラマーサ）である．しかしこれには，満月（プールニマ）から満月までをひと月と数えるプールニマーンタ法と，新月（アマーワーシヤ）から新月までのアマーンタ法の大きく 2 つの方式がある．アマーンタ法は，マハーラーシュトラ州，グジャラート州，南インド各州，ネパールなどで採用され，その他の地域ではプールニマーンタ法に従っている．

◆**パンチャーンガ**　インドの有名なヒンドゥー寺院の前の商店・露店では，「パンチャーンガ」と呼ばれる暦がよく売られている．5 を意味する「パンチャ」の名のとおり，5 種類の要素（ティティ，ヴァーラ（ヴァール），ナクシャトラ，カラナ，ヨーガ）からなっていて，それぞれが 1 日のどの時間に終わるかが示されており，それが吉時・凶時などの計算の根拠となる．

　1）ティティはインド固有の単位で，月の満ち欠けの単位である朔望月（約

29.5 日）を 30 等分したものである．特に祭礼などの日を決めるのに不可欠であり，多くの有名な祭礼で最終日が満月になる 15 日間（15 ティティ）あるいは 10 日間を設定している．

2) ヴァーラはいわゆる七曜にあたる．順に，日（ラヴィ）・月（ソーマ）・火（マンガラ）・水（ブダ）・木（グル）・金（シュクラ）・土（シャニ）という惑星の名前が使われる．ヴァーラの 1 日は，日の出から次の日の日の出までのあいだである．

3) ナクシャトラ（星宿）は中国でいう二十八宿にあたる．月は恒星の上を約27.3 日で 1 周するが，各日は月が通過する 27 ないし 28 の恒星の名で呼ばれる（次節参照）．

4) カラナは，ティティの半分の単位で，1 ヶ月は 60 カラナからなる．

5) ヨーガは，太陽と月の黄経の和を 13 度 20 分で割ったもので，27 のヨーガがあり，それぞれ名前がついている．

このうち，ティティとナクシャトラが年中儀礼などを行う場合に最も重視される．儀礼の際には日の出のときのティティ，ナクシャトラ，カラナ，ヨーガを見る．日の出の時刻は地域によって大きな差があるので，儀礼のタイミングにもまた地域差が生まれる．

ナクシャトラと二十八宿

ナクシャトラは中国の二十八宿と同様に，月の通り道の近くにある恒星（群）を月の宿として 27 ないし 28 指定している．さらに，黄道上の十二宮や身体部位とも対応している（表 2）．ただし，選ばれる星には微妙な違いがある．

おひつじ座（メーシャ）：表 2 の 1, 2, 3；頭

おうし座（ヴルシャ）：4, 5；顔・首

ふたご座（ミトゥナ）：6, 7；腕

かに座（カルカタ）：8, 9；胸・心臓

しし座（シンハ）：10, 11, 12；胃

おとめ座（カニヤー）：13, 14；臀部

てんびん座（トゥラー）：15, 16；性器

さそり座（ヴリシュチカ）：17, 18；生殖器

いて座（ダヌス（Dhanu））：19, 20, 21；太もも

やぎ座（マカラ（Makara）：22, 23；膝

みずがめ座（クンバ（Kumbha））：24，25；脛

うお座（ミーナ（Meena））：26，27；足

表2　27星宿と対応する主宰神［矢野 1995：p.209］

	星宿名	漢名	星数		主催神
1	アシュヴィニー	婁	3	アシュヴィン	馬頭双神，医術・健康
2	バラニー	胃	3	ヤマ	閻魔，死の神
3	クリッティカー	昴	6	アグニ	火の神
4	ローヒニー	畢	5	カマラジャ	創造の主
5	ムリガシラス	觜	3	チャンドラ（シャシン）	月，夜・植物
6	アールドラー	参	1	ルドラ	暴風神
7	プナルヴァス	井	5	アディティ	母神
8	プシュヤ	鬼	3	ブリハスパティ	神がみの師
9	アーシュレーシャー	柳	6	サルパ	蛇の神
10	マガー	星	5	ピタラス	祖先
11	プールヴァパルグニー	張	8	バガ	結婚の歓び・繁栄
12	ウッタラパルグニー	翼	2	アルヤマン	慣習・秩序
13	ハスタ	軫	5	アーディトヤ	太陽光
14	チトラー	角	1	トゥヴァシュトリ	聖物製作職
15	スヴァーティ	亢	1	ヴァーユ	風の神
16	ヴィシャーカー	氐	5	インドラーグニー	インドラとアグニ
17	アヌラーダー	房	4	ミトラ	契約・調和
18	ジェーシュター	心	3	インドラ（シャクラ）	諸神の王，天空
19	ムーラ	尾	11	ニルリティ	解体・破壊
20	プールヴァーシャーダー	箕	2	アーパス	水の神
21	ウッタラーシャーダー	斗	8	ヴィシュヴァデーヴァ	ヴェーダ諸神
				ブラフマー	
	アビジト＊	牛		ブラフマー	宇宙の創造神
22	シュラヴァナ	女	3	ヴィシュヌ（ハリ）	宇宙の維持神
23	ダニシュター	虚	5	ヴァス	現世の繁栄
24	シャタビシャジュ	危	100	ヴァルナ	空・海・水
25	プールヴァバドラパダー	室	2	アジャパーダ	一足三身のシヴァ神
26	ウッタラバドラパダー	壁	8	アヒルブドニヤ	深淵の蛇
27	レーヴァティー	奎	32	プーシャン	成長・守護

＊二十八宿の場合にはアビジトが挿入される．神がみの属性は異同が大きく，あくまで一例にすぎない

占星表の支配

　インドからスリランカにかけては一般に，子どもが産まれると占星術師に頼んで占星表（ホロスコープ）をつくってもらう．占星表には子どもが生まれたとき

の，太陽，月，星の位置によって，子どもの一生の運勢を左右するさまざまな要素が書き込まれている．最も重要なのは，出生した刻限の，十二位（グリハ＝家）の中での九星神（ナワグラハ）つまり，太陽，月，水星，金星，火星，木星，土星，龍頭，龍尾，の位置である．人の一生はこまかく区分され，特定の星神がそれぞれの期間を支配する．星神は，吉凶さまざまな性格を持ち，それによってその人の運勢も決まってくる．出生時の「星宿」は，個人の性格を大きく左右する要素として書きこまれている．特に結婚の際にはホロスコープの相性の良いことが不可欠である．

　日本と同様，インドでも占いは時代が進んでもすたれることはない．街の書店でも，占星術関係の雑誌などが何種類も置いてあるし，有名な占星術師はインド中から招待されて忙しく飛び回っている．従来は，棕櫚皮（貝葉，パームリーフ）あるいは紙に手書きのものが一般的であったが，コンピュータで解析した結果がプリントアウトされたものが流通するようになっている．さらには，占星術アプリなども現れて，占い産業の勢いはとどまるところを知らない．意外なことに，こうした新しいタイプの占いブームは，特に都市の中流以上の人々に広がっている．インドは1991年以降の経済開放政策のもと，都市の中間層以上の生活が大きく変わってきている．とりわけ裕福な生活を守ろうとする都市の上層階層の中に，生活を守ろうとするプレッシャーから，コンピュータ占いなどが静かに広がっているのだという．

九星神信仰の隆盛

　インドでもスリランカでも九星神（ナワグラハ）への信仰が盛んである．ヒンドゥー寺院において九神は，集合的に祀られており，それぞれが方位，神々と関連づけられている．

　　龍尾（北西；チトラグプタ）―木星（北；ブラフマー）―水星（北東；ハリ）
　　土星（西；ヤマ）―太陽（中央；シヴァ）―金星（東；インドラ）
　　龍頭（南西；カーラ）―火星（南；スカンダ）―月（南東；パールヴァティ）

　九星神はシヴァなどの神々に対して補助的な色彩があり，寺院の中でも最後にお詣りすべきだと考えられている．また，土曜日に限り，九星の回りを時計回りに9回廻るのが良いとされる．スリランカではヒンドゥー寺院に九星神が祀られているが，ほかに仏教徒が行うバリ儀礼がある．これは直接九星神を祀る儀礼ではないが，紙に描かれた九星神などに対して供物（バリ）を備える儀礼である．

もともとはヒンドゥー色の濃い儀礼だったと思われるが，儀礼・芸能を執り行う
ベラワー・カーストに伝承され，もっぱらシンハラ仏教徒のあいだで行われてい
る．

　ヒンドゥー教の中で比較的後景にあった九星神信仰は，経済成長に伴う旅行ブー
ムなどにのって前面に出てきた例も見られる．南インド，タミルナードゥ州で
は，九星神を祀った寺院をめぐるツアーが人気である．これらの寺院は，おおむ
ねシヴァ神など異なった神が主神であるが，併設された九星神の1つをクローズ
アップして，数日で回るツアーを組んでいる．9つの寺院はいずれも州の中部を
流れるカーヴェーリ河の河口近くのカーヴェーリ・デルタにあり，西暦7〜10世
紀のチョーラ朝時代に創建されたシヴァ派寺院である．伝説ではハンセン病にお
かされていた聖者が九星神に快癒を祈願したところ，星神は喜んでその願いをか
なえた．最高神ブラフマーはこれを越権行為とみなして怒り，九星神に同じ病を
与え，地上に落とした．そこに現在のアードゥドゥライの太陽神を祀る寺院があ
る．九星神はシヴァ神に祈りを捧げ，シヴァはこれを許すとともに，人びとを救
うように命じた．この太陽神スーリヤナール寺院は，唯一九星神の1つを主神と
する寺院である．ほかの8神は，それぞれシヴァ神を主神とする寺院に併設され
た祠が信仰の対象になっている．巡礼ブームにあやかって，それまでひっそりと
信心されていた祠がにわかに信仰対象としてクローズアップされたわけで，その
背後には当然経済成長に促された商業主義がある．

　天空の動きをもとにした暦法，占星術はインド世界に生きる人びとの生活・生
存のすみずみまで支配するとともに，グローバル化が進み，テクノロジーが進歩
するとともに，迷信としてしりぞけられるどころか，ますますその役割が重要に
なっているのが現状である．　　　　　　　　　　　　　　　　　　［杉本良男］

【参考文献】

[1]　柳沢究「インドの伝統的都市における都市構造の形成と居住空間の変容に関する研究―
　　ヴァーラーナシーとマドゥライを事例として」京都大学博士学位論文，2008，https://re-
　　pository.kulib.kyoto-u.ac.jp/dspace/bitstream/2433/57293/1/D_Yanagisawa_Kiwamu.pdf
　　（最終閲覧日：2024年8月27日）
[2]　矢野道雄『占星術師たちのインド―暦と占いの文化』中公新書，1992
[3]　矢野道雄「解説」ヴァラーハミヒラ『占術大集成2―古代インドの前兆占い』矢野道
　　雄・杉田瑞枝訳，平凡社，1995

インドネシア

多民族国家のさまざまな暦

　インドネシア共和国（Republic of Indonesia，以下，インドネシア）は，1万7000を超える島々からなる世界最大の島嶼国家であり，その国土面積は日本の約5倍にあたる（図1）.

　面積の順に，東部をパプアニューギニア独立国と分かつニューギニア島，ブルネイ・ダルサラーム国やマレーシアを含むカリマンタン（ボルネオ）島，スマトラ島，スラウェシ島，現在の首都ジャカルタのあるジャワ島などが続き，観光地としても有名なバリ島など小さな島々が東西に連なる．香辛料や海産物，木材など，熱帯の豊かな生態資源に加え，石油やガスをはじめとする天然資源を産出する．

◆**多民族国家インドネシア**　インドネシアは，多様な民族や言語，宗教，文化を有する多民族国家である．国の方針に「多様性の中の統一」を掲げるように，インドネシア国内には少なくとも約300以上の民族集団があり，言語の種類はその倍ほどにもなる．ただし，公用語としてはインドネシア語が使用されている．国全体としてはグレゴリオ暦が用いられる一方，人口の約8割以上をイスラーム教徒が占めることからヒジュラ（イスラーム）暦も公的に用いられる．さらにバリ島のバリ暦（バリ・サカ暦）など地方ごとに用いられる暦もある．ヒジュラ暦は月の満ち欠けの周期を基盤としながらも（太陰暦），季節のずれを考慮しない純粋太陰暦である．断食（ラマダーン）の日取りや礼拝の時刻を知るために，天体

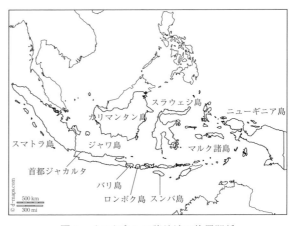

図1　インドネシア諸地域の位置関係

の動きや位置が観察され，実践的な知識として重要な役割を果たしてきた．現在では礼拝の時刻になるとアザーンが流れて人々に礼拝を呼び掛けるし，スマートフォンやテレビを見ればいつでも時間を確認できる．しかし海で仕事をする人々は現在でも，夜明けに水平線の東側にシリウス（ビンタン・トゥンガル：「唯一の星」の意味）があるのを見て，サフール（ラマダーン中，断食開始前に食べる食事）の時刻を知ることがある．

　しかしイスラーム教徒が大多数を占めるからといって，インドネシアにおける星や天体をめぐる文化のすべてがイスラーム天文学に基づくわけではない．それぞれの地域の多様な人々が，暮らしの中で星に親しみ，生業や儀礼に利用したり，神話や伝説を語り継いだりして星の文化が紡がれてきたのである．本項では，インドネシアの多様な星の文化からいくつか特徴的な事例を取り出して紹介する．

農民の星，海民の星

◆農業における星の利用　人口世界第4位，じつに2億7000万もの人口を支えてきたのは，インドネシアの広大な国土で営まれてきた農業であった．乾燥の心配のない地域では灌漑や天水灌漑による湿田農業，移動耕作，さらに乾燥した地域ではまた別の栽培システムなど，自然環境の利用の仕方は多岐にわたる．農民たちは，季節の変化，特に農業に重要な指標である降雨量の変化を知るために，星などの天体の周期的運動を注意深く観察し，利用するのである．

　ジャワ島では，肥沃な土壌を利用した水稲栽培が営まれてきたが，ジャワ人は星の運行と農業サイクルを結びつけて，種まきや田植え，刈入れなど，一連の作業を進めるのに適切な時期を判断する．11月と12月の夕方にプレアデス星団とオリオン座が現れることで種まきの時期を知り，田植えは1月下旬の夕方にプレアデス星団が空高く昇るまでに終えることが望ましいとされる．

　このように，夜空の中でもひときわ目立つような恒星の周期的な運行はしばしば観察され，季節の到来を知らせるものだった．特に，ある季節のあいだある恒星の姿が見えなかったところ，別の季節になると再び見られるようになることをヒライアカルライジング（heliacal rising），また季節がめぐり見えなくなることをヒライアカルセッティング（heliacal setting）という．日本でもプレアデス星団のヒライアカルライジングに注目して農作業を行う習慣があったことが知られているが，じつはインドネシアを含め世界各地で広く見られる知識である．インドネシアについていえば，バリ島やロンボク島ではプレアデス星団，小スンダ列

島東部やマルク諸島などではさそり座 α 星（アンタレス）といったように，いくつかの恒星が地域的に利用されている．

◆**漁業や航海における星の利用**　一方，漁撈・漁業を営む人々や航海をする人々は，星の運行から時刻や方角を知り，より安全かつ効率的に漁を行うのに適したタイミングや，自船や漁場の位置を特定することに利用してきた．特に遠洋航海をする人々にとって，星は最も重要な指標の 1 つである．図 2 に示すのは，海洋民としても知られるブギス人による風と星のコンパスである．

スラウェシ島周辺に多いブギス人の航海者たちは，5～10 月の乾季には東風に乗って西方へ航海し，11～4 月の雨季には西風に乗って東方へ戻るサイクルがあった．その際，天候に左右されやすい航海を安全に進めるために指標となったのが星々の運行である．例えば東にウォロン・ポロン（プレアデス星団）が出現することで乾季の到来を知り，故郷を離れ西方へ出航していくのだ．

星は季節を知るためだけのものではない．日本では「宵の明星」と「明けの明星」として親しまれる金星は，夜間に出漁する漁師が時刻を知るための目印でもあった．ここでは東南アジア海域世界を代表する海民バジャウの例を見てみよ

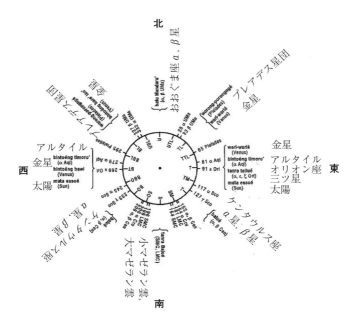

図 2　ブギス人のスターコンパス［文献[1]をもとに作成］

う．マルク諸島のバジャ
ウ人漁師は，昼間帯には
船上に立った自分の影の
長さから太陽の高さを知
り，夜間には「ッマウ・
ッラウ（バジャウ語で
「昼の星」の意味）」，つ
まり金星の運行を観察す
ることで時刻を知る手掛
かりにしているのであ
る．

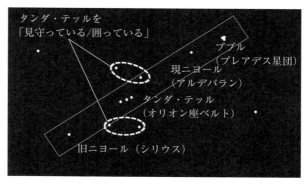

図3　バジャウ人の星座

　星はまた，GPSやコンパスのない地域では位置関係を示すものでもある．ス
ラウェシ島北東部のバジャウ人漁師は，漁撈のために日帰りまたは数日ほど海へ
出る．そこでは，プレアデス星団（ププル：「集まっているもの」の意味）やオ
リオン座三つ星（タンダ・テッル：「三つの印」の意味），オリオン座 β 星（ッ
マウ・ティムル：「東の星」の意味），おうし座 α 星（ニョール），りゅうこつ座
α 星（ッマウ・トゥンガラ：「南東の星」の意味），金星や天の川（ッマウ・ナ
ガ：「龍の星」の意味）など，それぞれの方角で色や配置が特徴的な天体が，現
在地や目的地の方角を示す大雑把なコンパスとなる．図3にはタンダ・テッルと
その周辺の星々を示した．ここではタンダ・テッルはいわゆるオリオン座の一部
ではなく，すぐ近くにあるププルや，後から位置が修正された（解釈し直され
た）星ニョールなどの星々と，単に一直線上に並んでいる三つ星と捉えられてい
る．次節で述べるブギス人の星座と同様に，西洋天文学的な星座が必ずしも在来
の天体観には反映されているとは限らない．むしろ，このように一直線上に並び
一定方向へ運行していく様子が注目・観察され，タンダ・テッルとニョール，プ
プルの神話が語られているのだ（コラム「海の民バジャウの星」参照）．

ブギス人による星座への名づけ

　すでにいくつかの星の名称を紹介したが，ここで改めて俯瞰しよう．インドネ
シア語は一般的に，後ろの言葉が前の言葉を修飾する後置修飾の用法をとる．例
えば「星」は「ビンタン（bintang）」であるが，ここに「北」を意味する「ウタ
ラ（utara）」をつけると「ビンタン・ウタラ」，つまり「北の星」という意味に

なる．このような文法構造自体は各民族の言語においてもある程度共通している．インドネシアで使用される諸言語は一般にオーストロネシア語族に含まれているため，部分的に類似する音であったり，あるいは他民族の言葉が借用されたり入り混じっていることもある．ジャワ語では「リンタン（lintang）」，スンダ語では「ブンタン（bentang）」，ブギス語では「ビントゥン（bintoéng）」といったような具合である．

◆**ブギス人の星**　日々の漁のために比較的近距離を移動する漁師とは異なり，東南アジア海域の島々と交易ネットワークを築いてきたブギス人は，遠洋航海術に長けていた．彼らは星々を独自に名づけ，また星座をつくってきた（表1）．

例えば図2では，ケンタウルス座 α 星と β 星を結んだ星座をブギス人は「寡婦の星」（図4右の1）と呼び，みなみじゅうじ座（図4右の2）は μ 星を含めた1つの星座「不完全な家の星」として認識されている．後2つ星を結べば床のある「家の星」になりそうなところを，あえて「不完全な家」の形に結ぶことも

表1　ブギス人の航海術における星の名称［文献[1]をもとに作成］

ブギス語	意味	対応する固有名
bintoéng balué	寡婦（未婚の未亡人）の星	ケンタウルス座 α 星，β 星
bintoéng bola képpang	不完全な家の星	みなみじゅうじ座 α-δ 星
bembé'é	ヤギ	みなみじゅうじ座コールサック星雲
bintoéng balé mangngiweng	サメの星	さそり座（南）
bintoéng lambarué	エイの星	さそり座（北）
（命名なしで認識）	消えたプレアデス	さそり座 α 星（アンタレス）
bintoéng kappala'é	船の星	おおぐま座 γ-η 星
bintoéng kappala'é	船の星	おおぐま座 α-η 星；おおぐま座 β 星，γ 星
bintoéng balu Mandara'	マンダール（人）の寡婦の星	おおぐま座 α 星，β 星
bintoéng timoro'	東の星	わし座 α 星（アルタイル）
pajjékoé（Mak.）atau bintoéng rakkalaé	鋤の星	オリオン座 α-η 星
tanra tellué	三つの印	オリオン座 δ 星，ε 星，ζ 星
Worong-porongngé bintoéng pitu	7つの星	おうし座 M45（プレアデス星団）
tanra Bajoé	バジャウ人の印	マゼラン雲（大・小）

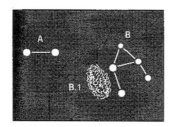 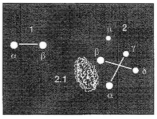

図4　ブギス人の星座（左）と西洋天文学的な星座（右）［文献[1] p.129］

興味深いが，その訳はすぐ隣にある「寡婦の星」と関係がある．それは，すぐ隣にいる寡婦があまりに素敵なものだから，家を建てる大工が手をすべらせてつい柱を不揃いに切り続けてしまい，いつまで経っても家が完成しないという話である．まるで地上の人間模様を描くかのようなユーモアな感性を星の名前に見ることができる．

「不完全な家の星」の横にあるみなみじゅう座コールサック星雲は，光を遮るコールサック（石炭袋）の名のとおりひときわ黒く目立つ暗黒星雲だが，ブギス人はこれをヤギに見立て，天候や周囲の星座と結びつけて捉えている．雨季に激しい雨が降っているあいだ，ヤギが雨を避けようと「不完全な家」の外に立っているように見えることがある．しかし，ヤギが家の外にいない夜もある．靄（もや）に隠されて姿を消したヤギは，穏やかな空気と雨の少ない時期が来る予兆だという．

表1にはブギス人の航海術で利用される星座を示した．「寡婦の星」「不完全な家の星」のように一見するとなぜその名前なのかわからないものもあるが，反対に「サメの星」「エイの星」「船の星」など，海での暮らしぶりがうかがえる名前もある．ブギス人に限ったことではないが，現在でも民族ごとの名前や星座は天文学が定める固有名よりはるかに一般的である．外来語のオリオンや森に住むワシなどをもとにした星座名よりも，海の生き物や農具のほうがより生活の身近なところにあり，親しまれるイメージであろうことは想像に難くない．

プレアデス星団をめぐる神話

◆ジャワ島における「7人の娘」神話　ギリシャ神話におけるプレアデス星団の由来は世界的にもよく知られている．天神アトラスとニンフのプレイオネのあいだに生まれた美しい7人の娘たちであり，オリオンに追い掛け回されてついにはハトになってしまい，哀れに思った主神ゼウスが天に上げて星にした，という話

である．これに類似した話が，しかし在来の神話としてインドネシアでも伝承されていることがある．

例えばジャワ島西部ではやはり7人のビダダリ（ヒンドゥー教由来の用語で，天界に住まう女性の姿をした自然的な存在を指す）がいるとされる．また，ジャワでは『ババッド・タナ・ジャウィ（Babad Tanah Jawi)』と呼ばれる歴史書などに収録された神話が広く知られている．「タルブの若者」あるいは「ジャカ・タルブとデウィ・ナワン・ウラン」と呼ばれるこの神話では，7人のビダダリについて次のように語られる．

超自然的な力を持つ強い若者ジャカ・タルブは，聖なる山の湖で7人のビダダリが水浴びをしているのを見た．心を奪われたジャカ・タルブは，ビダダリの1人が掛けていたスカーフを取った．水浴び後，スカーフが見つからないビダダリ，ナワン・ウランは天上に帰ることができず仲間に置き去りにされた．そこにジャカ・タルブが現れ，彼女を助けるふりをした．後に2人は結婚して娘をもうけるが，妻となったナワン・ウランは1粒の米だけでたくさんのご飯が炊くことができた．ジャカ・タルブは，その秘密を聞かないという結婚前の約束を破って炊飯器の蓋を開けた．ナワン・ウランの魔法は消え，普通の女性と同じように米を炊くようになり，穀物は底をついてしまった．そしてナワン・ウランは夫が納屋に隠していたスカーフを見つけた．ジャカ・タルブは妻に天に帰らないよう懇願したが，怒ったナワン・ウランの意思は変わらなかった．ビビダリ神話ではこの後，ジャカ・タルブが村の指導者になり，ついには西暦16世紀末に興るマタラム王国の祖先とされる人物になるとされる．

セブン・シスターズ，あるいは日本ではいわゆる天女の羽衣神話として知られるこのストーリーは，インドネシアでも世代を超えて受け継がれ，今日では漫画やドラマ，映画などでも描かれてきたが，ジャワにおいてはより真正性を帯びた物語として捉えられる．というのも，ジャワ島東部に位置するンガウィ県ガリー郡のウィドダレンという村に，実際に7人のビダダリが降り立ち水浴びをしたという湖や，ジャカ・タルブのものとされる墓があり，地域住民にはよく知られている．同地域においては，単なるギリシャ神話の派生ではなく，ジャワの歴史の一部としていまも息づく，生きた神話として理解されているのである．

星にまつわる儀礼・祭り

◆ゴカイ類の一斉群泳と星　ゴカイなどの多毛類生物は太陽周期と連動して生殖

群泳を行うが，ロンボク島以東やマルク諸島などの地域ではこれが社会的・文化的に重要な価値を持つ．ロンボク島ではゴカイ類の出現前に神聖なゴカイ類を歓迎するための盛大な祭りが行われる．スンバ島では出現日に合わせて騎馬戦祭りパソーラが行われ，出現日には人々が岩場に集まって採集し，それぞれの家で食されたり，市場で売られたりする．

　太陽の観測には設備上の限界があるが，同じ周期で移動する星を観測することで人々は出現日の予測を試みる．例えば先述したプレアデス星団のヒライアカルライジングによって年のはじまりや季節を合わせる在来暦法が各地で見られるが，これに加えて特徴的な天体の動きや自然現象なども手掛かりとして月を確定している．ゴカイ類の出現を観測することは，在来暦法の年の終わりと次の年のはじまりを予測し決定するための役割を担っているのである[2]．例えばみなみじゅうじ（「エイ星」）やケンタウルス座 α，β 星（「舟星」），さそり座などが参照され，ロンボク島ではゴカイ類をとる網の名前「ソロック（sorok）」がさそり座の名前にもなっている．

◆「鋤の星」をはかる　星の運行を見て農作業の適切な時期を知ることはすでに述べたとおりであるが，これが農耕儀礼としてとり行われることがある．ジャワ島中部のジョグジャカルタ近郊では，儀式を司る者が毎日夕暮れどきになると，手のひらに種籾をのせ，「ビンタン・ウェルク（鋤の星）」に向かって手を掲げる．「鋤の星」とは，オリオン座三つ星（アルニタク，アルニラム，ミンタク）と，オリオンの両足と肩にあたるリゲル，サイフ，ベラトリクスを結んだ星座である．季節が移り，「鋤の星」がいっそう高く昇りだすと，腕も日に日に高く掲げられる．種籾がついに手のひらからこぼれ落ちたとき，いよいよ種まきをする時期になったと判断される．日本でも天体観測をする際に星に向けて腕を伸ばし，その角度で星の動きを知ることがある．「鋤の星」の観測は，季節の変化を正確に読み取ろうとする中で編み出された在地の計測技術でもあるのだ．

［中野真備］

【主要参考文献】
　[1]　Ammarell. G. *Bugis Navigtion*, Yale Southeast Asia Studies, Monograph 48, New Haven, 1999
　[2]　五十嵐忠孝「インドネシアにおけるパロロ群泳・天体周期と在来暦法の特徴」東南アジア研究 55(2)，pp.111-138，2018

コラム　フィリピンの山と海の星座

　オーストロネシア（南島）語文化圏に属するフィリピンであるが，かつてこの地に及んでいたサンスクリット語系文化，フィリピンを領有したスペイン語とカトリック文化，さらにその後の英語（アメリカ）の影響もあり，多層的文化を形成している．オーストロネシア系ではルソン島のタガログ語やビサヤ海を中心とするセブアノ語が最も話者が多い言語である．しかしルソン島などには先住民ネグリト系集団，さらにルソン島北部山岳地帯には精霊信仰を残す棚田の民，ミンダナオ島にはイスラームの影響を受けつつ伝統宗教を守る集団もいる．

　フィリピンの国旗に描かれる8つの光を放つ黄色い太陽は独立に立ち上がった8州を意味し，その周りの3つの星はルソン島，ビサヤ海，ミンダナオ島を表している．このようにフィリピンのように太陽の色を黄色ないし白と表現する事例は世界で少なくない．

◆**山の農民たち**　フィリピンの各地稲作農民は，太陽の運行で1日の時間経過を規定している．例えばルソン島北部山岳のカンカナイ・ボントック集団は日の出の位置を2つの岩の延長，あるいは石に刻んだ印と立岩を結んで確認し，棚田をつくり田植えを準備する．そして太陽が最も高い位置（天頂通過であろう）に来たときに森を焼く．また月齢を見て作物の植えつけ時期を決めたり，家の普請や結婚式の日取りを決めたりした．

　フィリピン諸集団は星座に関しても豊富な伝承がある．例えば季節によって見え方の違う天の川の角度を気候の予測や農耕暦に使い，家の棟上のときを決めていた．イフガオは1年365日を1月28日の13ヶ月とする太陰暦を持っており，暦の専門家が閏月を告げていた．また星の位置やある谷から太陽光線の角度を観察して農作業の季節を決めていた．

　ミンダナオ島ダバオ付近のマンダヤ人は，11月1日頃，「ポヨポヨ」（プレアデス）と呼ばれる7つの星団が西の空に現れるのを見て新しい土地を開墾し，さらにこの星の高さを見て植えつけの時期を決めた．もし12月半ばまで植えつけを伸ばした場合，「バラティック（Balatik）」（オリオン座）と呼ばれる星が現れるのが最後の警告となる．

　ミンダナオ島山間部に住むバゴボ族はマララ（Marara）という星を片腕と片足しかない男性と見る．おそらくプロキオンと思われるこの星は4月に昇る．この時期曇天が多いので彼の身体の状態を誰も見ることはできないが，植えつけ時期を知らせる星とされる．この星の後ママリ（Mamari）やブワヤ（Bwaya）の星が6月頃まで昇ってくる．おそらくオリオン座からさそり座にかけての一連の星に相当すると思われる．

　地方により名称が異なるが，オリオン座はフィリピン各地で獲物が紐に触れると，引き絞った弓が発射される仕組みの罠とされる．ベテルギウスとサイフを枠

にして，おうし座のほうを向く三つ星を矢と見立てていた．それに伴っておうし座のヒアデスのＶ字型の星の並びはイノシシの下顎であり，同様の考え方はボルネオ島のダヤク族などに見られる．また季節の指標となるモロポロ（プレアデス）は渡り鳥の群れ，あるいは7匹の子ヤギ，などの表現がある．

◆**海の民の星**　星は海の生活にも欠かせないものであった．ビサヤ地域では天の川のカヌーの軌跡を意味するアリワラナト（ariwanat：パドルの立てる泡），またミンダナオの一部ではインド起源のナガ（大蛇，竜）の名称で呼ばれる．漁により重要だったのは潮汐と関係する月のサイクルであった．月の満ち欠けに従ってヒトデも満ち欠けし，カニの甲羅の硬さが変わるとされた．また船材を縛るために使うダオ（dao）という植物は，月が欠けているときに採集すると強い船ができるという民俗知識もある．スールー海に住む漂海民のタウィタウィは月齢によって島のどこで漁をするか，またどの漁法をとるかを決めており，またタウィタウィは漁や航海に重要な季節風変化を星の昇る方向に合わせて星座の名称で呼んでいた[1]．

　オーストロネシア語世界では，舟型棺あるいは実際にカヌーなどを棺として埋葬する風習があり，死者の魂が舟に乗って他界へ行くという考え方（魂船）と関連する．ルソン島南部のカタナウアン(Catanauan)とバタン諸島で，いまから1000年ほど前に属する舟型モニュメントに伴う埋葬址が見つかっている．遺跡は南東方向に開けた地形の先にある海を向いているが，1月半ばの乾季の開始期，その視野の先に天の川，そしてシリウスとカノープスが見える洞穴を選んでいたのではないかという説がある．そこでは天の川が，マレー・ポリネシア祖語で道を意味する語彙*zalan が持つ含蓄的意味「魂の道」と関連するともいわれる[2]．

　現在，人口の大半がカトリックであるフィリピンだが，ルソン島では海から来た黒いマリア（グァダルーペ信仰），ビサヤ海ではサントニーニョ（赤ちゃんのイエス）など土着的な信仰も発達している．その流れで金星は航海を導いた「黒いマリア」の星，オリオンの三つ星を「3人のマリア」などとする語りもある．

　フィリピン独立の英雄，アルテミオ・リカルテは日本に亡命していたとき，日本から見える北極星を独立運動のその象徴にしようと考えていた．しかし帰国すると，フィリピンは赤道に近いし山も多いため北極星が見えづらく，人々の認識も薄かった．むしろ，よく祖国を思い南天を見ていた山下公園では見えないが，フィリピンで親しまれている南十字を象徴とすべきだった，などのエピソードもある[1]．

[後藤　明]

【主要参考文献】

[1] Ambrosio, D. L. *Balatik : Etnoastronomiya Kalangitan sa Kabihasnang Pilipino*, University of the Philippines Press, 2010

[2] Dy-Liacco, R. S. "The Last Voyage of the Dead : The Milky Way and the Boat-Shaped Burial Markers of the Philippines Archipelago", *Hukay* 19, pp.135-166, 2014

コラム　海の民バジャウの星

　サマ人あるいはバジャウと呼ばれる人々は，東南アジア島嶼部３ヶ国（フィリピン，マレーシア，インドネシア）に暮らす海の民である．かつては船上生活を主とし，漁をしながら移動していたことから「漂海民（sea nomads）」と称されることもある．定住化が進んだ今日では船にこそ住まなくなったものの，海に杭を立てた杭上家屋で海上居住が営まれている．一般にサマ語を話すが，互いに意思疎通ができないほど系統が異なる地域もある．

　例えば「星」という語は，インドネシアのサマ（バジャウ）語だけを見ても，ママウ／ッマウ（中スラウェシ州バンガイ諸島）やカラギンタ（同バンガイ県パギマナ郡など），ププル（南東スラウェシ州ムナ島）のようにまったく異なる．

　ここでは，バンガイ諸島のサマ人に伝わる星の伝説と，漁のための星の知識を紹介する．

◆7人の姉妹と3人の男　ププル（プレアデス星団）は，もともと７人の姉妹だった．隣のタンダ・トゥル（オリオン座三つ星：「三つの印」の意味）は３人の男たちで，そのあいだのニョール（アルデバランか）は，タンダ・トゥルの友人の男だった．タンダ・トゥルとニョールはよく一緒に遊んでいた．あるとき，ニョールがタンダ・トゥルのところからププルを見ようと近くのココヤシの木に登ったが，そこにはたくさんの虫がいた．ニョールはその虫に刺されて顔が真っ赤になってしまった．こんな顔ではププルに会えないと恥ずかしくなり，逃げ出してしまった．こうしてニョールは赤い色の星となった．それでもププルのことを想い，ニョールは離れて追い続けているのだ．

◆漁のための星　GPSやコンパスのない地域に住むサマ人漁師たちは，夜に出漁する場合には晴れていれば星や島影を，曇っていたら風や波の方角を見て自船や漁場の位置を把握している．金星のッマウ・ッラウ（「昼の星」）や，オリオン座β星のッマウ・ティムル（「東の星」）など各方角の目立つ星がよく利用されている．これらは漁師全体が共有している知識だが，他方でッマウ・ラヤー（「凪の星」）と呼ばれる星座のように，これを構成する特定の星が決まっておらず，各人が任意の４つの星から「凪の星」として認識するような知識もある．これらの天体からは，方角や位置を知る以外にも，その運行を観察して季節や時刻を知ることもある．　　　　　　　　　　　　　　　　　　　　　　　　　　　[中野真備]

コラム　アンコール・ワット

　アンコール・ワット（カンボジア）は，アンコール王朝の1113年頃から数十年かけてスーリヤヴァルマン2世が造営したヒンドゥー教の宗教建築である．後に西暦16世紀半ば以降は，上座部仏教寺院に変容しいまも参詣する人が絶えない．

　アンコール王朝は古代インドの文化的影響を強く受け，それらを取捨選択しながらカンボジア独自の文化性を育み多数の寺院建築や彫像を残してきた．その中でもアンコール・ワットはヒンドゥーの神々の世界や宇宙観をこの地上に具現化した最たるものと考えられている．寺院の立地選定や方向づけは古代インドの建築書に依拠し，加えて高度な天文学的知識と技術がこれを完成へと導いたことは想像に難くない．天文シミュレーションソフトウェアで計算し遡ってみると，アンコール地域では1113年3月14日朝6時8分，ほぼ真東から太陽が昇りはじめたことがわかっている．当時の建築家たちは，天体の動きを分析しながら塔堂の位置や高さを決定していたのであろう．現在，3月の春分の日には国内外から大勢の人々が日の出を見るためにアンコール・ワットに集まる．後光が差す中央祠堂のシルエットは，思わず手を合わせて拝みたくなるような存在感を放っている（図1）．

図1　春分の日のアンコール・ワット中央祠堂
［三輪悟撮影（2003年3月23日）］

　夜明け前の空がうっすら白んでくる頃，東南東の地平線からひときわ明るく輝く金星が昇りはじめる．この夜明けの一番星にまつわる物語がいまも村に語り継がれている．「昔々あるとき，男と女が1つの大きな貯水池をつくるため，夜明けの一番星が輝くまでにどちらがより多く堤の土を盛り終えているかで勝敗を競った．女は白いランタンを空に上げ，それを見た男は星と勘違いして作業を止めた．女はせっせと土を盛り続けて最後は勝利を手にした．」と村の長老は語りながら，11世紀に完成した「西バライ」というアンコール時代の貯水池を指さした．

　アンコール地域では，星や月あるいは太陽といった天体に対する神秘性や規則性に基づく絶対的な信頼感が，何百年というときを経てもなお人々のあいだに共通の価値観として共有されている．

［丸井雅子］

第**8**章

東アジア

中国

「八紘」という特別領域と天地観

　中国としてまとめられる地域は，当然上に天があり，下に地がある．唐王朝が滅亡する西暦10世紀までは，前漢武帝の統一した地域（八紘という）を目安とし，その上下に天地があった．唐王朝の滅亡後，正史は八紘の外の征服王朝の領域までを天下とし，天は拡大した．しかし，地は八紘の下が統治の目安として残された．

　地の範囲が限定的になるのは，道教の世界観が影響するためである．道教は仏教の影響を受けつつ，教義を整えてきた．時代的変遷があるが，地下の世界を冥界と考える大枠がある．征服王朝の世になるまで，大地が水に浮いているという観念があった．八紘天下が水に浮いている．その周囲を「四海」という．実際には陸地が続くところも，海と称している．だから，八紘天下の別名は「四海の内」である．正史に見える征服王朝の制度でも，限定的にこの道教的世界を継承した．

　天は，八紘の地を覆う．「紘」は天地をつなぐ綱の意味である．8本あるので八紘という．八紘の地は，9つの州に分けられ，中央と周囲の8州に分けられる．これら州は地方分権の単位となる．現実には，この意味での地方分権の単位は，時代ごとの改変が著しく，複雑である．

　これら地方の一角に漢字の祖先が出現し，殷王朝（前16世紀-前1023）ができた．それを別の地域であった周王朝（前1023-前256）が滅ぼして受け継ぎ，次第に漢字使用地域が拡大する．春秋時代（前770-前479）には，南は湖北省や浙江省，北は河北省までが漢字圏になる．戦国時代（前479-前221）には，地方ごとに領域国家（戦国七雄）ができあがり，法律を整えた．本項は，この戦国時代にできた原始的天文観から説きはじめる．新石器時代の墓の周囲に，貝を集めて星座をあしらったようなものが認められる．後代の中国の星座（星宿）のうち，さそり座などに注目していた可能性はあるが，よくはわからない．

出土遺構・遺物に見え隠れする星の記憶

　新石器時代の農村，やがてできあがる都市国家，それらをたばねた大国，こう

した政治的集合体において，個性ある暦ができあがる．月の満ち欠けを1ヶ月とする．これは，中国独自のものではない．太陽の高さや北斗の向きが季節を教えるので，それを知って農業を行う．ほかの星座も1年の変化を教え，冬至が目安となった暦が使われた．1月と冬至の関係は，農村，都市国家ごとに異なっている．

戦国時代の西暦前5世紀になると，中国的な星座が出現していたことが確認できる．二十八宿という，二十八の星宿（星座）である．「宿」は月や惑星が宿ることを意味する．5惑星のうち，とりわけ木星が話題になった．記録のない時代には考えられないことだが，戦国時代になると，滅国兼併が進んで，滅ぼされた国の記録が大国に集められ，分析された．その結果，木星が12年かけて天の恒星のあいだを移動することが知られ，宿るという考え方が定着し，月の移動を知るための基準として，二十八宿が注目された．

国家による年中行事が整理される過程で，いくつかの星宿に注目が集まる．図1の二十八宿図には，後代に継承されたいくつかの知見と，後代には継承されなかったが研究対象となる重要な知見が示されている．

図1の二十八宿図は原始天象図といえ，天を見上げる視点が示される．しかし，その視点は，星宿を漢字で記すものとしては継承されず，ほどなく占星盤が出現し，天を見下ろす視点が示された．そのため，図1の二十八宿は，我々の知る占星盤の二十八宿図を反転させたものになっている．しかも，図1は衣装箱の蓋の表面に，占星盤の視点よろしく見下ろすように描かれている．曽侯乙墓がつくられた時代に，天を見下ろす視点の占星盤がまだ出現していなかったことを示す．

継承された知見は少なくないが，2, 3あげると，まず，角宿と軫宿のあいだが開いていて，角宿が二十八宿の最初，軫宿が同じく最後であることを示す点がある．次に，北斗が二十八宿の配列と不即不離の関

図1 湖北省隨県（隨州）曽侯乙墓出土衣装箱の蓋の外側の二十八宿図．西暦前5世紀後半．これは，占星盤が出現する前の，天を地から見上げた原始的天象図である．遅れて出現する占星盤は，天を外から見下ろして地に重ね合わせ，天地を比較させる．［筆者一部トレースのうえ加筆］

係にある点がある．次に牽牛と婺女（織女）の名がある．これは知る人が多いだ
ろう．斗宿（南斗）と牛宿のあいだに冬至点がある．次に，星宿の名を「七星」
と記す点がある．これは，この星宿の近くをまとめて「鶉」（大鳥）と称するこ
とにかかわる．おそらく二十八宿とは別に決まってきた星宿の名であり，その名
は，後代まで継承される．

失われた神話と星の名称

　星の名称の特徴は，上記に示したとおりである．これは中国史の特徴でもある
が，日本の『古事記』に相当する神話は，きわめて部分的に残されているだけ
で，ほとんど滅びてしまった．そのため，神々とのあいだにあったであろう星の
神話もなきに等しい．ただ，後代に必要とされた内容を部分的に持っていた下記
の伝承は，わずかな継承内容が不明なまま近年に至り，出土遺物によって改めて
世に出た神話の内容に，人々は驚愕したのである．

　戦国時代の前300年頃と見られる包山楚簡『太一生水』に出てくる太一の内容
は，従来知られていなかった．太一は宇宙の根本的存在である．「太（大）一は水
を生じ，水は反って太一を助ける．そして天が成る．天は反って太一を助ける．
そして地が成る．そして神明が成る．神明は相助ける．そして陰陽が成る．陰陽
は相助けて四時が成る．四時は相助けて寒熱が成る．寒熱は相助けて湿燥が成
る．歳を成して止む」とある．太一は水を生む．それから生成がはじまって歳を成
したところで止む．この歳の意味は1年である（下記，12年1周天の木星は歳星）．

　この頃，歳星つまり木星が（約）12年1周天であること（上述）がわかってきた．
前353〜前271年の木星（歳星）の天の十二方位が，『左伝』に反映されている．
『左伝』は前722〜前468年とその前後のとびとびの年代記事を扱う．木星は83
年7周天なのに，『左伝』は木星が12年1周天（つまり84年7周天）と誤認し
て時代を遡ったことが，近代になって解明された．『左伝』が前353〜前271年
の頃につくられて，誤った木星記事を事実のように挿入したということである．

　時期的に見ると，『太一生水』と『左伝』は同じ時期につくられている．前者
の太一伝説の「歳」は1年の意味であり，『左伝』が誤って挿入したのは木星の
十二方位なので，太一と木星には直接的関係はなかった．ところが，前270〜前
188年の83年間に，木星の影の惑星である太（大）歳が生み出された．木星（天
を左回り）と太歳（天を右回り）は約12年ごとに（83年7周天），冬至の太陽
に重なる（近接する）．新たに出現した太歳と，太一が同一視され，『太一生水』は

存在意義を失い，忘れられた．それが，近年の出土史料として復活したのである．

天の十二方位は 2 種類議論する．1 つは，十二支を象徴とする「十二辰」である．もう 1 つは天周を 365 度 4 分の 1 とし，十二方位を二十八宿と度数で分割する「十二次」である．二十八宿それぞれを起点とする度数で天の位置を表示する．いずれも丑の中央に冬至点を置く（辰が星宿配列の起点）．木星と大歳は，冬至における丑方位に基準を置いた．少しずつずれて，84 年 7 周天のはずが，1 つ分とんで 83 年 7 周天となる．木星・太歳両者が，冬至の日に，太陽のある丑方位において交会したと判断する（丑方位に含まれることにより判断）．83 年ごとに議論が混乱したようである．そして，後漢時代には，木星と太歳の交会の判断をやめてしまった．以後，太歳は木星とは無関係に 12 年 1 周天とされて現代に至る．この「判断をやめてしまった」結果として，太歳の持つ影の惑星の意味は忘れられ，単なる十二支のくり返しにすぎなくなってしまう（現代のエトがこれである）．近代以後木星と太歳に関する記事を整理するのにも，多くの混乱が引き起こされた（『左伝』木星記事の解明にも賛成をためらった）．混乱の結果に惑わされないよう気をつける必要がある（太一生水の太一も，太歳の意味の太一と同じく，意味を誤って議論しているので）．もう 1 つ，天文観を語るうえで要の位置にありながら，世間の誤解が多いのは，易方位と四神の関係である．

易方位は，八卦方位という．8 つの方位を述べる．一般には，地上の十二方位に重ねて語られる．ところが，こうなったのは，唐王朝の滅亡後，正史が扱う地域が八紘の外の民族を含むようになり，天が拡大した後である．天が拡大した後も，地は八紘の下の目安として残され，平面的方位が議論された．

ところが，八卦方位は，唐王朝まで，天地を横から見る立面図としての方位だ

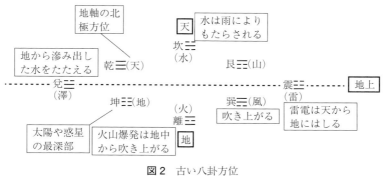

図 2　古い八卦方位
＊地は地中［筆者加筆］

ったのである．八紘宇宙も横から見られる．そして，この横から見た方位が，西暦6世紀を境に大きく変化した．

　古い八卦方位は（図2），『左伝』の頃にできあがった．そもそもは，八卦の結果が，将来どう変化するかを述べたところからくる．これを卦変という．地上を天地両者の性質を持つと想定したうえで，天から地へ，地から天への変化を述べている．この八卦方位は，地軸の傾きを組み込んでいる．乾坤の乾は，北極のある方向であり，坤は天の赤道（黄道の平均的ありようを示す）の，地下で1番深い場所のある方向である．『周易』説卦伝に，似た視点による説明がある（図3）．

　この八卦方位に加え，四神は，後漢頃から，東（夜明けの地上）西（日没の地上）南（太陽南中の場）北（南中の反対方位で地下最深部）に固定された．四神は固定されるが，二十八宿や5惑星は赤道上を移動する．天の赤道上で，八卦方位と四神が合体した結果，卦変の仕組みも変化した．六十四卦（八卦を2つ重ねる）の変化として説明されるようになった．まず八卦の1本1本の爻が部分的に陰陽交代することが示され，結果として六十四卦全体の変化が説明される．以上，現代の易概念を使って，安易に出土文献に遡って解釈すると危険だという話題である．

　前漢時代には，別の四神配当があった．地の方位に重ねての季節方位があった．北（冬）東（春）南（夏）西（秋）という現代人からしてもわかりやすい方位である．前漢景帝の陽陵徳陽廟の羅経石遺跡の礼制建築に見られる．この建築基壇から東西南北に降りる階段部分に，それぞれ四神をあしらった空心塼（空心のレンガ）が置かれていた．一見四神とその方位配当が制度として確立したかに見えるのだが，前漢時代中期の『史記』天官書は，「東宮蒼（青）龍」「南宮朱鳥

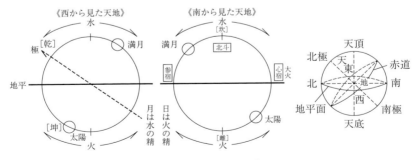

図3　冬至の頃の天地
＊地は地中［『周易』説卦伝参照］

（朱雀）」「西宮咸池（かんち）」「北宮玄武」と述べ，まだ四神の四方配当は，定制とはなっていない．前漢時代前期の『礼記』でも，四神は前後左右を語る存在になっている．

後漢時代には，墓室を構成する画像石に，四神を表現することが流行する．図4の四神は，上部に一対の朱雀，下部左右外側に一対の玄武が表現される．その玄武に挟まれて右に青龍，左に白虎が表現される．天の赤道と合体した四神である．

図4　陝西綏徳県後思家溝快家嶺後漢墓画像石墓門［西安碑林博物館蔵，筆者撮影］

失われた儀礼・祭り

図5の碑の場合，四神に加え，いろいろな神が描かれている．星座ではないが，日（太陽）月にかかわる伏羲（ふくぎ）・女媧（じょか），二十八宿が成立する前からあったと見られる星宿の鶉，春秋三伝に見える霊獣の麒麟（きりん）も見える．伏羲・女媧は，『史記』の時代にはなく，後漢時代に5帝に先行する神とされた．やがて神農とともに3皇として新しく議論されるようになる．伏羲・女媧が太陽と月を守護し，そのあいだに蟾蜍（せんじょ）（大ガマガエル）がいる．図6の蟾蜍は，四川の後漢画像石としてよく描かれている題材であり，多くは当時の仙女の代表格である西王母の前で踊る．太陽と月を守護する伏羲・女媧のあいだにいる蟾蜍は天宮にいる存在である．

図5の裏面下部上方に鶉と麒麟，下部下方に玄武と牛が描かれている．鶉は，天の十二辰では，鶉首（未）と鶉火（午）と鶉尾（巳）があり，鶉首に夏至点がある．冬至点のある星紀（丑）の方位に，二十八宿の牛宿と斗宿（南斗）が配される．つまり，冬至に至る少し前の太陽がある牛宿

図5　四川郫県　王孝淵碑　後漢永健3年．右：横面；青龍，中右：表面；上部に朱雀，その下に夫婦と妾，下部に銘文，中左：横面；白虎，左：裏面；上部に伏羲女媧，下部上方に鶉と麒麟，下部下方に玄武と牛［四川省博物館蔵，筆者撮影］

図6 四川出土後漢画像石．西王母の前に蟾蜍，蟾蜍の右に兎，左に三足烏，右上に九尾狐．兎は月，三足烏は太陽をそれぞれ象徴する［四川省博物館蔵，筆者撮影］

と，夏至をすぎた太陽がある鶉がここで描かれているということである．鶉が南の夜空にあれば，牛宿は北の玄武のもとにある．その牛宿は，曾侯乙墓の二十八宿図に見えるように，「牽牛」として「婺女」（織女）と並んで配当される．鶉火から鶉尾に太陽が移った季節に設定されているのが七夕である．だから，図5は，七夕伝説を題材として組み込んでいるということができる．周知の伝説内容は，梁の宗懍撰『荊楚歳時記』「七月七日，牽牛織女聚会の夜と為す」に見える．つけ足しておくと，図5の側面にある青龍（東）と白虎（西）は縦長に表現される．この縦長の青龍・白虎は，後漢時代の別の事例では，玉環（円銭を大きくしたような玉の円孔；図5の玄武の上方に左右に描かれている）に結びつけられ吊り下げられている（四川省渠県趙家村に無銘闕があり，それぞれ別人の西闕現存のものと東闕現存のものがある．それらにこの表現がある．門闕は墓域の入り口に立てられている）．この種の表現は，淵源が前漢時代の湖南省長沙馬王堆三号墓出土帛画に見える．大地と見られる壇に被葬者が立ち，その壇を左右から支える2匹の龍が，玉環を使って体を交差させている．この玉環が後に四神の地への固定に使われるのである．

七夕伝説は，古く起源があるようだが，上述のように，後漢時代には墓の門闕と密接にかかわった．そして，仏教の年中行事としての盂蘭盆会が，七夕に近接して設定されている．仏教が伝来する以前から，原始的な祖先崇拝のための年中行事があり，それに仏教が融合して盂蘭盆会となった．夏至がすぎた時期が注目されたということである．現在は，晴明節（春分がすぎた時期）に，墓参りの行事を行う．祖先崇拝のための別の行事が注目されるようになったということである．

上述したように，図2の古い八卦方位（後天八卦方位）に加え，西暦6世紀頃新しい八卦方位（先天八卦方位）が出現した．図2に示したように，古い八卦方位では，地軸の傾きが表現される．これに対し，新しい八卦方位では，地軸を垂直に表現し，古墳石室の天井の真ん中に北極が来るようにした．これと連動して，石室天井に星座が描かれるようになった．四神も朱雀が上，玄武が下ではな

くなり，四神そろって同じ高さに表現されるようになった（高句麗古墳の研究を参照して，このことが明らかとなった）．新しい八卦方位による四神観で，6世紀より前に遡っては，古い四神の説明を誤る．さらに，新しい八卦方位は，宋代以後立面図でなく，平面図（いまの常識）に書かれるようになる．これで遡っては，なおさらである．上述した内容に，読者がなじみのない理由がここにある．

神話伝承の変容と偽作

八卦方位が立面図として意識されていた時代は，皇帝・聖人など選ばれた者が死後天に昇り，その後はおりにふれて地の冥界を訪れ，一般の死後霊と交流することができると考えられた．仙人や高僧は，天空を飛翔する存在とされた．以上が天と人との関係である．八卦方位が単なる平面図になると，天と人とは相関するものとされた．これが朱子学の論じる天人相関である．

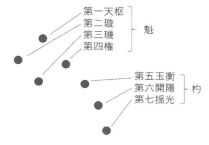

図7　天を外側から見た北斗（星名は『宋史』引く『春秋運斗枢』）．占星盤でも，日本の陰陽師が継承した地を履む儀礼でも，外側から見た北斗図が使われる．池に映る北斗も同じ．西暦6世紀以後の墓室天井の天象図は，天井を見上げる図である［『宋史』『春秋運斗枢』をもとに作成］

時代が異なり天文観も変容すると，同じ文字内容を読んでも理解が異なってくる．そのうえで増補をくり返し，結果として偽作に等しいものができあがってはいけない．過去の研究においてもその結果が意識され，偽作が清朝考証学の1つのテーマとなっている．考証学者の目が必ずしも神話伝説にいきとどいていないので，注意しておくとよい．

いまの天文学者には常識に等しい歳差のことも，『宋書』に問題点も具体的に記されているのだが，思想史や歴史学のうえで，星座と季節の関係が次第にずれる現象が意識されないままになってきた．今後の検討には留意しておくとよい．

［平勢隆郎］

【主要参考文献】

［1］　平勢隆郎『「八紘」とは何か』汲古書院，2012
［2］　平勢隆郎『「仁」の原義と古代の数理—二十四史の「仁」評価「天理」観を基礎として』雄山閣，2016
［3］　平勢隆郎他『五胡の正統遺産『鄴中記』—失われた古代の面影』雄山閣，2025 近刊

日本列島の先史・古代における天文文化

弥生・古墳時代の宇宙観と暦

◆弥生・古墳時代の方位観　　日本列島の旧石器・縄文時代の人々が星空をどのように見つめ，太陽や月とどう向き合ったのかについてはさまざまな議論がある．ただし弥生時代以降については詳細な議論が可能であるため，弥生時代からはじめる．

　弥生・古墳時代の人々は，中国大陸の諸王朝で発達した天文学の知識や星への祭りの影響を常に受けてきた．方位観についても，天の北極を宇宙の中心軸線と見て，北すなわち北辰を重視する考えは新の王莽を経て後漢王朝に定まり，王都や皇帝陵の正式な方位観となった．日本でも古墳時代のはじめの西暦4世紀には近畿地方の前方後円墳などで北を重視する風潮が高まり，死者は北枕に寝かされた．なお北を決定する方法は，現在の北極星（こぐま座 α 星：中国名鉤陳）と北斗七星の周回軌道範囲内を「みなし北辰」とするものであった．ただし長続きはしなかった．南北軸線が再び重視されるようになるのは，7世紀の飛鳥の諸宮や藤原京以降の都城の地割り（条坊制），古代寺院（伽藍配置）からである．

　その一方，弥生時代の社会は太陽や月の運行に沿わせた方位を重視した形跡がある．とはいえ真東や真西に軸線を沿わせる現代的な感覚ではなかった．日の出の北限である夏至から南限である冬至までの約60°の扇状に広がる範囲を日の出の方位，「日向かし」（東の古語）とし，同じく扇状に広がる日没の範囲を「去にし」（西の古語）とする方位観であった可能性が高い．このような太陽と月の運行範囲を重視する考えを古相の方位観と呼べば，先に述べた北辰信仰は新相の方位観と呼ぶことができる．

　なお4世紀の古墳には北辰を重視する傾向が認められるものの，5世紀の巨大前方後円墳には，古相の「日向かし」を重視する動きが明確化する．例えば大阪府の百舌鳥・古市古墳群は，奈良盆地の大和東南部古墳群の南北6kmの範囲から外れることなく，南北幅6kmを保った東西ベルト地帯に築かれた．その起源は弥生時代の奈良盆地中央に営まれた大規模環濠集落遺跡である唐古・鍵遺跡か

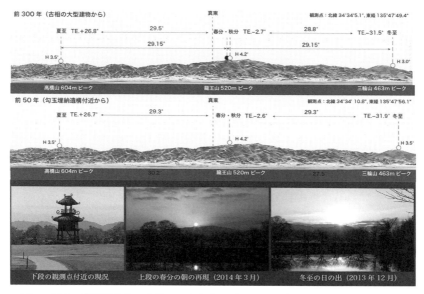

図 1 唐古・鍵遺跡からみた前 300 年と前 50 年における年間の日の出［筆者撮影］

ら見た年間の日の出の範囲に求められる（図 1）．

　こうした弥生時代に遡る伝統的な「日向かし」重視の志向性を承けた大和の倭王権は，日の出の峰である龍王山 520 m ピークの山際に古墳を築き，続く造墓エリアをそこから西に向けて延伸させてゆく，という独特な空間設計を生み出し，6 世紀前半までこの空間設計は引き継がれたのである．7 世紀の遣隋使において，倭国からの国書に「日出づる処の天子，書を日没する処の天子に致す．恙無きや……」（『隋書』）と記した背景には，上述のような「日向かし」重視の思想があったと推定される．

◆**日の出暦と月の出暦**　日本列島に稲作文化が到来した弥生時代の初期には，基本となる水稲農事暦も中国大陸から一緒に持ち込まれ，各地に広まった．春分には種籾を水に浸す作業がはじまり，6 月上旬から下旬の夏至までは田植えの適期で，秋分は早稲の稲刈り期で晩稲の 10 月下旬まで刈り取りは続く．そのため春分と秋分を定め，農繁期全体を押さえる太陽暦が不可欠だったのである．

　具体的には日の出の南限である冬至と北限である夏至（合わせて二至）の日の出の場所を記憶しておき，双方の中間点からの日の出を春分と秋分（合わせて二分）とみなす日の出暦が用いられたと推定される．

なおこの方法だと，日の出の場所が見かけ上停止する数日間の冬至と夏至を指標とするため，正確な春分や秋分とはならず前後に3日前後の誤差が生じる．

しかし，福岡県板付遺跡の前期環濠集落の中心地点から日の出暦を再現してみれば，二至の日の出の場所のちょうど中間点からの日の出の場所が，現在の天文学的な意味での春分と秋分に合致する現象が認められる．水稲農耕文化が最初に到来した北部九州地域では，早期から拠点として選ばれた中核的な集落において定点観測がくり返され，模範的な日の出暦が策定された可能性が高い．その後，日本列島各地には板付遺跡で実践された日の出暦が転写されたとみられる．その代表例が先に述べた唐古・鍵遺跡からの日の出暦であった（図1参照）．

一方，月の満ち欠けを捉える太陰暦も弥生時代には成立していた可能性がある．愛知県朝日遺跡出土の弥生後期の壺には，上段に赤円文1つが描かれ，下段には赤円文と黒円文とが12個ずつ交互に描かれている．上段の赤円文は下段の赤と黒の円文のちょうど中間の位置にあるため，この赤円文を冬至の太陽と仮定し，下段の赤円文を満月，黒円文を新月とみなせば，冬至を指標とする十二朔望月すなわち1年間を表す太陰暦となる．さらに冬至付近の日の出は南限に達した状態で9日間は見かけ上停止したように見え，その中日が冬至点通過日＝正確な冬至である．そのためこの9日間を「冬至の太陽」と呼び，年末と年初はこのあいだの月相を見据え，満月や新月，上弦の月や下弦の月など，目安となる月相の翌日を次の年初とするような運用であった可能性が指摘できる（図2）．

弥生時代には日本海・瀬戸内海・太平洋の沿岸航路を伝う物流の流れが活性化したことがわかっている．こうした海運を円滑に維持するために不可欠

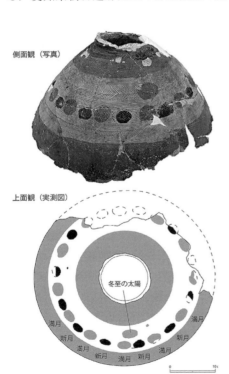

図2 朝日遺跡出土の赤黒円文パレス壺の構図
［上：あいち朝日遺跡ミュージアム蔵，筆者撮影］

なのは潮汐の変化を見極めることであった．特に大潮は満月と新月の夜に訪れることも海運に携わる人々は熟知していたに違いない．だから弥生時代の暦としては，太陽暦とは別建ての暦として太陰暦が重視されたことは確実だと考えられ，その意味でも朝日遺跡出土の赤黒円文壺は日本列島で自生的に成立した太陰暦の証拠として重要なのである．

◆**日本列島における冬至祭**　日本列島の弥生・古墳時代の場合，少数例ではあるが，各地の首長層の埋葬祭を冬至に合わせて執行した可能性が指摘できる．長野県弘法山古墳（西暦3世紀）や愛知県東之宮古墳（4世紀）は，墳丘の軸線を冬至の日の出方位に沿わせて築造された（図3）．

さらに福岡県の鋤崎古墳（4世紀末）は，前方部の延長線上から冬至の日の出を迎えるように意図的に築造され，後円部に設けられた半地下式の初期横穴式石室の入り口は前方部に向け

図3　弘法山古墳の前方部からみた冬至の日の出［関沢聡提供］

られたので，冬至の朝の最初の陽光は，この石室の奥壁までを照らす．

こうした冬至の太陽を地域首長墓の埋葬祭と結びつける志向性は，おそらく『古事記』や『日本書紀』に登場する天の岩屋戸神話の原型の一翼を担うものであったと考えられる．

なお冬至付近の満月を遥拝した祭儀施設も確認されている．ただし「高い月」の期間における冬至付近の満月の出が対象であった．「高い月」とは年間の月の出没範囲が太陽の出没範囲より広くなる約9年間を指し，その極大期は18.6年周期で訪れる．ちょうど2024年は「高い月」の極大期にあたり，12月15日の満月は夏至の太陽の出よりも5°近く北寄りから昇る．「低い月」はその逆で，年間の太陽の出没範囲より月の出没範囲が狭くなる約9年間を指す．次の「低い月」の極小期は9年後の2033年である．日本列島に居住した先史時代の人々も，こうした月の運行に見る法則性を熟知していたのである．

また弥生時代終末期（3世紀）の実例としては佐賀県吉野ヶ里遺跡北内郭があ

図4 吉野ヶ里遺跡北内郭と冬至付近の満月 [arcAstroVR]

る．北内郭自体の軸線は2016年と235年の冬至付近の満月の出に揃えている．そのためこの遺跡では，上述の太陽暦や太陰暦だけでなく，「高い月」の満月の出への信仰も篤かった可能性がある（図4）．

以上，日本列島の先史・原史時代における太陽と月，星にかかわる文化の様相を概観した．方位観念については古相と新相とに区分でき，後者は古代中国からの影響であることは間違いないが，前者は日本列島で自生的に生まれた可能性が高い．日の出暦として把握可能な太陽暦も古代中国からの影響であるが，「日向かし」側を重視する発想は日本列島側で醸成された志向性であろう．冬至の太陽を指標とする太陰暦や「高い月」を特別重視する発想についても日本列島に固有の文化であった可能性が指摘できる． [北條芳隆]

日本古代の星の神話・伝承

日本古代の神話，伝承には星や星座にかかわる物語や記述がほとんど見られない．『万葉集』には星にまつわる歌があることから，古代の人々が星に関心がなかったわけではなく，また奈良県明日香村のキトラ古墳，高松塚古墳の石室天井には天文図が描かれており，支配層のあいだには星や星座についての高度な知識や情報があったことがうかがわれる．しかしそれにもかかわらず『古事記』『日本書紀』や風土記の神話や伝承には，星や星座についてほとんど語られていないのである．

ここでは，そのような状況の中でわずかに存在する，日本古代の星にかかわる神話，説話の事例を2例紹介してみたい．

◆『日本書紀』の葦原(あしはらのなかつくに)中国平定神話に見える星の神カガセオ　『古事記』『日本書紀』（記紀）は，ともに日本の古代国家によって編纂(へんさん)された歴史書で，『古事記』は712年，『日本書紀』は720年に完成した．両書とも天皇の統治の由来を神話から説き起こし，太陽神アマテラス（天照）大神の子孫である天皇の国土支

配と国家統治の正統性を明らかにし，国家形成の過程を物語っている．記紀の神話は，このような性格の歴史書の一部であり，初代天皇となる神武天皇の出自と天皇による国土の支配の正統性を物語ることを中心的なテーマとする政治的な神話であって，古代の民衆の生活や信仰に根差した神話ではない．

『古事記』には星に関する記述は確認できないが，『日本書紀』に1例のみ星の神が登場する．それは，天上世界の神がアマテラス大神の孫ホノニニギ（火瓊瓊杵）を地上世界（葦原中国）の支配者とするために降臨させようとする場面においてである．

このときの葦原中国は，「蛍火のかがやく神」や「蠅なす邪神」が横行し，「草木ことごとくよく言語る」という怪しげで不気味な状況で，これを平定するためにフツヌシ（経津主）とタケミカヅチ（武甕槌）の2神が派遣された．『日本書紀』の本文によれば，二神は邪神等を平定したが，星の神「カガセオ（香香背男）」のみが服属しなかった．そこで倭文神「タケハヅチ（建葉槌）」を派遣して服属させたという．

この神話には別伝があり，それによれば，フツヌシとタケミカヅチの2神が葦原中国の平定に向かうにあたって，「天に悪しき神」がおり，名を「アマツミカボシ（天津甕星）」またの名を「アマノカガセオ（天香香背男）」といった．2神は，先にこの神を討ち取って，その後で葦原中国に降って平定を行いたい，と申し出たという．

本文はカガセオの平定を，邪神等の平定とならべて地上での出来事のように述べているが，討伐の対象が星の神であることからすれば，別伝のように天にあって討ち取ったとするのが本来の形であろう．

この場面はホノニニギの天孫降臨に先立って葦原中国を平定するという，ホノニニギの子孫となる天皇の国土支配の正統性を物語る重要な場面である．政治的な葦原中国の支配権の譲渡はオオクニヌシ（大国主）による国譲りという形で行われるが，葦原中国の呪術的・宗教的制圧は，ここで見たような怪しげな邪神やものいう草木の平定によって達成される．星の神カガセオの平定もそれとともに行われているのである．すなわち星神カガセオは天皇の国土支配のために排除される神であった．

それではカガセオとはいかなる性格の星の神なのであろうか．

カガセオのカガは輝くの意味，セオは男性の意味で，カガセオという名称は「輝く男性の神」を意味する．別伝ではアマツミカボシと称しているが，語幹は

ミカである。『日本書紀』は「甕」の字をあてているが、これは文字通りの酒の容器の甕ではなく、葦原中国の平定に派遣されるタケミカヅチのミカと同じで、「厳めしい」「威力のある」という意味である。要するにアマツミカボシの名称は「天の威厳のある星神」を意味している。カガセオ、アマツミカボシという神は、威厳のある男性神で天にひときわ明るく輝く星の神格化であった。

　天空の星の中で最も光度の強い星といえば金星だが、カガセオは金星を神格化した神とみる説が有力である。

　金星は、地球よりも太陽に近い内側の公転軌道を周回するため、地球からは日没後と明け方のみに見ることができ、日没とともに西の空に最初に現れる「宵の明星」であり、夜明け前には最後まで輝き続ける「明けの明星」である。古代の万葉集にも「夕星」「明星」として歌われている。

　日本古代の王権は、太陽神アマテラス大神を最高神とするが、朝の太陽がまもなく昇ろうとするときに、夜の星空が消えた後もなお1つだけ東の空に明るく輝く金星は、アマテラスの支配する秩序に抵抗する存在と考えられたのであろう。カガセオを金星の神格化とすると、カガセオはアマテラスを最高神とする王権の支配に敵対する悪神、邪神として討伐の対象とされたと考えられる。

　光度の強い金星は、まれに昼間にも見えることがあった。『続日本紀』には「太白昼に見わる」という記事が8例見られるが、太白とは古代中国の金星の呼称である。中国の陰陽思想では、この現象を天下混乱の兆しと捉え、『漢書』天文志では革命の起こる凶兆とする。太陽に象徴される天子の地位を金星が奪うと捉えたのである。このような中国の思想に基づいた王権を脅かす星としての金星の性格も、悪神カガセオの属性に反映されているのであろう。

　なお『日本書紀』本文では、カガセオを服属させたのは、葦原中国の平定に派遣されたフツヌシ・タケミカヅチの2神ではなく、倭文神タケハヅチという神であった。倭文は「しどり・しずり」と読み「静織り」の意味で、麻や穀の織物である。律令国家成立以前のヤマト王権の段階には倭文部が編成されてその生産が行われていたが、タケハヅチという神は倭文部を管掌する倭文部氏が奉斎した神であろう。倭文神タケハヅチが星の神カガゼオを服属させたという神話の背景には、倭文部氏が倭文の織布を捧げて星神を祀る儀礼が想定でき、その祭儀に伴う機織は七夕との関連性も考えられる。

◆『丹後国風土記』逸文の浦島子伝に見える昴星と畢星

奈良時代に政府が全国に命令して編纂された風土記の1つ、『丹後国風土記』に星にまつわる説話が見

える．同風土記はすでに散逸しているが，鎌倉時代の書物『釈日本紀』に引用された逸文の与謝郡日置里条に，おとぎ話で有名な「浦島太郎」の物語の原型となる説話（浦島子伝）が記載されており，その中に不思議な星が登場する．

　雄略天皇の時代（西暦5世紀後半）のこと，この地の筒川村に島子という漁師がいた．小舟で海に出て釣りをしていると，5色の大きなカメが釣れた．カメは見目麗しい女性となり，自分は神仙界（蓬山）から来たことを告げ，島子を自分の世界へといざなった．島子は海中の広く大きな島に導かれ，上陸して歩いていくと大きな御殿の門前に到達した．女性は島子に，しばしここで待つようにと指示すると，門の中に入って行ったが，すると門から7人の童子が出てきて「この方が亀比売のお相手だ」といい，さらに8人の童子が出てきて同じことをいい，それによって女性の名前が亀比売とわかった．その後亀比売が戻って来て童子のことを尋ねると，7人の童子は「昴星」で，8人の童子は「畢星」であるという．以下の話の展開の骨子はおとぎ話「浦島太郎」とほぼ同じである．

　この説話は，かつて国司として同国に赴任した伊豫部馬養が創作した物語で，この地域で語り継がれていた民間伝承ではない．馬養は大宝律令の編纂者の1人で，紀元7世紀末〜8世紀初頭の律令国家形成期のトップクラスの知識人であり，中国の思想や天文の知識，それに基づいた文学作品などに非常に詳しい人物であった．浦島子伝が，そのような知識や情報に基づいて述作された物語であることをふまえて，問題点を探っていきたい．

　この説話で注目されるのが，7人の童子「昴星」と8人の童子「畢星」である．昴星は和名「すばる（昴）」でプレアデス星団であり，畢星は和名「あめふりぼし（雨降り星）」でヒアデス星団である．プレアデス星団はおうし座にあり，その星のまとまりが首飾り等身体装飾の「みすまるの玉」を連想させることから「すまる＞すばる」と称された．ヒアデス星団は，同じくおうし座にあり，1等星アルデバランの近傍に広がるV字形の星団で，おうし座の顔の位置にあたる．中国ではヒアデス星団が月にかかると雨季になるといい，またギリシャ語のヒアデスも「雨降り女」の意味であるということで，世界的に雨季に入る目安とされており，「あめふりぼし」の和名もそれに因んでいる．

　島子が訪れた異界である蓬山は海中の大きな島にあり舟で到達している．ところがそこに昴星や畢星という天上の星が出現しているのはなぜだろうか．この点については勝俣隆が説いているように，〈天を半球状のドームとみなし，海の果て，地の果てが天の壁と接してつながっている〉とイメージする古代人の宇宙観

に基づいて理解することができる.

　中国古代の文献『列子』湯問篇には，渤海の東，幾億万里のかなたに大きな谷があり，そこに「天漢」すなわち天の川が流れ注いでおり，そこに仙人のすむ五山があり，その1つが蓬莱山であるという．浦島子伝に見える蓬山はこの蓬莱山である．『列子』の宇宙観はまさにドーム状宇宙観であり，浦島子伝の宇宙観もそれに基づいている．島子は舟で海の果てに行き，そこから天の川を遡って天上の蓬山に到達したのである．蓬山の御殿の門に昴星と畢星が登場するのは，そこが天上だったからである．

　ではなぜ御殿の門に現われた星が昴星と畢星だったのであろうか.

　『史記』「天官書」によれば，昴星と畢星のあいだは「天街」といい，太陽や月，惑星が天に出入りする要所であったという．すなわち昴星と畢星のあいだに天上世界への入り口があったというのである．浦島子伝で七童子，八童子の昴星と畢星が現れた御殿の門は，天上に設定された神仙世界（蓬山）の入り口であり，昴星と畢星の登場はそれを象徴しているのである．

　浦島子伝は，先に述べたように古代の知識人である伊豫部馬養が中国の思想や学問，文学作品などの情報をふまえて創作した物語であって，そこに語られた昴星と畢星の姿も中国の知識に依拠しており，日本の古代の星や星座についての認識を反映するものではない．ただ伊豫部馬養のような知識人が地方官として全国に赴任して，各地の郡司等地方豪族と交流していく中で中国の星や星座，天文の知識が地方に広まっていったであろう．『丹後国風土記』の浦島子伝の事例からその一端を読み取ることができる．　　　　　　　　　　　　　　　　　[菊地照夫]

古代の七夕──七夕の起源と渡来人

　毎年7月7日，夜空に広がる天の川を見上げ，短冊に願いを込めながら心揺さぶる牽牛（彦星：わし座のアルタイル）と織女（織姫：こと座のベガ）の伝説に思いを馳せる人は多いだろう．七夕の習俗は古代中国に生まれた星祭に由来し，長い時間をかけて東アジアの諸地域に伝播し，奈良時代以前の日本に伝わった．ここでは七夕に関する古代の史料を確かめながら，日本における七夕の起源とその受容の経緯を探ってみたい．

◆七夕のはじまり　古代中国において七夕伝説が成立したのは，漢の時代（前202-紀元220）とみるのが通説である．しかし近年，七夕の史料を詳細に検討した勝俣隆は，中国最古の詩集『詩経』に記された牽牛・織女2星の伝承と漢代の

七夕伝説とのあいだには共通する要素が広く見られ，『詩経』収録の詩が成立した春秋時代にすでに伝説の原型が形成されていたと指摘している．その後，中国南朝・梁の時代（西暦6世紀）に編纂された『荊楚歳時記』には，牽牛と織女が出逢う7月7日の夜に女性たちが裁縫技術の上達を祈願する「乞巧奠」の祭の記録が見える．中国では，遅くともこの頃までに七夕が民間の年中行事となっていたことがわかる．この中国の伝説と行事が朝鮮半島を経由して日本に伝わり，機織の女神＝タナバタツメ（棚機津女）の信仰と合わさって日本独自の七夕文化が形成されたのである．

　では実際のところ，七夕の行事は，日本において，いつ，どのような形ではじまったのだろうか．奈良時代の律令（雑令）によれば，7月7日は3月3日などと同じく節日（季節の変わり目の祭日）と定められていた．この日，宮廷では七夕を題材に和歌や漢詩を詠む賦詩の宴が催され，そのおりに詠まれた歌が『萬葉集』に収載されている．そのうち，天武・持統天皇の時代に編まれた「（柿本）人麻呂歌集」にも多数の七夕歌がおさめられており，また『日本書紀』には持統天皇5年（691）7月7日に天皇が公卿を招いて催した宴の記録が見える．七夕は，7世紀後半の天武・持統朝までに宮廷社会に受容され，7月7日の節日に催された賦詩の宴を通して貴族層に広まっていった年中行事と考えられる．

　一方，8，9世紀の村々では，農民たちに七夕が普及していた明確な事例は確認できない．ただ豊前国（今の福岡県東部および大分県北西部）では，7月7日が元日や5月5日とともに死者の霊を村・家に迎えて供養する「霊迎え」の日と認識されていたことを示す史料がある（『日本霊異記』上巻三十縁）．日本古代の農村では，7月7日に，牽牛・織女を祭る七夕ではなく，今日のお盆と似た宗教的行事を営んでいたようだ．勝俣隆は，今日も列島各地に残る「七日盆」の行事に注目し，古代の日本において，あの世とこの世を結ぶ日であった「7月7日」に異界に住む神仙の織女と人間界の牽牛が出逢うと信じられていたと論じている．古代の農村において織女と牽牛を祭る信仰が普及していた形跡は見えないものの，「7月7日」が「霊迎え」の日であったことは間違いないだろう．

◆**七夕と西王母**　七夕を詠んだ古代貴族の和歌や漢詩から，当時，受容されていた七夕伝説の内容とその思想的な背景が見えてくる．例えば『懐風藻』収載の七夕詩のうち，藤原房前（摂関家の祖）の漢詩に「織女の乗る鳳の車は雲路を飛び行き，龍の車は天の川を越える．牽牛・織女の神仙の出逢いを見ようとして，西王母の使者である青鳥は二星の留まる玉の楼閣に飛び入る（鳳駕飛雲路，龍車

越漢流，欲知神仙会，青鳥入瓊楼）」という詩句が見える．この漢詩は中国の故事をふまえたもので，中国・西晋（265-316）時代の『博物志』にこれと関連する伝承がおさめられている．すなわち，漢の武帝の時代，7月7日の夜に西王母が三青鳥を従え，紫の雲に乗って武帝の御殿に至り，3000年に1度実を結ぶ桃の実を皇帝に授けたという．小南一郎が指摘するように，西王母は中国の西方に住み月を司る神で，魏晋南北朝時代（3-6世紀）には，陰陽思想の影響を受け，東方に住み太陽を司る東王父（東方朔）と一対で信仰されていた．また同時代の図像を見ると，西王母は頭上に「勝」という織機の横木を載せた姿で描かれており，機織の女神とみなされていたことがわかる．藤原房前の漢詩は，「玉の楼閣」（天皇の宮）を「武帝の御殿」に，「青鳥」を西王母の使いである「三青鳥」に見立て，七夕の夜に訪れる西王母を念頭に作詩されていたのである．賦詩の宴で漢詩を共有した奈良時代の貴族たちは，七夕と西王母の関係を正しく認識していたといえるだろう．

◆**七夕を伝えた渡来人—漢氏**　次に，西王母思想との関係をふまえ，七夕を伝えた氏族について考えてみたい．

　古代の日本で西王母信仰の痕跡を示す史料は，古墳出土の鏡にその姿が刻まれた事例があるものの，全体として極めて乏しく，9世紀以前の庶民のあいだにその信仰が広まっていた可能性は低い．しかし，渡来系氏族とかかわる限られた地域・集団の中には西王母信仰の存在を確認できるものがある．

　たとえば『延喜式』には，毎年6月，12月の末日（晦日）に天皇の長寿を祈る大祓の儀式に際して，東西文部が唱える呪詞の中に「東王父」と「西王母」の神名が見える．ここに登場する東西文部とは，東漢（文）氏・西漢（文）氏という朝鮮半島南部からやって来た渡来系氏族の出身者を指している．また増尾伸一郎が指摘するように，奈良の唐招提寺が所蔵する「宝亀10（779）年坂上忌寸石楯供養経跋文」には，坂上氏が帰依した神として「西母（西王母）」「東父（東王父）」の名が記されている．坂上氏は6世紀には東漢坂上氏を名乗っており，東漢氏系の氏族であった．

　一方，記紀神話（アメワカヒコ神話）にはオトタナバタ（オトはかわいい・美しいという意味の接頭語）という女神が登場し，やはり漢氏との関係が指摘できる．夷振という曲名が付された神話中の歌謡の中で，オトタナバタは男神アジスキタカヒコネが心を寄せ通う女神として現れる．重要なのは，この夷振歌謡において「石川片淵」という地名がくり返し強調されている点である．この問題に着

目した平林章仁は，「石川片淵」とは河内国を流れる石川（現在の大和川）流域の古市・野中地方（現在の大阪府羽曳野市・藤井寺市付近）を指し，オトタナバタの歌謡は当地域に伝わる七夕の織女の伝説を歌ったもので，それが『古事記』『日本書紀』編纂時にアメワカヒコ神話に取り入れられたと指摘している．そこで，この点をふまえて8，9世紀の史料を確認すると，古市・野中が歌謡（朝鮮系の踏歌）を得意とする渡来系氏族の集住地であった事実が確かめられる．例えば，8世紀に記された律令の注釈には，「歌垣」（踏歌）を伝承する遊部と呼ばれる集団が古市・野中に居住していたと記録されている（『令集解』喪葬令親王一品条所引古記）．この古市・野中の集団に関して，『続日本紀』は，宝亀元年（770）3月，文氏・武生氏・蔵氏等の渡来系氏族が河内国の由義宮において称徳天皇に「歌垣」（踏歌）を披露したとする記事を収録している．文氏・武生氏・蔵氏は，いずれも漢（文）氏から分かれた渡来系氏族である（『新撰姓氏録』）．また，古市には西漢（文）氏創建の氏寺と伝えられる西琳寺（現羽曳野市古市2丁目）が所在し，境内から7世紀前半期の屋根飾（鴟尾）も出土している．こうした事実から，西王母を信仰した西漢（文）氏は，石川流域の古市・野中を本拠とし，歌謡（歌舞）をもって王権に奉仕していたと推察されるのである．

　オトタナバタと七夕を結びつける考えについては批判的な見解もある．しかし，オトタナバタ歌謡の伝承地と漢氏の関係，また漢氏が七夕と深くかかわる西王母信仰の担い手であった点をふまえるなら，オトタナバタが七夕の織女である可能性は高いといえる．したがって，日本古代の七夕は漢氏の渡来とともに朝鮮半島からもたらされ，また漢氏の宮廷への奉仕を通して，その伝説と行事が7，8世紀の天皇・貴族に浸透していったと考えられるのである．　　　　　［田中禎昭］

【参考文献】
［1］　北條芳隆『ものが語る歴史36 古墳の方位と太陽』同成社，2017
［2］　北條芳隆「稲作暦と稲束からみた古墳時代の成立過程─景観史と経済史の視点から」『島根考古学会誌』41，島根考古学会，2024
［3］　勝俣隆『星座で読み解く日本神話』大修館書店，2000
［4］　勝俣隆『七夕伝説の謎を解く』大修館書店，2024
［5］　小南一郎『西王母と七夕伝承』平凡社，1991
［6］　平林章仁『七夕と相撲の古代史』白水社，1998
［7］　増尾伸一郎『道教と中國撰述佛典』汲古書院，2017

アイヌ

アイヌ民族とは

　アイヌ民族は，日本列島北部周辺，とりわけ北海道の先住民族である．かつては北海道，本州の東北地方，樺太南部，千島列島で生活していた．独自の言語であるアイヌ語や，独自の文化，世界観，歴史を持っている．民族名称である「アイヌ」という言葉は，アイヌ語で「人間」を意味する．

　いまから約3万年前頃，北海道に人類がやって来た．そして約2400年前頃になると，本州では稲作農耕が広まっていた一方，北海道ではそれまでの狩猟，漁撈，採集の生活が続けられた．西暦8世紀以降にはアワやヒエといった穀物の栽培や，金属製品などが北海道に広まっていくようになり，海を越える交易も盛んになった．何世紀ものあいだ，いろいろな文化の動きや人々の動きがあり，独自の文化が形成されていった．

　しかし13世紀頃から，本州から北海道へ「和人」（アイヌから見て，本州・四国・九州にルーツがあり日本語を話す人．アイヌに対して日本の中で1番数の多い人々のこと）が移り住むようになると，アイヌと和人とのあいだに争いが起きるようになった．17世紀以降，江戸幕府からアイヌとの独占的な交易を許されていた松前藩によって，アイヌは次第に支配されるようになり，交易の自由を奪われ，交易条件もアイヌにとって不利なものになっていった．アイヌは支配に屈することなく戦うが，結果として戦いに敗れてしまい，生活は苦しくなる一方だった．

　そして明治時代以降，日本の近代化の過程で，アイヌの生活や文化は大きな打撃を受けることになる．明治政府は「開拓使」という役所を設け，本格的な開拓をはじめた．そして，「同化政策」といわれるアイヌに和人と同じ生活を強いる政策を行った．この政策によって，アイヌが利用してきた土地はすべて政府のものとなり，サケ漁やシカ猟は禁止され，女性のいれずみなどの伝統的な風習も禁止された．それまでの暮らしができず生活が厳しくなっていくなか，1899年「北海道旧土人保護法」が制定された．アイヌの生活からアイヌ語や伝統的な文化，

習慣は次第に消えていき，なかには差別に苦しみ，自らアイヌ語や伝統的な文化を捨ててしまう人もいた．

　しかし，このような時代のなかであっても，差別と闘いながら自分たちの文化や言語を守り，伝え続けた人々がいた．差別や偏見に苦しみながらも，アイヌ文化の伝承・復興に関する活動が盛んに行われるようになり，新しい法律を求めるアイヌを中心とした幅広い運動も行われた．そして1997年に「アイヌ文化の振興ならびにアイヌの伝統等に関する知識の普及及び啓発に関する法律」が施行され，「北海道旧土人保護法」は廃止された．2007年，国連において「先住民族の権利に関する国際連合宣言」が採択されると日本もこの宣言に賛同し，2008年，国会において「アイヌ民族を先住民族とすることを求める決議」が全会一致で採択され，アイヌが先住民族であることが認められた．ただし，アイヌに対する差別や経済的な格差といった問題は，いまだに存在している．

　現在，アイヌの多くは北海道に住んでいるが，進学や就職などをきっかけに，東京や大阪など日本国内のいろいろな地域で暮らす人や，海外で暮らす人もいる．現在のアイヌの生活文化は，その居住地域に暮らす大多数の人々とほぼ変わらない．また，伝統的な文化や歴史に対する意識や考え方もさまざまで，積極的にアイヌ文化の復興活動や伝承活動にかかわる人もいれば，かかわってはいなくても先祖の文化や歴史を大切にしている人もいる．それぞれのかかわり方で，自分たちの文化や歴史のことを大切に考えている人々がたくさんいるのである．

アイヌの世界観

　アイヌの世界観では，人間が暮らす世界のことをアイヌモシリ（aynumosir：人間の国土）といい，その上に天の世界，その下に地下の世界があると考えられている．

　天の世界や地下の世界はいくつかの層になっているといわれているが，何層であるかは地域によって違いが見られ，6層の場合や，2層または3層の場合もある．天の世界が6層とされている場合は，アイヌモシリから順番に上に向かって，ウラㇻカント（urar kanto：霧の天），ランケカント（ranke kanto：下天），ニシカント（nis kanto：雲の天），シニシカント（sinis kanto：本当の雲の天），ノチウカント（nociw kanto：星の天），そして1番上はカムイ（kamuy：いわゆる神）が暮らすリクンカント（rikun kanto：上天）があるという．伝承によってその順番などに多少の違いが見られることもあるが，霧があるウラㇻカントの上

にあるランケカントまたはニシカントには乱雲があり，その上のシニシカントには高層雲や太陽と月があって，星が輝くノチウカントからは息ができなくなるのだという．

　天にあるカムイが暮らす世界のことは，カムイモシリ（kamuymosir：カムイの国土）などともいう．アイヌは，世界のあらゆるものにラマッ（ramat：霊魂）が宿ると考える．その中でも人間にとって重要な働きをするものや，強い影響力があるものをカムイと呼ぶ．どのようなものをカムイとしているかは地域や個人によってさまざまであるが，例えば，動物や植物，火，水，雷といった自然（自然現象），日常生活に欠かせない舟や臼などの道具，災害や病気など人間の力ではどうにもできない強い影響力を持つものを，カムイ，あるいはカムイによってもたらされるものと考える．カムイは人間の生活を見守り，恵みをもたらす存在であり，ときには人間に危害を加える恐ろしい存在でもある．

　カムイは，天にあるカムイの世界で人間と同じように生活しているが，何かしらの役割を担ったり，ときには遊びに行きたくなったりしたとき，動物や植物，自然現象などに姿を変えて，人間の暮らすアイヌモシリへやって来る．例えばクマのカムイはその肉や毛皮などを恵みとしてもたらしてくれるカムイであり，樹木のカムイは舟や臼などの道具の材料などになってくれるカムイである．さまざまな役割を持ったカムイたちがおり，人間は狩猟，漁撈，採集などによって，カムイからの恵みをいただき，恵みをもたらしてくれたカムイに対し，そのお礼としてイナウ（inaw：男性が木を削ってつくるカムイへの贈り物．木幣などと訳される）や供物などを用意し，カムイをもてなして，カムイの世界へ送るための儀礼を行う．こうして役割を果たしたカムイは，人間からのイナウや供物といった贈り物を土産としてカムイの世界へ帰り，カムイの世界でその贈り物をほかのカムイに振る舞うのである．このようにカムイたちは世界を行き来し，人間はそのカムイたちからさまざまな恵みをいただきながら暮らし，感謝の気持ちとともに儀礼を行い，カムイを敬っている．かつては生活のさまざまな場面でさまざまな儀礼が行われていたが，生活様式が変わった現代でも，カムイや先祖たちを敬いながら受け継がれてきた儀礼が，各地で行われている．

　伝統的なチセ（cise：家屋）には，儀礼のときにだけ使用される，カムイが出入りするための神聖な窓がある．神聖な窓はカムイプヤラ（kamuypuyar：神窓）やロルンプヤラ（rorunpuyar：東窓，神窓）と呼ばれ，川の上流の方向を大事な方向とする地域では川の上流に，日が昇る東の方向を大事な方向とする地域では

東に，この窓が必ず向くようにチセが建てられる．

　アイヌ語では，多くの地域で，太陽が出てくる東の方向のことをチュプカ（cupka：チュプは太陽，カは上という意味）といい，太陽が沈む西の方向のことをチュッポク（cuppok：ポクは下という意味）というが，北と南については「いわない」という地域もある．

アイヌの星に関する記録

　かつてのアイヌの生活では，言葉を口で語ることによって生活のあらゆることを伝えてきた．アイヌが文字で自分たちの言語や文化，自分の思いなどを記録していくようになるのは明治時代以降のことで，それ以前の記録は和人や外国人によるものである．アイヌが文字を使用するようになった明治時代は，その生活や文化が激変していった時代であった．伝統的な風習が禁止され和人と同様の生活を求められる中，アイヌ語は次第に使われなくなり，アイヌの物語を語る機会も減り，アイヌ語で物語を語ることができる人やアイヌ語で語られた物語を聞いて理解できる人も少なくなっていった．このような時代の中，アイヌ語や，アイヌ語で語り継がれてきたさまざまな物語（口承文芸），アイヌ文化を記録して残すため，アイヌ自身がローマ字やカタカナを用いてアイヌ語を表記するようになり，自分自身で記録を残す人，または研究者と協力しながら，伝統的なアイヌ文化，アイヌ語やアイヌの物語のことを記録していった．

　アイヌの星に関する伝承や物語についての記録も，このように記録された資料が残されている．アイヌ自身が記録して残したものもあるが，その多くは和人による聞き取り調査によって記録されたものである．古い時代の記録では，江戸時代の蝦夷通辞（アイヌ語の通訳をしていた和人）によって書かれたアイヌ語の単語帳があり，星の名称を意味するアイヌ語が，対訳となる和名もしくは星の並びを記した図とともに書かれている．アイヌと星のかかわりについては，いわゆる星というだけではなく，北斗七星や北極星といった日本文化においてかかわりの深い星や星座，天の川，流れ星，彗星，明けの明星，宵の明星などについての記録が見られる．

　現在，アイヌと星のかかわりについて調べるときに欠かせない記録となっているのは，アイヌの星に関する伝承について聞き取り調査を行い，『アイヌの星』[1]（1979）などの本を執筆した末岡外美夫（1931-2002）の著書である．末岡の没後，2009 年に刊行された『人間達（アイヌタリ）のみた星座と伝承』[2]には，59

の星々に関する伝承などが書かれている．一方，同じくアイヌの星に関する伝承についての記録も残した更科源蔵(1904-1985)は，その著書『アイヌの民俗　下』[3] の中で，星に関する調査は晴れた夜でなければならず，季節によって見えない星もあり，伝承を知っているエカシ（ekasi：おじいさん）やフチ（huci：おばあさん）の視力がすでに夜空の星を捉えられなくなってしまっていることもあると，その困難さについて述べている．

アイヌ文化やアイヌ語を知るエカシやフチたちの協力のもと，星に関する聞き取り調査が行われていた時代は，まだ現代ほどの照明はなく，夜になると頭上には幾千の星々がきらめく空が広がっていた．そういった夜空で，エカシやフチとともに星を探し，その位置を特定することは，どれだけ困難なことであったろうか．

星に関する物語や伝承

アイヌ語で「星」を意味する単語にも方言差があり，北海道の多くの地域ではノチウ（nociw）というが，北海道の美幌地方ではリコプ（rikop），北海道の宗谷地方や樺太ではケタ（keta）などともいう．

アイヌの星座としては，カムイであるクマやフクロウやシャチなどの動物，儀礼やまじないに関する道具や生活道具，狩猟・漁撈・採集・農耕といった日々の仕事の様子など，さまざまなものごとに関するものが記録されている．それらを見ていくと，星を見ることで魚が遡上（そじょう）する時間を知り，その年が豊漁かどうか，災難が起こるかどうかといったことを占い，ときには方向を知るために星を見ていたということがうかがえる．ここでは，より多くの記録が残されている星または星座の物語や伝承を紹介する．

天の川のことをアイヌ語でペッノカ（petnoka：川の形）という．地上にある川が天に映っている姿といわれているが，映っている川がどの川なのかは，地域によって違いが見られ，石狩川という地域もあれば，十勝川という地域もある．十勝川とする地域では，ペッノカにはカジカがすんでいて，そのカジカはカラスを食べているのだが，カラスが足りなくなると暴れ出し，そのせいで地震が起きるといわれている．また，ペッノカの中にも魚が卵を産む場所があり，それがはっきりと見える年は豊漁であるという伝承や，秋の頃に見えるペッノカのふたまたの合流点にカムイがいて，そのカムイが黒く横になって川口をふさいでしまうと，魚がのぼらないという伝承がある．

流れ星はマッコイワク（matkoiwak：女のところへ通う）といい，日本語では「夜這い星」「妻恋星」と訳されることがある．その名のとおり，男の星が女の星のところへ通う姿で，その姿を見るのはカムイに対して不敬になるため目をつぶるようにという伝承がある一方，流れ星を見たらそれが消えないうちに，何でもよいので拾って懐に入れると良いことがあるともいう．地域によっては，星が死ぬのだともいわれ，あまりにもたくさん星が流れると病気が流行するという伝承も見られる．

　北斗七星は地域によってさまざまな呼び方や伝承が記録されているが，その中にチヌカラクル（cinukarkur：我々が見る者）と呼び，方向を知るために見ていたというものがある．ただし，何をするために，どの方向を知るために見ていたのかまでは記されていない．

　カシオペア座は，ヤシノカ（yas noka：ひき網の形）あるいはヤシヤノカノチウ（yasya noka nociw：ひき網の形の星）という．天の川の中にあるカシオペア座は，ペッノカ（天の川）で2艘のチプ（cip：丸木舟）に乗り，ひき網漁をしている星座で，カシオペア座をWの形で見たときの，Wの上の両方の星は丸木舟を操作する人，下の2つの星は網を持っている人，そして真ん中の星が網であるといわれている．アイヌ語では，この丸木舟を操作する人のことをチプコロ（cip kor：漕手）といい，網を持っている人のことをヤコロ（ya kor）またはヤコロクル（ya kor kur：いずれも「網持ち」の意味）という．特に川漁を盛んに行っていた地域では，この星の位置を見て漁期や漁場を判断していたという．

　おうし座のアルデバランのことを，アイヌ語ではウライチャシクル（uray cas kur：やな番星）またはウライチャシクルノチウ（uray cas kur nociw：やな架け星）といい，ヒアデス星団のことをウライノチウ（uray nociw：やな星）という．

　ウライ（uray）とは，日本語で「やな」という川で魚を捕るための仕掛けのことで，川の一部を仕切って魚の通路をふさぎ，捕らえるものである．ウライは，川幅の狭いところにV字形になるように杭を数本打ち，その杭にヤナギの枝などを絡ませて，V字の先のところを開けた状態になった仕切りをつくり，V字の先のところには魚が入ったら出られない仕掛けを置いたもので，地域によってはラオマプ（raomap）あるいはラウォマプ（rawomap）ともいう．かつてはこのウライを使って，サケやマスなどの魚を捕っていた．

　ヤシノカ（カシオペア座）と同様にペッノカで魚を捕っている星々で，ペッノ

カにウライチャシクルがウライノチウを仕掛けて魚を捕っているのだといわれている．ウライチャシクルが捕った魚をウライからあげて置いておくと，いつの間にかほかのカムイが持って行ってしまうので，ウライチャシクルは怒って赤くなったという伝承や，酒好きでウライをつくるのが上手なカムイが，ウライを仕掛けたまま酒を飲んで寝込んでしまい，そのあいだにほかのカムイがウライから魚をとって行ってしまったため，酒で赤いカムイの顔が怒ってますます赤くなり，それからウライから離れずに番をするようになった．その赤い星がウライチャシクルだという伝承もある．

　ウライチャシクル（アルデバラン）の色の見え方についても地域によってさまざまな伝承が見られる．ウライチャシクルが赤くなるのはこの星が悪い心を起こすからで，悪い心を起こすと魚が捕れず，良い心だと魚がたくさん捕れるというものや，赤すぎると不漁で，暗すぎると地震や津波などの悪いことが起きるなどというもの，ウライチャシクルが真っ赤な年は雪解けが遅いというものがある．また，ウライノチウについても，この星は雪解け水に流されるので，春になると見えなくなり，秋になるとカムイがまたウライを仕掛けはじめるので，また見えるようになるものだという伝承や，ウライノチウの中を星が流れるのはペッノカの魚がウライからあふれ出ているということであるため，豊漁になるという伝承が見られる．

　プレアデス星団も地域によってさまざまな呼び方があり，イワンノチウ（iwan nociw：六つ星），アラワンノチウ（arwan nociw：七つ星），トランネノチウ（toranne nociw：なまけ者の星），トイタサオッノチウ（toyta saot nociw：農耕から逃げる星），マッネイッケウ（matne ikkew：女の腰），ウポポノチウ（upopo nociw：輪舞する星）など，たくさんの名称が見られる．プレアデス星団に関する物語は，地域によってその内容に多少の違いが見られるが，あらすじとしてはこのような物語となっている．

　なまけ者で強情な6人娘がいた．働き者の3人兄弟に「遊んでいないで畑仕事をしたらどうだ」と注意されるが，娘たちは「畑仕事をしたら手が汚れる」と言い返す．「手が汚れたら川で洗えばいいだろう」というと，今度は「川に落ちたらどうする」といい，3人兄弟が何をいっても娘たちは言い返してばかりだった．「川に落ちたら草をつかんであがればいいだろう」と兄弟がいえば，「草をつかんだら，手が切れて痛いよ」と，娘たちはいう．「手が切れたら布で傷口をしばって手あてをすればいい」といえば，「傷をしばっても胸がドキドキしてせつない

よ」という．「ああ，星になりたい．星になれば何もしなくてもいいのに」という娘たちに，ついに兄弟たちは「この強情者め！」と怒り出した．娘たちは舟に乗って逃げるが，兄弟も舟に乗って追い掛けた．その姿が星になり，畑仕事を嫌がったなまけ者で強情な娘たちはプレアデス星団に，働き者の3人兄弟はオリオン座の三つ星になった．そのため，プレアデス星団は畑仕事が忙しい夏のあいだには出て来ないで，畑が終わった冬になると現れるのだという．

　地域によっては，3人兄弟は登場せず，6人娘のうち末の娘だけが働き者で，同様の言い争いを姉たちと行い，星になったというものもあり，娘が7人というものもある．

　このプレアデス星団の物語にも登場したオリオン座の三つ星は，アイヌ語ではレヌシクル（ren us kur：3人のカムイ）などと呼ばれる．地域によってはイユタニノチウ（iyutani nociw：杵星）と呼ばれ，その星の見え方で畑の作物が豊作か不作かを占ったという．

　このように星に関するアイヌの物語や伝承を見ていくと，流れ星やウライチャシクルの伝承のように，星は夜空にいるカムイの姿であるという物語や伝承は少なくない．しかしその一方で，星のために儀礼を行ったり，イナウを捧げたりしたというような，星そのものをカムイとして敬ってきたという記録は見られない．

　また，アイヌの星または星座に関する名称，物語や伝承には，それぞれに方言差や地域差が見られるが，なかには，星の名称が地域によって異なる星を指していることもある．例えば，プレアデス星団の名称である「トイタサオッノチウ」や「ウポポノチウ」という名称は，地域もしくは伝承者によっては，北斗七星のことを指すという．アイヌの星または星座に関する名称，物語や伝承を見ていくときには，このような方言差や地域差などの違いにも注意して見ていく必要がある．

[矢崎春菜]

【主要参考文献】
　[1]　末岡外美夫著『旭川叢書第12巻　アイヌの星』旭川振興公社，1979
　[2]　末岡外美夫著『人間達（アイヌタリ）のみた星座と伝承』末岡由喜江，2009
　[3]　更科源蔵『アイヌの民俗（下）更科源蔵アイヌ関係著作集V』みやま書房，1982

コラム　てぃんがーら（天の川）で，ウナギ釣り

　ポリネシアなど北太平洋地域の島々では，さそり座をその形から釣り針の星座としているそうだ．沖縄でも，釣り針の星「いゆちゃーぶし」という．「いゆ」は，魚のことであるが，「いゆちゃー」は釣り針を意味する．

　沖縄，特に八重山諸島は，梅雨明けが早い．「はーりー（海神祭）」が終わると季節は夏で，「てぃんがーら」と呼ばれる天の川が薄雲のように南の空に横たわり，そこからさそり座が立ち上っていて，まっすぐ天に昇る龍の姿のように見える．それが，大きな釣り針の形に見え，「いゆちゃーぶし」と呼ばれている．

　「南十字星の見える島」として知られる波照間島には，「いゆちゃーぶし」にまつわる面白い伝承話が残っている．さそり座の心臓といわれる赤い星，アンタレスは，「火星と色の赤さを競い合っている」ともいわれているが，波照間島では「びたこりぶし」と呼ばれ，島の酒，泡盛を呑んで顔が真っ赤になっている酔っ払いの老人「おじい」とされている．

　八重山諸島では酔っ払いを「びーちゃー」という．「びーちゃー」はモグラのことであるが，昼間に地中から明るい場所に出ると地面をよたよたと歩くので，そのさまが酔っ払いに似ているのでこう呼ばれる．「びたこりぶし」とは，「酔っ払い星」ということだ．

　この「おじい」，夏の夜に泡盛を呑みながら真っ赤な顔をして，「てぃんがーら」の川岸から釣り針を川面に降ろし，大きなウナギを釣っているそうだ．

図1　天の川で酔っ払いの「おじい」がウナギ釣りをしている？　八重山諸島では，夏前に水平線の上にたなびく天の川から天に昇る龍のようなさそり座が見られる
［筆者撮影］

波照間の大気は澄んでいるので，天の川は白く美しく，中心部にある暗黒星雲で２つに割れて流れている．その黒く見えている部分は，いわれてみればウナギが泳いでいるように見える．南米などでも，星が少ない部分が動物のシルエットのように見え，星座名にしているが，それに似ている．

　そして，さそり座の尾の部分が釣り針のように見え，天の川の中心部のウナギの頭の形をした部分に降ろされている．まさに，赤い顔をした「おじい」が，天の川でウナギ釣りをしているように見えるのだ（図1）．

　昔の波照間島には，テレビもなかったので，夏の夜は夕ご飯を終えると家族で縁側に並び，「今夜もおじいはウナギが釣れるかなぁ」と，星空を眺め楽しんでいたそうである．

　また，ほかの島では，こんな話もしてくれた．島の梅雨明けは早いので，宵が迫ってくると南の空に，さそり座が天上から降りてきた釣り針の形に見える．子どもたちが，家に帰るのも忘れて外で遊んでいると大人たちが「いゆちゃーぶし」を指さして，声をかけたそうだ．

　「お前たち，そろそろお家に帰らないと，あの大きな釣り針で，首根っこを引っかけられて，お空に持っていかれるぞ！　あー怖い怖い，早くお家に帰らないといけないねー」

　いまは，防災無線のスピーカーから，「子どもは家に帰る時間です」との呼び掛けがされているが，昔はこんな情景があったのだ．

　沖縄の星の伝承話には，ユーモラスでほのぼのとさせられる星の名前が多い．もう１つ紹介すると，夜が更けてくると満天の星空の中にときたま流れ星が見える．流れ星は，「ふしぬやーうちー」といわれている．「ふし」は星，「やー」はおうち，「うちー」は移動することで，「お星様の引越し」ということだ．

　流れ星が見えると，親は子どもたちに「今夜もお星様が，引越しをしているね」と話し掛ける．「引越し先は，首里のほうだねぇー」と，その夜は親子の会話が弾んだことだろう．

　たくさんの沖縄の星の名前からは，星空のもとで暮らす島人それぞれの日々の様子が思い浮かぶ．そんな情景に癒されながら，今夜も星空を眺めている．

[宮地竹史]

【主要参考文献】
　[1]　宮地竹史『四季の星空ガイド　沖縄の美ら星』琉球プロジェクト，2020
　[2]　宮地竹史『星の旅人―沖縄の美ら星に魅せられて』沖縄タイムス社，2020
　[3]　宮地竹史監修『星とくらす　波照間島』竹富町自然観光課，2024（非売品）

コラム　現代の七夕

　七夕飾りや願いごとを書いた短冊を笹に吊るし，夜空に織女星と牽牛星を探す．このような現在の私たちが知る七夕の形は，江戸時代中頃に定着したと考えられている．幕府が決めた季節の節目となる祝日「節句」の１つとなり，端午の節句（５月５日）や上巳の節句（３月３日ひなまつり）のように家々で楽しまれていた．七夕には地域独自の風習も少なくない．いまも残っているものとしては北海道全域に残る「ろうそくもらい」，長野県松本地方や兵庫県播州地方で見られる「七夕人形」などがあげられる．ろうそくもらいは七夕（函館と周辺地域は７月７日，そのほかは８月７日）の夜，子どもたちが歌を歌いながら家々を回りろうそくをもらって歩く風習だ．地域ごとに歌詞が変化した「はやし歌」があり，昭和の終わりまで盛んに行われた．その後少子化や安全面の問題もあり平成に入って風習を行う地域は激減したが，現在は伝統を残そうと問題に配慮しながら復活した地域もある．昼間に保護者がつき添って家々を回り，ろうそくの代わりにお菓子をもらって歩く．七夕はお盆の時期と重なることから，古くより先祖の魂を迎える行事としての一面もある．ろうそくはそのためのものであり，東北や北陸地方では飾りつけをした行灯や提灯を持ち子どもたちが町内を練り歩く地域もある．８月に東北で行われるねぶた（またはねぷた）も七夕と精霊迎を起源に持つという説がある．長野や兵庫で残る「七夕人形」は，和紙でつくられた着物や子どもの衣類を「七夕の夜に供える＝七夕の星にお貸しする」ことで，我が子が着る物に困ることなく暮らせるよう祈りを込めた．

　これらの風習は７月７日に行われるものが多いが，現在の暦では梅雨の時期であり星が主役でありながら夜に晴れることが少ないという矛盾が生まれている．本来は旧暦（太陰太陽暦）での祭りであるため，現在の暦（グレゴリオ暦）ではほぼ８月のどこかに本来の七夕が来ることとなる．旧暦は月の満欠けをもとにしているため，月の形は新月から７日目の上弦の月になるが，夜半過ぎに月は沈むので星と天の川を楽しむことができただろう．現在では国立天文台が毎年旧暦七夕の日を計算し「伝統的七夕」として公表，七夕物語と星空を楽しむ夜として推奨している．現在の暦での７月７日，そしてひと月遅れの８月７日に七夕行事を行う地域も少なくない．伝統的七夕と合わせて３回七夕があると考えれば，天上の織女と牽牛が逢えるチャンスは増えているのかもしれない．

［古屋昌美］

【主要参考文献】

　[1]　石沢誠司『七夕の紙衣と人形』ナカニシヤ出版，2004
　[2]　小南一郎『西王母と七夕伝承』平凡社，1991
　[3]　小田嶋政子『北海道の年中行事』北海道新聞社，1996

コラム　考古学向け天体シミュレーションソフト arcAstro-VR

　考古天文学は，先史時代の人々が建造物などにどのように天文学的要素を取り入れたかを，天文学，考古学，人類学などを組み合わせて考察する研究分野である．また，文化天文学は，異なる社会における天文現象と文化的関連性を調査する．これらの研究では，過去の特定の日時(時間)と場所（位置）での地形と天球上の太陽，月，惑星，および星の位置との関係を再現し，検証する必要がある．

　しかし，地球の歳差運動などの影響により，今日私たちが見る天体の位置と古代の人々が見た天体の位置は同じではない．そのため，天体と考古学的な遺構を含む地上の景観との位置関係を過去に遡って視覚的に表現し，検証することが必要である．arcAstro-VR〈https://arcastrovr.org/en/index.html（最終閲覧日：2024年8月28日)〉は，考古学的構造物，周囲の風景，およびそれに対応する過去の天体の正確な配置と動きを，仮想3D空間として再現することで，考古天文学および文化天文学的な調査のための視覚的な分析に使用できるシステムである（図1）．

図1 arcAstro-VRを使用し，吉野ヶ里遺跡と周辺地形データに西暦235年2月21日夕刻（午後5時50分）の西の空と，太陽と月の季節による軌跡を投影したイメージ

　arcAstro-VRは，高い精度で過去の星空を再現するオープンソースのプラネタリウムソフトウェアパッケージStellarium〈https://stellarium.org/（最終閲覧日：2024年8月28日)〉をベースにし，拡張機能として地形や建物を3D空間に読み込み，再構築された構造の天文学的な配置を確認できるシミュレーションソフトである（図2）．arcAstro-VRを使用することで，仮想3D空間に再構築された考古学的構造の中を歩きながら，周囲の風景との位置合わせや天体の位置を調査することができる．

図2 arcAstro-VRを使用して，吉野ヶ里遺跡のデータに基づき，補助線初端のマーカーを中心に配置されたコンパスマップを表示したイメージ

［関口和寛］

コラム　渋川春海と国産の暦

　1685（貞享2）年に施行された貞享暦は，それまで用いられた宣明暦を改めたものであった．宣明暦施行から823年が経って，改暦がなされた．貞享暦をつくったのは，囲碁の家に生まれた渋川春海（以下，春海と呼ぶ）であった．会津藩主・保科正之に命じられ，春海は元代につくられた授時暦をもとに国産の暦をつくるため悪戦苦闘した．M. リッチの坤輿万国全図を見て，春海は中国と日本のあいだには経度の違い（里差という）があり，それが日蝕・月蝕の時間に影響することに気がつく．また西洋天文学の解説書である『天経或問』を読み，授時暦がつくられた時代から春海の時代まで約400年経っており，近日点（太陽と地球の距離が最小になるとき）が移動していることをも知る．このように独自に修正を施して，春海は貞享暦を完成させた．天文学者として精度の高い暦法を求めただけでなく，春海は中国の暦をそのまま使うのは，中国の属国になることだという強烈な自国意識の持ち主でもあった．新しい暦法は，授時暦と呼ばれることはなく，当時の元号に従って貞享暦と呼ばれたが，もとより春海の発案であった．

　彼の自国意識は，日本には中国暦伝来以前に，固有の暦があったという信念に結実する．『日本書紀』の神武天皇の東征伝から干支が使われていることから，春海は神武天皇が暦をつくったと確信した．それは古暦と呼ばれる．それを論証するために，『日本長暦』という書物を編む．それは，神武天皇即位からはじまって春海の時代まで続く年と月，干支，大小，閏が入った一覧表であった（林淳『渋川春海』山川出版，p.37，2018）．また春海は『日本書紀』にイザナギノミコトがヤソマガツヒノカミ，カムナホヒノカミ，オホナオヒノカミを生むとある文を読み，冬至，春分，夏至を観測した意味だと解釈した．イザナギノミコトは歳時を定めたが，詳しいことはわからないともいう．古暦の存在は，中国とは独立して日本には固有の暦の伝統があったことを示すものであった．

　また春海は，望遠鏡を使って星座を観測し，『天象列次之図』『天文分野之図』『天文成象』という星座図を残している．『天文分野之図』では，「駿河」「伊勢」などの国名が周辺部に記されている（嘉数次人『天文学者たちの江戸時代―暦・宇宙観の大転換』ちくま書房，p.44，2016）．これは，中国の天文占いの「分野」という考え方による．天の領域を分割し，そこで起こった彗星などの天変は，天の分割の領域に対応した地上の場所で何かの出来事を起こすおそれがあった．春海は，その日本版をつくって日本の国名をつけた．ここにも春海の国産へのこだわりがあった．

[林　淳]

あ と が き

　人類の豊かな星文化に関する本が完成した.

　本書は世界の網羅とはいかないまでも，人類の星文化を展望する日本で最初の本格的な本になったのではないかと考える.

　私は2009年の世界天文年の企画で国立天文台に集った仲間とご一緒したことが縁でエアドーム式プラネタリウムを使い，日本からアラスカ，ポリネシア，インカなど，緯度の異なる世界の星文化を紹介する企画「星空人類学」を行ってきた. 解説は勤務する大学のゼミ生に行わせてきた.

　大学外では，佐賀県吉野ヶ里歴史公園など九州各地で「プラネタリウムはタイムマシン」と称して時間を遡り，古代の星空や日本神話を基調としたプログラムを，また一方，札幌ピリカコタンなど北海道各地では，アイヌ民族の星空をテーマに，さらに鹿児島県喜界島では南島の星空を体験させる試みをしてきた. その際できるだけ地元の方々，小学生にも解説を担当していただき，またドーム内で投影する風景写真，生演奏のBGMなど地元発信の活動を継続してきた.

　しかしこの間，日本語で書かれた星文化の本が少ないということが悩みの種であった. 特に海外の資料で利用できるのはギリシャや新旧大陸の古代文明に関するものが若干ある程度であった. 本書によって，学生や子どもたちから「調べたくても本がありません」といわれ続けてきた課題をやっと幾分か改善できたと思う.

　本書の企画へ協力をお願いしたい執筆者にお声掛けしたところ，健康上の理由で辞退されたお二方を除き，皆様からご快諾をいただいた. 本書の意図をご理解いただき，質の高い原稿を書いていただいたことを皆様に編者として感謝申し上げたい.

　なおオセアニアを専門とする私が一項目だけピンチヒッターで「サハラ以南のアフリカ」を執筆することになった. この地域は門外漢なので民族名などについては国立民族学博物館名誉教授の池谷和信先生にご教示を賜った. 池谷先生には心から感謝申し上げたい. しかしもし誤りがあれば，すべて私の責任である.

　最後にこの企画のお声掛けをいただいた丸善出版編集部の松平彩子さんと，完成まで編集の労をとっていただいた山口葉月さんにも感謝申し上げたい.

2024年12月　　　　　　　　　　　　　　　　奥三河にて　　後藤　明

事 項 索 引

欧数字

6月至（北半球の夏至，南半球の冬至）　5,
　19, 25
12月至（北半球の冬至，南半球の夏至）　5,
　19, 24
260日暦　　　　　　　　　　　　50, 55
365日暦　　　　　　　　　　　　49, 50
acronical rise（アクロニカル出現）　4, 106
acronical set　　　　　　　　　　　4
arcAstro-VR　　　　　　　　　　　227
cosmical set → acronical set
k星　　　　　　　　　　　　　　41

あ　行

アイクス　　　　　　　　　　　　159
アイユーク　　　　　　　　　　　159
アウワー　　　　　　　　　　　　156
亜極北　　　　　　　　　　　　　143
アグアダ・フェニックス遺跡　　　54
アクラブ　　　　　　　　　　　　159
アクロニカル出現（acronical rise）　4, 106
明けの明星　14, 54, 65, 77, 102, 131, 136, 184,
　210, 219
アケメネス朝　　　　　80, 146, 167, 170
アケルナル　　　　　　　　　　4, 160
アーサー王　　　　　　　　　　　112
アサド　　　　　　　　　　　　　159
朝星　　　　　　　　　　　　　　121
アザラシ　　　　　　　　　　　36, 40
アトゥム神　　　　　　　　　　　80
アナコンダ　　　　　　　　　　　61

アヌの道　　　　　　　　　　149, 150
アーヒル゠ナハル　　　　　　　　160
アブー゠ハニーファ　　　　　　　157
アボリジナル　　　　　　　　7, 10, 141
アマツミカボシ　　　　　　　　　209
アマテラス（天照）大神　　　　　208
天の川　11, 15～17, 35, 36, 41, 60, 66～68, 89,
　97, 130, 142, 190, 212, 220, 224
アムール川　　　　　　　　　　　133
雨降り星　　　　　　　　　　　　211
アメリカ　　　　　　　　　　　44, 45
あやとり　　　　　　　　　　　38, 40
アラビア半島　　　　　　　　154, 170
アラワンノチウ　　　　　　　　　222
アリオト　　　　　　　　　　　　41
アリストテレス　　　　　　　　　154
アルカイド　　　　　　　　　　　41
アルクトゥールス（アークトゥルス）　4, 11,
　40, 159, 170
『アルゴナウティカ（アルゴ船の冒険）』　126
アルコル　　　　　　　　118, 139, 161
アルタイル（彦星）　　　　40, 154, 212
アルデバラン　22, 40, 140, 150, 156, 170, 221
アルニタク　　　　　　　　　　40, 189
アルニラム　　　　　　　　　　40, 189
『アルマゲスト』　　　　　　　158, 168
アレクサンドリア　　　　　　　　124
アレクサンドロス大王　　　　　80, 124
アレス　　　　　　　　　　　　　131
天（AN）　　　　　　　　　　　147
暗黒型星座　　　　　　　　　　67, 68
暗黒星雲　　　　　　　　65, 68, 187, 225

アンコール・ワット	193
アンタレス	1, 13, 19, 151, 156, 171, 186, 224
アンドロメダ	129, 150, 156
アンワー	157
『——の書』	157
イクリール	156
イグルー（雪の家）	38, 43
イスラーム教	154, 163, 182
イスラーム暦	155
イソツツジ	134
イッツァムナーフ	51
稲妻	51, 65, 101
イヌイト	36〜43
イノシシ	100, 141, 191
イブン゠クタイバ	157, 161
イブン゠クナーサ	157
イブン゠シーダ	157
イボイノシシ	100
イユタニノチウ	223
いゆちゃーぶし	224
イラン	166〜169
イラン暦	155
『イリアス』	125
イワンノチウ	222
インカ	64〜71
インカ帝国	64, 69, 72
隕石	6〜8, 26, 99
インセスト・タブー	37, 43
インド	156, 170, 174〜181, 193
インド洋	170, 174
インド゠ヨーロッパ語族	108, 114
ヴェガ（織姫星）	11, 40
ウェヌス	130
ヴォロス	116, 119
雨季	10, 58, 98, 184, 211

ウク・パチャ	67
ウクライナ	117, 120〜123, 132
ウシュマル遺跡	54
ウスリー川	133, 139
宇宙観	18, 37, 66, 77, 80, 146, 174, 204, 212
宇宙創世神話	2
宇宙の狩り（コズミックハント）	1, 141
宇宙の摂理	81
ウデヘ	133〜139
ウポポノチウ	222
ウライチャシクル	221〜223
ウライチャシクルノチウ	221
ウライノチウ	221
ウラジオストク	133
占い	85, 92, 117, 123, 142, 153, 180
盂蘭盆会	202
ウラル	117, 132
閏月	5, 18, 98, 146, 155, 190
エアの道	149, 150
エイ	12, 21, 26, 187
エウロペ（エウロパ）	126
エジプト	1, 80〜87, 124, 151, 167
エジプト暦	83, 155
エタック	41
『エヌマ・エリシュ』	149, 153
エパゴメン（付加日）	83
エミュー	12, 17
エミュー座	15, 17
エリアーデ，M	8
エルク	34, 143
猿人	96, 140
エンドゥリ	133, 134, 137
エンリルの道	149, 150
オアハカ	78
王宮	72〜76

王権	50, 72, 77, 111, 153, 168, 205, 210
王朝史	72, 76
王墓	72〜76, 83
オオカミ	150〜152, 159, 165
オーストロネシア（南島）語	18, 190
オセアニア	20, 41
『オデュッセイア』	124, 125
オート・クワ・タ	32
オトタナバタ	214
オノンダガ	32
オリオン	1, 16, 19, 40, 58, 93, 97, 100, 119, 125, 128, 141, 161, 187, 191
──大星雲（M42）	40
──の帯（オリオンベルト）	12, 21, 25, 117, 118
オルフェウス	129
オロチョン（鄂倫春）族	137

か 行

カイ・パチャ	67
外惑星	6, 85
カウィール	51
カガセオ	208〜210
カシオペア	30, 129, 143
カストル	41, 126, 150
火星	6, 15, 93, 131, 136, 150, 176, 224
家畜	54, 65, 88, 98, 114, 116, 142, 159
割礼	103, 106
カトリック文化	190
カナダ	36
ガニュメデス	128
カヌー	11, 16, 20〜23, 26, 34, 191
カヌー座	21
カノープス	15, 19, 100, 106, 157, 161, 171
カフ	40
カファザート゠ザブイ	160
カフザ・ウーラー	160

カプリコルン	128
ガフル	156
カペラ	23, 41, 159
カマキリ	97
かめ座	22
カメハメハ大王	8, 25
カモの巣	118
カリスト	112, 129
カリブー	36, 42
カルブ	156, 171
川座	160
乾季	10, 18, 58, 61, 98, 184
観測所	49, 73, 78
地（KI）	146
起床の時間	42
乞巧奠	213
キツネ座	68
キニッチ・アハウ	51
旧人	140
九星神（ナワグラハ）	180
旧石器時代	140
境界石（クドゥル）	147
極小点	5, 7
極大点	5, 7
極東ロシア	132
極北圏	36
極北ツンドラ地帯	36
漁撈	12, 26, 36, 132, 184, 216
キリスト教	26, 82, 111, 114, 131, 154, 163
『ギルガメシュ叙事詩』	128
銀河	67, 117, 118, 120, 137
金星	6, 15, 49, 54, 64, 77, 121〜123, 130, 136, 148, 180, 184, 210
金星の女神イシュタル	148
近太陽上昇	4

234 事項索引

クィラユーテ 34
空海（ヒラ） 37
草（麦）刈り人 117～119
クーニチュ，P. 158
クマ 29, 112, 129, 134, 166
熊手 119
グレゴリウス暦 105
クロノス 131
クロマニオン人 140

景観 69, 72, 75, 76, 227
『荊楚歳時記』 202, 213
夏至 5, 39, 105, 113, 140, 201, 204～207
ケタ 220
ケツァル鳥 49
月経 14, 39, 52, 92, 101
月宿 155～159
月食 6, 86, 97, 101, 111, 153
月神シン 148
月相 5, 206
ケルト 108～115
牽牛 198, 212, 226
原人 96, 140
ケンタウロス 128
けん玉 38

航海 18～22, 124, 143, 184, 191
考古天文学 2, 227
恒星 7, 18, 26, 85, 93, 130, 177, 183
恒星月 5, 70
恒星暦 83
高僧 203
公転軸 5
黄道 3, 60, 85, 176, 200
黄道十二宮 85, 109, 125, 151, 159, 176
黄道十二星座 166
口頭伝承 72, 76

後漢画像石 201
ココヤシ 24, 170, 192
コサック 137
コズミックハント（宇宙の狩り） 1, 141
コスモヴィジョン 2
古代エジプトの民衆暦 82
古代文化 44
コパン遺跡 50～52
五芒星 83
コヨーテ 29, 30
コヨーテ座 31
暦 1, 18, 30, 41, 44, 48, 50, 54, 82, 98, 105, 110, 136, 146, 155, 170, 176, 182, 197, 204～208, 226, 228
コリカンチャ 65
ゴルゴン3姉妹 128
コールサック 11～13, 17, 187
ゴールデン・フリース 126
コンゴ盆地 104

さ 行

サアド 159
サアド=アハビヤ 156
サアド=ザービフ 156
サアド=スウード 156
サアド=ブラア 156
歳差 203
歳差運動 4, 7, 85, 99, 227
採集 11, 36, 56, 132, 189, 216
朔望月 5, 175～177, 206
サーサーン朝 170
サツマイモ 19
サトゥルヌス 131
ザナブ=ダジャージャ 160
サバンナ気候帯 96
サフ 84, 85
サマ人 192

サーミ人	142	狩猟	11, 36, 96, 117, 129, 132〜135, 140, 216
サメ	12, 21, 187	狩猟採集民	36, 96, 104
サメ座	13	循環暦	50
サリール゠バナート゠ナアシュ	161	春分	3, 39, 49, 113, 166, 177, 193, 205, 228
サルファ	156	松花江（スンガリー川）	133
山上都市	78	織女	198, 212, 213, 215, 226
三足烏	202	ジラーア	156
サンタ・クルス・パチャクティ・ヤムキ 65		シリア暦	155, 157
		シリウス	1, 21〜23, 41, 73, 93〜95, 100, 141,
シアラー	158, 161	161, 167, 170, 183	
シェイクスピア	112	シリウス星	83〜87, 151, 152
シェダル	40	――の出現	83, 87
汐	39	新月	18, 39, 98, 105, 177, 206
シカ	32, 52, 110, 143, 167	神殿	6, 25, 52, 64, 73〜76, 81, 150〜153
時間	41〜43, 50, 69, 102, 170	新約聖書	7
子午線	3, 19	神話	1, 7, 10, 14, 21, 26, 28, 32, 43, 56, 67,
四神	199〜203	88〜93, 100, 111〜114, 124〜130, 140, 142,	
自然環境	28, 48, 78, 89, 132, 174, 183	160, 187, 198, 203, 208	
自転軸	4, 7, 36		
ジバー	161	彗星	7, 112, 122, 219, 228
シベリア	36, 117, 132	水星	131, 136, 150, 176
シマーク	156, 159	犂	119, 149〜152
ジャウザー	159	すき座	149
シャウラ	156	スターマップ	12
ジャガー	51, 60	スハー	161
シャスタ	33	スハイル	157, 161, 171
ジャドイ	158	ズバーナー	156
ジャブハ	156	昴（プレアデス星団）	26, 30, 41, 57〜62, 93,
シャーマニズム	99, 142, 165	119, 125, 150, 158, 179, 183〜187, 192, 211,	
シャーマン	7, 39, 61〜63, 99, 140, 142	222	
シャラターン	156	スピカ	102, 150, 156
ジャワ人	183	スーフィー	158, 168
周極星	2, 84	ズブラ	156
十三夜月	39	スライヤー	156, 158
じゅうじか座	68	スリランカ	179
秋分	3, 42, 49, 113, 205	星雲	40
呪文	33, 123	西王母	201, 213〜215

生活時間	41	太歳	198, 199
生業	26, 36〜39, 64, 132, 183	大地（ヌナ）	37
『星座の書』	158, 168	大地	10, 18, 43, 48, 80, 89, 116, 196
星食	6	太白	210
星団	40, 190	太陽	2, 5, 14, 21, 37, 52, 65, 77, 78, 82, 89,
セイリオス	159		97, 113, 136, 142, 164, 176, 201, 204
精霊	10, 37, 88, 91, 97, 133	——とウマ	114
精霊信仰	190	——の軌道	5, 39
セウェ	133	——の軌道の高度	38, 42
ゼウス	126〜130, 187	——の黒点	38
世界観	30, 48, 78, 88, 116, 133, 154, 196, 217	太陽神	44, 51, 82, 113, 148, 208
世界樹	116	太陽神シャムシュ	148
赤緯	3	太陽神殿	65, 70
赤経	3	タケロ	22
赤道	2, 20, 96, 200	多産	39, 52
セギン	41	七夕	212〜215, 226
セケ・システム	68〜71	七夕伝説	202, 212
セバ	83	七夕人形	226
セペデト	84	タパ	21, 22
先住少数民族	132	ダバラーン	156, 159
先住民	10, 28, 44, 56〜60, 65, 132, 216	タブー	7, 25, 38〜40, 43, 100, 122
蟾蜍	201	魂	7, 40, 99, 111, 116, 120〜122
仙人	203, 212	魂の道	191
		タラゼッド	40〜42
曽侯乙墓	197, 202	タラニス	114
そうこ（倉庫）座	68	タルフ	156
創造主	60, 62, 63	タンガロア	22
創造神	22, 80, 89, 95, 179	旦出（近太陽上昇，伴日出）	4, 18, 103, 106,
ゾロアスター教	167	171	
ソロモン諸島	26	旦入	4, 106
ソングライン（songline）	12		
		チェロキー	28, 35

た 行

『太一生水』	198	地下界	37, 48, 51〜54, 67
太陰暦	5, 18, 89, 98, 146, 155, 176, 182,	チチェン・イツァ遺跡	49, 53
190, 206〜208		チヌカラクル	221
太陰太陽暦	110, 136, 155, 176, 226	チムー王国	72
		チャンチャン	72

チュルク	118, 121, 132
長期暦	50, 77
超新星の爆発	6
長夜	38
チンギス・ハン	162
ツィー	40
月　5, 14, 37〜39, 45, 65, 77, 89, 116, 135〜137, 146〜148, 155, 177〜180, 197, 204〜208	
──の満ち欠け　30, 38, 42, 89, 176, 182	
──の女神	22, 52
ツングース	132
ティカル遺跡	53
ディネ［ナヴァホ］	28, 30〜32
てぃんがーら	224
デカン	85
デネブ	140, 154, 160
天界（ケラク）	37
天空の時計	41, 42
『天経或問』	228
天上界	48, 51, 67
天人相関	203
天体シミュレーションソフト	227
天地分離型神話	101
天頂	3, 20, 61, 70
天頂星	4, 20
天底	3, 70
デンデラ	151
伝統的七夕	226
天の女神	80
天秤棒	119
天馬	109
『天文分野之図』	228
トイタサオッノチウ	222, 223
洞窟壁画	140

冬至　5, 42, 50, 81, 110, 113, 197, 204〜208	
冬至の太陽の日の出	82
トゥバーン：3等星	112
ドゥーベ	41
トウモロコシ	35, 49, 51, 52, 57, 64
土地	44, 88, 103, 148, 216
トーテム	13
トナカイ	36, 142
トラ	134
トランネノチウ	222
鳥	14, 20, 24, 120, 138, 152, 159
鳥座	160
トリックスター	34, 58
鳥の道	118, 120, 142
ドリーミングタイム（夢の時代）	10
ドルイド	111

な　行

ナアーイム	156
内惑星	6
ナウ	157
ナヴィ	40
ナヴィゲーション	41
流れ星	7, 33, 99, 122, 219, 225
ナクシャトラ	176〜178
ナスラ	156
名づけ親/司祭の道	120
ナーナイ	133〜139
南中	4, 19, 97, 170, 200
虹蛇	15, 17
二十八宿	5, 178, 197〜202
日食	6, 7, 14, 38, 49, 77, 153, 176
ヌウト女神	80
ネクタル	129
熱帯雨林	48, 96, 101, 104

農業	30, 44, 83, 103, 132, 157, 170, 183	ヒアデス星団	13, 40, 150, 211, 221
農業周期	61	ヒキガエル座	68
農耕サイクル	103	ピグミー	104
農耕民	88, 98	ひしゃく	118
ノチウ	220	ヒジュラ暦	155, 177, 182
呪い	97, 123, 148	翡翠	49
		ぴたこりぶし	224
は　行		畢生	210〜212
		ヒトデ	83, 191
パウアトゥン	51	日の出の儀礼	38
ハウド	161	白夜	38, 41, 117
ハカーマニシュ/アケメネス朝	167	漂海民	191, 192
ハクア	156		
はし（橋）座	68	ファム=フート=ジャヌービー	160
馬車	118	ファルグ・ムアッハル	156
バジャウ	184, 192	ファルグ・ムカッダム	156
バジャウ人	185	フィリピン	190, 192
八卦方位	199, 200, 202, 203	フェクダ	41
八紘	196, 199	ブギス人	184〜187
パトネー	160	更待月	39
バトン=フート	157	ふしぬやーうちー	225
バナート=ナアシュ	158	ブタ	105, 150
ハナン・パチャ	67	ブタイン	156
ハバロフスク	133	仏教	163, 174, 196
バビロニア	7, 85, 124〜130, 147, 151	プトレマイオス	80, 124, 151
バビロニア暦	152, 155	フラ	25
『バビロン新年祭』	152	プラエサエペ	160
『バビロン天文日誌』	153	『ブリタニア列王史』	111
ハロウィン	114	ふるい	119
バルダ	156	フルバ	161
パレオアジア	132	プレアデス	1, 11, 16, 18〜25, 65, 97〜100,
ハンア	156		103, 117, 140, 156
半月（下弦の月）	39, 206	プレアデス星団（昴）	26, 30, 41, 57〜62, 93,
半月（上弦の月）	39, 206, 226		119, 125, 150, 158, 179, 183〜187, 192, 211,
パンチャーンガ	177		222
パンの実	19	フレーザー，J.G.	7
		プレセペ星団	160
ヒアデス	156, 191, 211		

事項索引　239

プロキオン　41, 158, 161, 170
文化天文学　227
フンババ　128

ベガ　150, 154, 212
ヘジラ暦　105
ペッノカ　220〜222
ベツレヘムの星　7
ベテルギウス　40, 66, 100, 141, 154, 170, 190
ヘビ　11, 51, 60, 95, 106, 150
ヘラ　126
ヘラクレス　126, 130
ヘラジカ　118
ベラトリックス　40
ヘリアカル・ライジング → 旦出
ヘリオポリス　80
ペルセウス　129
ベルベル人　105
ヘルメス　131
ペンドラゴン　111〜113

ポインター　12, 13, 17
方位観　1, 30, 108, 175, 204
方位軸　78
包山楚簡　198
昴星　3, 211, 212
ホーガン　28
牧畜　110, 132
北斗七星　1, 41, 84, 112, 118, 138, 158, 204, 219, 221
ホクパア　20
北米　2, 7, 28, 44, 120, 141
ホジェン（赫哲）族　137
星読み　123
星連結型星座　68
ホタル　7, 102, 104
ホッキョクグマ　36, 40, 43

北極星　2, 4, 20, 30, 40, 89, 112, 116, 121, 150, 158, 191, 204
ホディノショニ［イロクォイ］　28, 32
ホプウェル祭祀用土塁群　45
ホプウェル文化　45
ホモ・サピエンス　6, 96, 140
ホライズン・カレンダー　70, 71
ホラガイ座　13
ボーラ場　12, 16, 17
ポルックス　41, 150, 170
ホロスコープ（占星表）　176, 179, 180

ま　行

マアト　81
マアラフ　160
マイダーニー　161
マウイ　21〜23
マカリイ　18, 20
魔術師　122
魔女　122, 123
マゼラン星雲　8, 15, 24
マタリキ　18, 22
マッコイワク　221
マッネイッケウ　222
マヤ文明　48, 51, 54, 55, 78
マリア　122, 191
マルス　131
マルズーキー　157
満月　39, 177, 206〜208
満洲（満族）　137

ミイラ　67, 72
三日月　39, 52, 97
ミザール　41, 118
見立て　40, 98, 118, 187, 191, 214
南十字星　66, 89, 224
民族天文学　36, 70

ミンタカ（オリオンの三つ星）	40
ムフリッド	40
無文字社会	18
星（MUL）	147
ムル・アピン粘土板文書	148, 149, 151
冥界	5, 82, 127, 196, 203
女神ヒナ	21
メグレズ	41
メスケティウ	84, 152
メソアメリカ	77, 78
メソポタミア	86, 124, 130, 146, 159, 166
メドゥーサ	128
メラク	41
メルクリウス	131
メンカリナン	41
メンチュヘテプ2世葬祭複合体	81, 82
メンドリ（とヒナ）	118, 119, 122
モアイ像	19
木星	15, 93, 130, 136, 150, 180, 197〜199
モチェ	72
モンゴル	132, 141, 162
モンゴル帝国	162〜164, 169
『モンゴル秘史』	163〜169
モンスーン	11, 87, 170
モンテ・アルバン	78

や 行

ヤカナ	67
ヤギ	109, 128, 150, 159, 187
ヤシノカ	221
ヤシの木	170
ヤシヤノカノチウ	221
ヤド=ジャウザー	159
ヤマウズラ座	68

ヤムイモ	19, 101
遊牧民	96, 102, 157, 168
ユッピク/イヌイト	36, 37
ユピテル	114, 130
弓と矢	152
ユリウス暦	105, 155
宵の明星	26, 54, 65, 77, 98, 102, 131, 184, 210, 219
宵星	121, 122

ら 行

ライオン	93, 99〜101, 127, 152, 159〜161
ラスコー	140
ラップ人	142
ラップランド	142
リゲル	21, 40, 154, 159, 189
リコブ	220
リジュル=ジャウザー	159
リャマ座	68
リャマのめだま座	68
流星	4, 7, 11, 26, 99
ルー	22
ルクバー	40
レヌシクル	223
ろうそくもらい	226
ロシア	116〜120, 132, 142

ワ 行

惑星	3, 6, 15, 41, 85, 130, 136, 153, 197〜200, 227
罠猟	36, 37

星座名索引

＊現在の88星座のみを掲載し，それ以外の星座（現地の星座名など）は事項索引に掲載した.

アンドロメダ座　129, 150, 156
いて座　11, 21, 128, 151, 156, 178, 224
いるか座　13, 150
うお座　126, 129, 150, 160, 179
うさぎ座　150
うしかい座　40, 150, 159
うみへび座　11, 150, 152
エリダヌス座　4, 160
おうし座　33, 40, 93, 102, 126, 150, 156, 168, 178, 185, 191, 211, 221
おおいぬ座　32, 41, 75, 85, 100, 150, 158, 167
おおかみ座　11, 151
おおぐま座　13, 41, 84, 97, 112, 118, 122, 125, 129, 135, 138, 143, 150, 160, 166, 186
おとめ座　126, 127, 150, 152, 156, 159, 178
おひつじ座　126, 150, 156, 166, 178
オリオン座　1, 13, 15, 21〜23, 26, 31, 40, 58, 65, 84, 93, 100, 117〜119, 129, 137, 141, 143, 150, 154, 156, 159, 167, 170, 183〜186, 189, 190, 192, 223
カシオペア座　34, 40, 129, 135, 150, 221
かに座　6, 32, 126, 150, 156, 160, 178
かみのけ座　150, 161
からす座　11, 150, 152
かんむり座　150
ぎょしゃ座　41, 150, 159, 168
くじら座　61, 129
ケフェウス座　150
ケンタウルス座　4, 21, 23, 101, 150, 186, 189
こいぬ座　41, 93, 158

こうま座　150
こぐま座　84, 112, 129, 135, 150, 158, 204
コップ座　150, 160
こと座　11, 40, 129, 150, 154, 212
さそり座　11, 13, 17, 19, 21〜23, 31, 75, 126〜129, 151, 156, 159, 178, 184, 186, 189, 190, 196, 224
さんかく座　99, 150
しし座　32, 86, 126, 127, 150, 152, 156, 159, 178
てんびん座　126, 127, 150, 156, 178
とかげ座　150
とも座　150
はくちょう座　140, 150, 154, 160
ふたご座　41, 126, 150, 156, 159, 170, 178
ペガスス座　32, 150, 156
へび座　150
へびつかい座　150
ヘルクレス座　23, 150
ペルセウス座　150
ほ座　150
みずがめ座　126, 128, 150, 156, 179
みずへび座　130
みなみじゅうじ座　4, 11, 20, 75, 150, 186, 189
みなみのうお座　74, 150, 160
やぎ座　126, 128, 151, 156, 178
りゅうこつ座　15, 157, 185
りゅう座　4, 84, 112, 129, 150
わし座　13, 40, 100, 150, 154, 186, 212

星の文化史

世界13地域における星の知識・伝承・信仰

令和7年1月30日　発　行

編著者　　後　藤　　　明

発行者　　池　田　和　博

発行所　　丸善出版株式会社

〒101-0051　東京都千代田区神田神保町二丁目17番
編集：電話（03）3512-3265／FAX（03）3512-3272
営業：電話（03）3512-3256／FAX（03）3512-3270
https://www.maruzen-publishing.co.jp

Ⓒ Akira Goto, 2025

組版印刷・中央印刷株式会社／製本・株式会社 松岳社

ISBN 978-4-621-31060-1　C 3044　　　　　Printed in Japan

JCOPY〈（一社）出版者著作権管理機構　委託出版物〉

本書の無断複写は著作権法上での例外を除き禁じられています．複写
される場合は，そのつど事前に，（一社）出版者著作権管理機構（電話
03-5244-5088，FAX 03-5244-5089，e-mail：info@jcopy.or.jp）の許諾
を得てください．